人類消滅から数日後
排水機能が麻痺し、ニューヨークの地下鉄は水没する。
©Kenn Brown

**2〜3年後**

下水管やガス管などが次々破裂し、亀裂が入った舗装道路から草木が芽を出す。

## 5～20年後

木造住宅、つづいてオフィスビルが崩れはじめる。
もし雷が落ちて溜まった枯れ葉や枯れ枝に引火すれば、街は瞬く間に炎に包まれる。
©Kenn Brown

**200〜300年後**

激しい寒暖の影響と錆（さび）でボルトが緩んだブルックリン橋のような吊り橋は完全に崩落する。
©Kenn Brown

**500年後**

ニューヨークはオークやブナの森に覆われ、
コヨーテ、ヘラジカ、ハヤブサといった野生動物たちが帰ってくる。
©Kenn Brown

**1万5000年後**

ニューヨークは氷河に飲み込まれる。

**30億年後**

環境変化に適応した新たな生命体が誕生する。
思いも寄らないような姿で……。
©Pat Rawlings

**50億年後**

膨張した太陽に飲み込まれて地球は蒸発してなくなる。

©Ron Miller

ハヤカワ文庫 NF
〈NF352〉

# 人類が消えた世界

アラン・ワイズマン
鬼澤　忍訳

早川書房
6504

THE WORLD WITHOUT US

by

Alan Weisman



Translated by

Shinobu Onizawa

Published 2009 in Japan by

HAYAKAWA PUBLISHING, INC.

This book is published in Japan by

arrangement with

THE NICHOLAS ELLISON AGENCY

c/o SANFORD J. GREENBURGER ASSOCIATES, INC.

through TUTTLE-MORI AGENCY, INC., TOKYO.

ソーニャ・マーガリートを偲んで
あなたのいない世界から永遠の愛を込めて

目次

第2部



第3部

第4部

大空は永遠に青く、
大地は長く揺るがず、春に花を咲かせる
だが人間よ　お前はいつまで生きるのか

——李白（原詩）、ハンス・ベートゲ（翻訳）、グスタフ・マーラー（作曲）
『中国の笛　大地の哀愁に寄せる酒の歌（大地の歌）』より

# 人類が消えた世界

# サルの公案

二〇〇四年六月のある朝のこと。アナ・マリア・サンティは、大きなヤシぶきの屋根の下で柱にもたれて座っていた。しかめっ面で、マザラカ村の仲間たちの集まりを眺めている。マザラカ村は、アマゾン川の支流、コナンブ川沿いにあるエクアドルの村落である。七〇歳を過ぎてもなお黒々とした豊かな髪をのぞけば、アナ・マリアの顔はどこから見てもひからびたマメの莢を思い起こさせた。灰色の目は、顔にできた暗い渦に捕まった二匹の淡色の魚のようだ。ケチュア語の方言と消滅寸前のザパラ語で、アナ・マリアは姪と孫娘に小言を言った。夜明けから一時間が過ぎ、アナ・マリア以外の村人全員がすでに酔っ払っていた。

この行事はミンガといい、アマゾンにおける納屋の棟上げに当たる。裸足のザパラ族四〇人が車座になり、ぴったりと体を押しつけあって丸太のベンチに腰かけていた。なかにはフェイス・ペイントを施した者もいる。アナ・マリアの弟の新しいキャッサバ畑を開墾するため、森を伐採して焼き払いに向かう男たちの景気づけに、チッチャを飲んでいるのだ。それも浴びるほど。子供でさえ、陶器の碗になみなみとつがれた、その乳白色の酸っぱいビールのような飲み物をすすっていた。これは、ザパラ族の女が一日中噛んで唾液で発酵させたキャッサバから醸造される酒だ。髪に草を編み込んだ二人の少女が、ひしめきあう人びとのあいだを回りながら、チッチャのお代わりをつぎ、ナマズ粥の皿を配って歩く。長老や客人には厚切りのゆで肉が振る舞われたが、それはチョコレートのように黒ずんでいた。しかし、一座の最年長であるアナ・マリア・サンティは、こうしたものにいっさい手をつけようとしなかった。

ほかの人類はすでに新たな千年期に突入していたというのに、ザパラ族はようやく石器時代を迎えたばかりだった。祖先だと信じるクモザルのように、ザパラ族も基本的にはいまだに森で暮らしている。ヤシの幹をベフーコの蔓で一まとめに縛って柱にし、ヤシの葉を屋根にしたものが住まいだ。キャッサバを栽培するようになる前は、パルメットヤシの芯が主な野菜だった。網で魚をとったり、バク、ペッカリー、ナンベイウズラ、ホウカンチョウを竹の吹き矢でしとめたりして、タンパク源としていた。

こうした生活スタイルは依然として変わらないものの、獲物はほとんどいなくなってしまった。アナ・マリアによれば、彼女の祖父母が若かった頃は、森の恵みのおかげで楽に食べていけたという。当時、ザパラ族はアマゾン流域で屈指の規模を誇る部族だったにもかかわらずだ。なにしろ、近隣のあらゆる河川沿いに散らばる村々に、二〇万人もの仲間が住んでいたのである。ところがその後、はるか彼方である出来事が起きてから、彼らの世界はすっかり変わってしまった。

ヘンリー・フォードが自動車を大量生産する方法を考え出したのだ。空気注入式のチューブとタイヤへの需要が増えるやいなや、野心にあふれた白人がアマゾン川の船の通れる支流をことごとくさかのぼっていった。彼らはゴムの木が生えた土地の所有権を主張し、樹液をとるための働き手を捕まえた。エクアドルでは、高地に住むケチュア族が白人の手先となった。ケチュア族は、ずっと以前にスペインの伝道師によってキリスト教に改宗させられていた。そのため、低地に住む異教徒のザパラ族の男を鎖で木につなぎ、倒れるまで働かせるという所業に喜んで荷担したのだ。子供を産ませたり、性的奴隷にしたりするために連れて行かれたザパラ族の女と少女は、強姦（ごうかん）されて死んだ。

一九二〇年代に入る頃には、東南アジアのゴム園の影響で、南米の天然ラテックス市場は低迷するようになっていた。ゴム・ジェノサイドのあいだ身を隠していた数百人のザパラ族は、そのまま隠れつづけた。ケチュア族になりすまし、いまでは自分たちの土地を占領している敵に紛れて暮らす者もいた。ペルーへ逃げ込む者もいた。一般には、エクアドルのザパラ族は死に絶えたものと考えられていた。ところが一九九九年、ペルーとエクアドルの長年にわたる国境紛争が解決したあとのこと、ペルーのザパラ族のシャーマンが、エクアドルのジャングルを歩いているところを発見された。ようやくのことで縁者に会うためにやってきたのだと、彼は言った。

再発見されたエクアドルのザパラ族は、人類学的な注目を集めるようになった。エクアドル政府は、彼らの土地の領有権を認めた。もっとも、先祖伝来の土地のごく一部にすぎなかったのだが。ユネスコはザパラの文化を復興させ、言語を守るために助成金を出した。当時すでに、ザパラ族でその言葉を話せる者は、アナ・マリア・サンティを含めてわずか四人しか残っていなかった。ザパラ族がかつて知っていた森はほとんどなくなっていた。鉄製のなたで木を切り倒し、切り株を焼き払ってキャッサバを植えることを、占領者であるケチュア族から教わっていたからだ。一度収穫すると、それぞれの畑は何年も休ませなければならなかった。どちらを向いても、頭上高くを覆っていた木々の枝葉はもはやなく、代わって、ゲッケイジュ、モクレン、コパというヤシのひょろりとした二番生えが広がっていた。いまや主食はキャッサバだった。なにしろ、チッチャにして一日中飲んでいるのだから。ザパラ族は二一世紀まで生き残ったものの、酔っぱらって足取りはおぼつかず、いつになってもその調子だった。

いまでも狩りはするものの、男たちが何日も歩いてバクどころかウズラさえ見つからないという有様だった。そのため、とうとうクモザルを撃つようになっていた。その肉を食べることは、かつてはタブーだった。アナ・マリア・サンティは、孫娘が差し出した深皿を再び押しやった。そこにはチョコレート色の肉が盛られ、皿の縁から親指のない小さな足がはみ出していた。アナ・マリアは手をつけなかったサルのゆで肉のほうへ向けて、しわだらけの顎（あご）をしゃくった。

「ご先祖さまを食べるまでになりさがったら、人間おしまいだよ」

人類の故郷である森やサバンナからはるかに離れてしまった現在、先祖にあたる動物とのつながりを感じている人間はほとんどいない。アマゾンのザパラ族が現にそれを感じているのは驚くべきことだ。もう一方の大陸では、人間はほかの霊長類からどんどん離れていったからである。それにもかかわらず、最近になって私たちは、アナ・マリアの言わんとするところを実感してぞっとしている。人肉を食べることまではしないにしても、私たちもまた、未来へ向かってこそこそと歩きながら、恐ろしい選択に直面しているのではないだろうか？

ひと時代前、人間は核による絶滅を免れた。運が良ければ、今後もあれやこれやの大きな脅威から身をかわしつづけていくだろう。ところがいまや、私たちはふとこんな疑問を抱くことが多くなっている。うかつにも、自分たちの住む惑星を毒で汚染したり、熱さにさらしたりしてきたのではないだろうかと。水と土を乱用してきたせいで、どちらも大幅に不足するようになってしまったし、踏みにじってきた無数の生物種が復活することもないだろう。私たちの世界は、いずれ空き地のような場所に成り果てるかもしれないと警告する識者もいる。カラスやネズミが雑草のあいだをちょこまかと走り回り、おたがいを餌食（えじき）にしあう世界だ。だとすれば、私たちが鼻にかける高度な知性にもかかわらず、生存競争から人類が脱落するという事態はいつ訪れるのだろうか？

実のところ、私たちにはわからない。どんな推測も曖昧（あいまい）になってしまうのは、最悪の事態が現に起こるかもしれないという事実をどうしても認めたくないからである。これは生存本能のせいかもしれない。この本能が計り知れない歳月をかけて研ぎ澄まされてきたのは、大惨事の予兆を否定したり、拒んだり、無視したりするためだった。恐怖で身動きがとれなくなってはいけないからである。

こうした本能に欺かれ、手をこまぬいているうちに手遅れになってしまったら大変だ。一方、そのおかげで増えつづける前兆に直面した際の抵抗力を強化できるなら、しめたものである。これまで何度も、馬鹿げてはいても揺るぎのない希望が独創的なひらめきを生み出し、それが人びとを破滅から救ってきた。そこで、私たちも独創的な実験をしてみようではないか。最悪の事態が起こったと仮定するのだ。人類の絶滅が既成事実だとしてみよう。核による惨禍のせいでも、小惑星の衝突のせいでも、なんらかの破滅的な出来事――ほとんどあらゆるものを絶滅に追いやり、残ったものを哀れに変わり果てた姿にしてしまうような出来事――のせいでもない。あるいは、人類が苦悶しながら姿を消し、その過程で多くの生物種を道連れにするという、ぞっとするようなエコ・シナリオのせいでもない。

そうではなく、私たち全員が突如として消えてしまった世界を想像してみるのだ。私たちは明日にも消えるのである。

ちょっとありそうにない話だが、議論を進めるため、ありえないことはないとしよう。たとえば、ヒトだけに害を及ぼすウィルス――天然のものであれ、悪魔のナノテクノロジーによってつくられたものであれ――が私たちを狙い撃ちする一方、ほかのすべてをそっくりそのまま残すということが考えられる。あるいは、人間嫌いの邪悪な魔法使いが、私たちをチンパンジーではなく人間たらしめている独自の三・九パーセントのDNAを標的にしているとか、精子の生殖機能を無力化する方法を完成させたなどと想像してもらってもいい。宇宙人が私たちを捕らえ、銀河の彼方の動物園に連れ去るという筋書きはどうだろうか。

自分のまわりを、こんにちの世界を見渡してほしい。自分の家、自分が住む街。周辺の土地、舗装道路、その下に隠れている土。すべてをそのままにして、人間だけを取り去る。人間が消えたあとになにが残るか見てみよう。私たちは、自然と、仲間であるほかの生物に、情け容赦ないプレッシャーをかけている。このプレッシャーから突如として解放されたら、私たち以外の自然はどう反応するだろうか？　どれくらいの時間があれば、私たちがありとあらゆるエンジンに点火する前の気候に戻る、いや戻れるのだろうか？

どれくらいの歳月をかければ、自然は失地を回復できるだろうか？　エデンの園を復活させ、アダム、あるいは人類の祖先ホモ・ハビリスが現われる前日の輝きとにおいを取り戻せるだろうか？　自然は、私たちが残した痕跡を跡形もなく消してしまえるだろうか？　いかにして、壮大な都市や公共施設を消し去り、無数のプラスチック製品や有害な化学合成品を無害な基本元素に還元するのだろうか？　それとも、分解できないほど自然に反したものがあるだろうか？

人類の最もすばらしい創造物である建築、芸術、魂の発露たる数々の作品はどうなるだろうか？　永遠のもの、いや少なくとも太陽が膨張し、地球を焼き尽くすまで存在するものなど、本当にあるのだろうか？

さらにはそのあとにすら、かすかながらも永遠に残る痕跡を、地球上の人類の不滅の輝きや響きを、かつて私たちがこの場所に存在したという惑星間の印を、私たちがこの宇宙に残すことはあるだろうか？

私たちのいない世界がどうなっていくかを理解するには、なによりもまず、私たちが存在する前の世界に注目する必要がある。タイム・トラベルは不可能だし、化石の記録は断片的なサンプルにすぎない。たとえその記録が完璧だったとしても、未来は過去をそっくり映す鏡ではないはずだ。私たちがこれでもかとばかりに虐げ、絶滅に追いやった生物種やそのDNAは、二度と復活しないだろう。やってしまったことの一部は取り消せそうもないから、私たちがいなくなった地球は、そもそも私たちが進化しなかった地球と同じものではないはずだ。

とはいえ、それほど大きな違いはないかもしれない。これまで自然はもっとひどい被害を被りつつも、空白になった生態的地位（ニッチ）を埋めなおしてきた。地上にはこんにちでさえ、私たちが現われる前にあったエデンの園の生きた記憶を、あらゆる感覚を通じて吸収できる場所がいくつか存在する。こうした場所に身を置くと、こんな感慨を催さずにはいられない。機会が与えられれば、自然はどこまで繁栄するのだろうかと。

どうせ想像するのだから、ついでに私たちが消滅しなくても自然が繁栄する方法に思いをはせてみようではないか。私たちだってやはり哺乳類である。あらゆる生き物がこの壮大な野外劇の演者なのだ。私たちがいなくなったら、そのいくばくかの貢献も失われ、地球はわずかとはいえ貧しくなるのではないだろうか？

私たちのいない世界が、生物学的に見て大きな安堵のため息をつくどころか、私たちの不在を寂しがるなどということはあるのだろうか？

# 第1部

# 1　エデンの園の残り香

ビャウォヴィエジャ・プーシュチャのことなど、耳にした覚えはないかもしれない。だが、温帯地域で育った人なら、自分の内側のどこかにその記憶が埋もれているはずだ。ちなみに温帯地域は、北米の多くの地域、日本、韓国、ロシア、旧ソ連のいくつかの共和国、中国の一部、トルコ、イギリス諸島を含む東西ヨーロッパにまたがっている。一方、ツンドラや砂漠、亜熱帯や熱帯、パンパス［アルゼンチンに広がる大草原］やサバンナで生まれた人も、この「プーシュチャ」に似たいまも地上に残る場所によって、記憶を呼び覚まされるはずである。

「プーシュチャ」とは、古いポーランド語で「原生林」を意味する。ポーランドとベラルーシの国境にまたがり、二〇〇〇平方キロもの面積を誇るビャウォヴィエジャ・プーシュチャは、ヨーロッパに最後に残された低地原生林の断片だ。子供の頃にグリム童話を読んでもらったとき、霧のかかる鬱蒼（うっそう）とした森がまぶたに浮かんだはずだが、それを思い出してもらえばいい。ビャウォヴィエジャ・プーシュチャには、五〇メートル近いトネリコやシナノキが

樹齢500年のオーク。ポーランド、ビャウォヴィエジャ・プーシュチャ
撮影：ヤヌス・コルベル

そびえている。その巨大な林冠に日光を遮られて湿気の多い低木層には、シデ、シダ、ハンノキ、皿のように大きなキノコがもつれあうように茂っている。五〇〇年間のコケに覆われたオークは大木に育ち、深さ七センチあまりの樹皮のくぼみにアカゲラがトウヒの松ぼっくりを貯め込んでいる。ひんやりとした濃密な空気は、静寂に包まれている。ホシガラスのしわがれた鳴き声、スズメフクロウの低いさえずり、オオカミの遠吠えがときどき聞こえてきては、再び沈黙が訪れる。

気が遠くなるほどの歳月をかけて森の中心部に積もった堆積物から、芳香が漂っている。これこそ森の豊かさの源を示すものだ。ビャウォヴィエジャではおびただしい生物が、命を失ったあらゆるものから恩恵を被っている。この森の地上にある大量の有機物のほぼ四分の一が、腐敗のさまざまな段階にある。一〇メートル四方あたり約一立方メートルの朽ちた樹幹と落ちた枝が、多種多様なキノコ、地衣類、キクイムシ、地虫、微生物を養っている。こうした生物は、ほかの土地で森と称される手入れの行き届いた森林地帯には見られないものだ。

これらの種が森の食料庫にずらりと並び、イタチ、マツテン、アライグマ、アナグマ、カワウソ、キツネ、オオヤマネコ、オオカミ、ノロジカ、ヘラジカ、ワシなどの胃袋を満たしている。この森で見られる生物は大陸のどの場所よりも多様だ。しかし、取り囲む山々や隠れ家となる谷がないため、固有種が独自の生態的地位を築くことはできない。ビャウォヴィエジャ・プーシュチャは、かつて東はシベリア、西はアイルランドまで広がっていた土地の名残にすぎないのである。

こうした古代の生態系が手つかずでヨーロッパに残っているのは、当然ながら、相当な特別扱いを受けたおかげである。一四世紀、リトアニア大公ヴワディスワフ・ヤギェウォは、みずからの大公国をポーランド王国と連合させるのに成功すると、この森を王家の狩猟地にすると布告した。その後何世紀かのあいだはそのままだった。やがて、ポーランド・リトアニア連合がついにロシアに組み込まれると、ビャウォヴィエジャは歴代ロシア皇帝の私有地となった。第一次大戦中は、この地を占領したドイツ軍が材木を切り出したり、獲物をとったりしたが、原生林の中心部は手つかずで残された。その部分が一九二一年にポーランドの国立公園となった。ソ連統治下で短いあいだ再び材木が伐採されたものの、ナチス・ドイツが侵攻すると、熱狂的な自然愛好家だったヘルマン・ゲーリングは、自分が楽しむ場合を除いて狩猟地全体を立ち入り禁止にすると定めた。

第二次大戦後、ある晩にワルシャワで、酔っ払っていたらしいヨシフ・スターリンが森の五分の二をポーランドの所有とすることに同意した。共産主義の支配下でそれ以外の変化はほとんどなく、エリート階級の狩猟用別荘が建てられたくらいだった。そうした別荘の一つであるヴィスクリで、一九九一年、ソ連を自由国家に解体するという協定が結ばれたのだった。ところがこの古代の聖域は、民主主義のポーランドと独立したベラルーシのものとなってから、七世紀にわたって君主や独裁者に支配されていた頃より大きな脅威にさらされることになった。両国の営林省が、プーシュチャを保全するため管理の強化を打ち出しているからだ。しかしながら、管理というのは生長しきった広葉樹を間引き――そして販売――することの婉曲表現となってしまうことが多い。そんなことをしなくても、広葉樹はやがて風倒木となって森に養分を返すというのに。

◆◆◆

かつてはヨーロッパ全土がこのプーシュチャのようだったのかと思うと、驚くばかりである。この森に足を踏み入れると、こんな実感が湧く。ほとんどの人は、自然が意図したものの中途半端なコピーのなかで育ったのだと。幹の幅が二メートルを超えるニワトコを目にしたり、天を覆うような毛むくじゃらのドイツトウヒのあいだを歩いたりすれば、北半球のどこにでもあるちっぽけな再生林に囲まれて育った人なら、アマゾンや南極といった別世界にいるかのように思えて当然だろう。ところが意外なことに、この森はなにより見慣れたもののように感じられる。さらに、細胞のレベルでは完全無欠だと感じられるのだ。

アンジェイ・ボビエクには、即座にそれがわかった。ポーランドの古都クラクフで林学を学んでいたボビエクは、生産性を最大にするには森林を管理する必要があると教わっていた。「余計な」有機物の腐葉土層を除去することも、そうした管理の一環だった。キクイムシなどの害虫がはびこらないようにするためである。ところが、ボビエクはビャウォヴィエジャを訪れて仰天した。これまで見てきた森とくらべ、生物の多様性が一〇倍もあることがわかったからである。ビャウォヴィエジャは、ヨーロッパに棲む九種のキツツキがすべて残っている唯一の森だった。いくつかの種は、虚のある朽ちかけた木にしか巣をつくらないからである。ボビエクは教授たちを相手に力説した。「こうした種は人の手で管理された森では生き延びられません。ビャウォヴィエジャ・プーシュチャは、何千年にもわたってみずからを完璧に管理してきたのです」

このしゃがれ声でひげ面の若きポーランド人森林管理者は、一転して森林保護活動家となった。彼はポーランド国立公園局で働いていたが、伐採の範囲をプーシュチャの無垢な中心部にまで広げようとする管理計画に抗議して、解雇されてしまった。ボビエクは国際的な各種の新聞・雑誌で、当局の政策を激しく糾弾した。こうした政策は、「私たちの配慮ある手助けがなければ森は死んでしまう」と主張したり、ビャウォヴィエジャを取り巻く緩衝地帯での伐採を「木立の原始の特徴を取り戻す」ためだと正当化したりするものだった。こうした理解しがたい考え方が、野生の森の記憶などないに等しいヨーロッパ人のあいだに蔓延していると、ボビエクは批判した。

彼は自分自身の記憶の糸が切れないよう、何年ものあいだ一日も欠かさず、革のブーツを履いて愛するビャウォヴィエジャ・プーシュチャを歩き回った。それでも、この森のまだ人の手で汚されていない場所を必死で守る一方で、みずからの人間的本性に負けて気持ちがぐらつくのを避けられないのだ。

森のなかに一人きりで身を置き、ボビエクは自分と同類のホモ・サピエンスと、時代を超えてコミュニケーションを交わす。これほど汚れのない原生林は、人間の歩む道を記録するためのまっさらな石板だと言っていい。彼はそうした記録を読むことを学んできたのだ。土のなかの木炭層からは、かつて狩りを楽しむ者たちが、獲物の食べる若芽を生やそうと森の一部を焼き払った場所がわかる。カバノキや揺れるポプラの木立は、ヤギェウォの子孫がおそらくは戦争のために、狩猟をしなかった時期があった証である。日光を求めるこの種の木木が、狩猟のために焼き払われた土地に再びコロニーをつくる時間があったことになるからだ。こうした木々の陰で、それらより前にこの場所に生えていた、過去を物語る広葉樹の若木が育っている。これらの若木がカバノキとポプラを徐々に押しのけ、やがて両者は跡形もなく姿を消すだろう。

　サンザシなどの場違いな低木やリンゴの老木に出くわすたびに、ボビエクは、ずっと以前に朽ち果てた丸太小屋の亡霊の前にいることを知る。この森の巨木を土に還すのと同じ微生物に食い尽くされてしまったのだ。クローバーに覆われた低い塚に巨大なオークがぽつんと生えているのは、火葬場の印だ。そうしたオークの根は、現在のベラルーシ人の祖先にあたる、九〇〇年前に東からこの地にやってきたスラブ人の遺骨から養分を吸い上げてきたわけだ。森の北西の端には、周辺に五カ所あるユダヤ人村の住民の手で死者が葬られていた。そこにある砂岩と花崗岩の墓石は一八五〇年代のもので、苔むして木の根に倒されてしまっている。すっかり摩耗してつるつるになっているため、死者を悼んで親族が置いていった小石と見分けがつかなくなりつつある。その親族も、とうの昔にこの世を去っていた。

アンジェイ・ボビエクは、オウシュウアカマツの林に囲まれた青緑色の草地を歩いている。ベラルーシとの国境からほんの一・五キロくらいの場所だ。日差しの弱い一〇月の午後は物音一つせず、雪のかけらが舞う音まで聞こえるほどである。不意に、藪(やぶ)からすさまじい音がしたかと思うと、一〇頭あまりのヨーロッパバイソン（学名 *Bison bonasus*）が若芽を食べていた場所から飛び出してきた。湯気を立てながら前肢で地面を掻きつつ、大きな黒い目でこちらをちらりと見るや、自分たちの先祖がこの一見ひ弱そうな二足動物に出くわした際にとらねばならないと学んだ行動に出た。逃げ出したのである。

野生のヨーロッパバイソンはわずか六〇〇頭しか残っておらず、ほぼすべてがこの森に棲んでいる――この森の定義によってはその半分ということになるが。というのは、鉄のフェンスがこの楽園を真っ二つに分断しているからである。一九八〇年にソ連がこのフェンスを国境沿いに張り巡らせたのは、ポーランドの反逆的な「連帯」運動に加わろうとする亡命者を阻止するためだった。オオカミはその下を掘り抜けるし、ノロジカやヘラジカはその上を飛び越えられるとされているが、ヨーロッパ最大の哺乳類であるヨーロッパバイソンの群れは離ればなれになったままである。このままでは、遺伝子プールが分割されて致命的なまでに減少してしまうのではないかと危惧(きぐ)する動物学者もいる。かつて第一次大戦後、動物園からこの森にバイソンが連れてこられたのは、飢えた兵士たちに絶滅寸前まで追い込まれた種を回復させるためだった。今度は、冷戦の残滓が再びバイソンを脅かしている。

共産主義が崩壊してからずいぶん経つというのに、ベラルーシはいまだにレーニン像を撤去していない。同じように、このフェンスを取り去る気配も一向に見せない。ポーランドとの国境はいまや欧州連合との境界でもあるからなおさらだ。両国の公園本部は一四キロしか離れていないにもかかわらず、ベラルーシ語でベラヴェシュスカヤ・プーシャと呼ばれるその森を外国人客が見ようとすれば、一六〇キロ南下し、列車で国境を越えてブレストまで行き、的外れな取り調べを受け、それから車を雇って改めて北上しなければならないのだ。ベラルーシでアンジェイ・ボビエクと同じ立場にある活動家仲間のヘオルヒ・カズルカは、青白い顔のちょっと頼りない生物学者で、以前はこの原生林のベラルーシ側の副責任者を務めていた。彼もまた、最近新たに建てられた公園の建物の一つ――製材所――の必要性に疑義を唱え、自国の国立公園局を解雇されてしまったのだ。カズルカには、西側の人間と一緒にいるところを見られるという危険は冒せない。森の端に立つブレジネフ時代のアパートのなかで、申し訳なさそうに来客に茶をふるまい、自分の夢について語り合う。バイソンやヘラジカが自由に歩き回り、子孫を増やす国際平和公園をつくりたいのだそうだ。

プーシャの巨大な木々は、ポーランド側に生えているものと同じである。キンポウゲも、地衣類も、とてつもなく大きなアカガシワの葉も同じである。眼下の鉄条網など気にも留めず旋回するオジロワシも同じである。じつは、どちらの側でも森は成長している。農民が衰退する村を捨てて都市へ流出しているからだ。この地域は湿度が高いので、カバノキとポプラがあっというまに休耕中のジャガイモ畑に侵入する。二〇年もすれば、農地は林に姿を変えるだろう。先陣を切って成長する木々の林冠の下では、オーク、カエデ、シナノキ、ニレ、トウヒが再生する。人間がいなくなって五〇〇年もすれば、本当の森が戻ってくるかもしれない。

ヨーロッパの田舎がいつの日か原始の森に還るのだと思うと、元気が湧いてくる。しかし、最後に残った人間がまずはベラルーシの鉄のフェンスを忘れずに撤去しないと、そこに棲むバイソンは人間とともに消え去ってしまうかもしれない。

# 2　崩壊する家

「ある農民がこんなことを言っていた。『納屋を取り壊したければ、屋根に四五センチ四方の穴をあけるといい。あとは放っておくことさ』」

——建築家クリス・リドル（マサチューセッツ州アマースト）

人類が姿を消した翌日になると、自然が支配権を握り、ただちに家を片付けはじめる——それも、多くの家々を。地球上からきれいさっぱり片付けてしまえ。家を一掃するのだ。家を持っている人なら、自分の家もやがて自然に還ることはわかっていたはずだが、その事実を素直に受け入れようとはしない。無情にも腐蝕（ふしょく）が発生したからといって放ってはおかず、倹約をはじめるのである。家には金がかかると聞いてはいても、こんなことのために支払いをつづけることになるとは誰も教えてくれなかったからだ。つまり、ローンの返済に窮して銀行に家を取り上げられてしまうずっと前に、自然に取り上げられずにすむように。

昔の面影をいっさい留めていない超近代的な分譲地に住んでいる人もいるだろう。重機が風景を破壊し、服従させた場所だ。伸び放題の自生植物は御しやすい芝生と画一的な若木に居場所を奪われ、蚊を寄せつけないためというもっともな理由で湿地が舗装された。それでも自然は挫けなかった。温度調節した室内を外気から遮断しようとどんなに密閉しても、目に見えない胞子が入り込み、ある日突然カビが大量に発生する。そんなものを目にするのは不快だが、目に入らなければもっと悪い。カビは塗装された壁の裏に隠れ、石膏を芯にした板紙を食い荒らし、間柱や根太を腐らせてしまう。あるいは、シロアリ、オオアリ、ゴキブリ、スズメバチ、さらには小型哺乳類までが棲みついてしまっている場合もある。

だが、なによりやっかいなのは、本来は生命を与えてくれるはずのものにまで狙われているということだ。すなわち、水である。水は絶えず侵入しようとしているのだ。

私たちがいなくなると、機械の力に頼った鼻持ちならない優越性に対し、自然が水に浮かんで復讐にやってくる。血祭りに上げられるのは、枠組壁工法だ。これは、先進国で最も広く採用されている住宅建築の技法である。まずは屋根からだ。おそらくアスファルトかスレートぶきで、二、三〇年持つという保証がついていることだろう。しかし、その保証は最初に水漏れが起こる煙突まわりを考慮に入れていない。雨が容赦なく降りつづいて雨押えがとれてしまうと、水は屋根板の下にもぐり込み、八フィート（二・四メートル）×四フィート（一・二メートル）のふき下地の上を流れる。ふき下地は合板か、最近だと八センチから一〇センチくらいの材木の断片を樹脂で貼り合わせたウッドチップボードでできている。

必ずしも新しいもののほうが良いとはかぎらない。アメリカの宇宙計画を策定したドイツ人科学者、ヴェルナー・フォン・ブラウンは、アメリカ人として初めて地球軌道を周回したジョン・グレン大佐にまつわるこんなエピソードをよく語ったものだった。「発射の数秒前、私たちが彼のためにつくったロケットのなかに縛りつけられ、人間の最善の努力の結晶がその一瞬にかかっているときに、グレンはどんな独り言をつぶやいたと思いますか？『なんてこった！　俺は安物の山の上に座らされているんだ！』と言ったのです」

新しい家の場合、人びとは安物の山の下に座っている。ある意味で、それは結構なことである。安く手軽にものがつくれれば、世界の資源をあまり使わずにすむからだ。他方、巨大な木の柱や梁――それらは依然として、中世ヨーロッパ、日本、初期アメリカ様式の建物の壁を支えている――の原料となった巨木は、いまやあまりにも高価で希少である。そのため私たちは、細かい板や木切れを貼り合わせてなんとかするしかないのだ。

安さ優先で選ばれたウッドチップボードの屋根は、ホルムアルデヒドとフェノール重合体でできた粘着性の防水樹脂で固められている。露出しているボードのへりにも、この樹脂が使われている。だが、水分は釘の周りから染み込んでしまうため、結局は意味がない。釘はすぐに錆びて、緩みはじめる。やがて、屋内に水が漏れるだけでなく、建物自体が傷んでくる。屋根ふき材の土台をなす木製のふき下地は、トラス同士を固定している。トラス同士とは、金属製の接合板で支柱を連結して事前につくられた骨組みで、屋根の角度を保つ働きをしている。だが、ふき下地が劣化すると、建物に隙間ができてくる。

重さに負けてトラスの歪みが増すと、すでに錆が出ている接合板を留める六ミリほどのピンが、ふき下地の濡れた板から外れる。この板には緑がかったカビが羽毛のようにびっしりと生えている。カビの下では、菌糸という細長い糸状体が酵素を分泌し、木材のセルロースとリグニンを菌類の餌へ分解する。同じことは床の下でも起きている。熱が失われると、パイプが凍る地域ではそれが破裂する。鳥の衝突や、たわんだ壁の圧力で割れた窓から、雨が吹き込んでくる。窓ガラスが割れていなくても、雨や雪はどういうわけか窓枠の下から容赦なく入ってくる。木は腐りつづけ、たがいに固定されていたトラスがやがて崩れはじめる。ついに壁が一方に傾き、最後には屋根が落ちる。四五センチ四方の穴が開いた納屋の屋根は、一〇年足らずで落ちてしまいそうだ。一般の住宅の屋根なら、ことによると五〇年、せいぜい一〇〇年というところだろう。

こうしたあらゆる惨事が展開するあいだにも、リス、アライグマ、トカゲなどが屋内に入り込み、壁をかじって巣穴をつくる。一方、キツツキは外壁をつついて穴を開ける。これらの動物は、壊れないという謳い文句の外壁材に最初は行く手を阻まれるかもしれない。こうした外壁材はアルミニウムやビニール、あるいはハーディープランクとして知られる、セメントとセルロース繊維を混ぜたメンテナンスフリーの羽目板でできている。だがそうだとしても、一〇〇年もすればたいていの外壁材は色褪せ、地面に崩れ落ちている。のこぎりによる切断面や、厚板に引っ張られて抜けた釘の穴から必ず水が入るし、そうなるとバクテリアが植物質だけ選んで食い尽くし、鉱物質を残していく。崩れ落ちたビニール製の外壁は早くから色褪せはじめており、可塑剤の効果が消えればもろくなって亀裂が入る。アルミニウム製のほうはまだましな形を保っているが、表面に溜まった水に含まれる塩分がゆっくりと小さな穴を開け、白い粒状の塗装が施されたような感じになる。

何十年ものあいだ雨風にさらされながら、鉄製の冷暖房ダクトは亜鉛メッキのおかげで守られている。だが、水と空気の連係プレーによって亜鉛は酸化亜鉛に変化しつつある。いったん塗装が剝げると、無防備な薄い鋼板は数年で分解してしまう。それよりだいぶ前に、石膏ボードに含まれる水溶性の石膏は、水に流されて土に還っている。残っているのは、あらゆるトラブルの発端となった煙突である。一〇〇年後も煙突は立っているものの、抜け落ちて砕け散るレンガが出はじめている。レンガをつなぐ石灰モルタルが寒暖の差にさらされ、少しずつ粉状に崩れてしまっているからだ。

家にプールがついていたとすれば、そこはいまやプランターと化している。開発業者が持ち込んだ観賞用植物の苗木の子孫か、駆除されたものの分譲地の周辺で生き残り、領地奪還のチャンスを窺っていた天然の木の葉が生い茂っているのだ。家に地下室があったとすれば、そこも土と植物でいっぱいになっている。キイチゴや野ブドウの蔓が鉄製のガス管に絡みついているため、ガス管は一〇〇年も持たずに錆びてなくなってしまうだろう。ポリ塩化ビニル製の白い配管は、日光の当たる側が黄ばんで薄くなっている。その部分で塩化物が塩酸に変化し、それが配管自体とポリ塩化ビニル製の付属物を分解するからだ。浴室のタイルだけは、陶器の化学的性質が化石のそれとよく似ているため、比較的変化が少ない。もっともいまや、散らかった落ち葉と一緒に山になっているのだが。

五〇〇年後になにが残るかは、世界のどこに住んでいたかによって異なる。温和な気候の地域なら、郊外の住宅地は森に変わっている。いくつか丘がなくなっているものの、開発業者や、開発業者に土地を取り上げられた農民が初めて目にした当時より前の姿に近づきはじめているのだ。森のなかには、広がりつつある低木層に半ば隠れて、アルミニウム製食器洗い機の部品やステンレス製調理器具が転がっている。プラスチックの柄の部分は割れているが、まだ形を留めている。その後数世紀のあいだに、アルミニウムに穴が開き、腐蝕するペースがやがてはっきりするはずだ。もっとも、それを測る冶金家が現れることはない。比較的新しい物質であるアルミニウムは、昔の人には知られていなかった。アルミニウムをつくるには、鉱石を電気化学的に精錬しなければならないからだ。

しかし、ステンレスに弾性を与えるクロム合金は、何千年ものあいだその効力を維持するだろう。深鍋、フライパン、炭素を含有した刃物類などが、大気中の酸素の届かないところに埋もれていればなおさらだ。一〇万年後、なんらかの生物がこれらを掘り出すとしよう。すると、すでに完成した道具を発見したことによって、彼らの知性はさらに高い段階に突如として進化するかもしれない。逆に、道具の複製の仕方がわからないため、失望してやる気をなくすとも考えられる。あるいは、その謎に畏怖の念をかきたてられ、宗教的意識が目覚めないともかぎらない。

砂漠に住んでいたとしたら、現代生活で使われているプラスチック部品が薄く剝げ落ちるのはもっと早い。毎日照りつける日光の紫外線にさらされ、ポリマー鎖にひびが入るからだ。

湿度が低いため木材の寿命は延びるが、金属は塩分を含む砂漠の土壌に触れると腐蝕が早まる。それでも、ローマ時代の遺跡を見れば想像がつくが、重厚な鋳鉄は長く残って未来の考古学の記録に載るだろう。サボテンのあいだから消火栓が突き出している奇妙な光景が、いつの日か、人類がそこに存在したことの数少ない手がかりの一つになるかもしれない。日干しレンガや漆喰の壁はすっかり摩滅しているだろうが、かつてそれらを飾っていた錬鉄製のバルコニーや窓格子は、まだ形を留めているかもしれない。もっとも、腐蝕が鉄をむしばみ、分解できないガラススラグという素材だけが残るため、薄っぺらなものになっているだろうが。

かつては、最も耐久性があるとわかっていた物質、たとえば花崗岩の塊だけで建物をつくっていた。その結果、花崗岩の建物はいまなお人びとの称賛を得ている。だが、現代ではそれらが手本とされることはあまりない。石を切り出し、切り分け、運び、はめ込むには忍耐が必要だが、私たちにはもはやそれだけの余裕がないからだ。一八八二年に着工したバルセロナのサグラダ・ファミリア教会は、いまだに完成を見ていない。その設計・建築に取り組んだアントニオ・ガウディのような人物以降、二五〇年後に曾孫の孫が完成させるであろう建物に投資しようと考える人はいない。また、もはや数千人という奴隷に頼れない以上、花崗岩は高くつく。ローマ時代に発明されたコンクリートとくらべるとなおさらだ。

こんにちでは、粘土、砂、古代の貝殻のカルシウムでできたペーストの三つを合わせたその混合物が固まって、人工の岩石になる。これがますます、都市型人類（ホモ・サピエンス・アーバヌス）にとって一番手頃な選択肢となっているのだ。そうなると、生きている人の半分以上が住むセメントシティではなにが起こるだろうか？

それについて考える前に、気候の問題に触れておかなければならない。私たちが明日消滅するとしても、すでに生み出してしまった各種の力の勢いは持続する。重力、化学作用、エントロピーが何世紀にもわたって働いた末にようやく、そうした勢いはゆっくりと衰え、ある均衡状態に達する。それは、私たちが出現する以前の状態に部分的に似ているだけかもしれない。私たちの出現以前の均衡状態は、大量の炭素が地殻の奥底に閉じ込められていたおかげで成立していた。だが、私たちはいまやその炭素の多くを大気中に放散させてしまった。木造家屋の骨組みは、海面が上昇して塩水に浸かれば、スペインのガレオン船の木材のように腐らずに保存されるかもしれない。

温暖化した世界で、砂漠はますます乾燥するかもしれない。だが、人間が住んでいた地域には、そもそも彼らを引き寄せたものが戻ってきそうだ。すなわち、流れる水である。エジプトのカイロでも、アリゾナ州フェニックスでも、砂漠の都市が建設されたのは、乾燥していても河川のおかげで住むのに適した場所だったからだ。のちに人口が増えると、人間はこうした水の動脈を掌握し、さらに人口が増えても大丈夫なように川の流れを変えた。しかし、人間がいなくなると、流れを変えられた川もあとを追うように消滅する。乾燥して気温の高い砂漠気候に、雨や嵐の多い山岳気候が加わると、洪水が轟音（ごうおん）を立てて下流に押しよせ、ダムはあふれ、かつての沖積平野は水浸しになり、人造物は年々泥のなかに埋もれていく。消火栓、トラックのタイヤ、割れた板ガラス、コンドミニアム、オフィスビルなどが、地中で永遠に形を留めるかもしれない。だが、かつて石炭紀層がそうだったように、人の目に触れることはない。

人造物が埋葬されていることを知らせる記念碑はない。時折、ハコヤナギ、ヤナギ、ヤシなどの根がこれらの埋葬品の存在を記憶に留めるだけだ。気の遠くなるような歳月を経て、古い山脈が消え去って新しい山脈が形成される。そうなってようやく、できたばかりの小川が堆積物のうえに新たな渓谷を刻み、かつてその場所に短いあいだながらも存在した営みを明らかにするだろう。

## 3　人類が消えた街

いつの日にか自然が、コンクリートでできた途方もなく巨大ななにか、たとえば現代の都市を飲み込んでしまうなどという事態は、ちょっと想像がつかない。ニューヨーク・シティのとてつもない大きさを目の前にすると、それが朽ち果てる図を思い描こうという気は起きない。二〇〇一年九月の同時多発テロが示したのは、爆発物を持った人間になにができるかということにすぎなかった。浸蝕であれなんであれ、自然のプロセスを示したわけではないのだ。ワールド・トレード・センターのツインタワーがあっというまに崩壊して人びとが考えたのは、犯人のことであり、インフラ全体を破滅に導きかねない致命的な脆さのことではなかった。かつて想像すらできなかった大惨事の被害は、わずか数棟のビルに及んだだけだった。それでも、自然が都市社会の産物を捨て去るのにかかる時間は、私たちが考えるより短いかもしれない。

◆
◆
◆

一九三九年、ニューヨークで万国博覧会が開催された。そこで展示するため、ポーランド政府はヴワディスワフ・ヤギェウォの像を送った。ビャウォヴィエジャ・プーシュチャの創設者であるヤギェウォが銅像となって永遠の名声を得たのは、六世紀前に広大な原生林を保護したからではない。ポーランドの女王と結婚して、同国とみずからが統治するリトアニア大公国を統合し、ヨーロッパの大国に押しあげたからなのだ。銅像は、一四一〇年のグルンヴァルトの戦いに勝利して馬にまたがるヤギェウォの姿をかたどったもので、勝ち誇ったヤギェウォが、いましがた打ち破ったチュートン騎士団から奪った二本の剣を掲げている。

ところが、一九三九年の時点では、ポーランド人はチュートン騎士団の末裔に対して旗色が悪かった。ニューヨーク万博が終わる前にヒトラー率いるナチスがポーランドを占領したため、像は祖国に戻れなくなってしまった。悲しむべき六年間ののち、ポーランド政府は、暴虐を生き抜いた自国の勇者たちの象徴として、像をニューヨークに寄贈した。ヤギェウォの像はセントラル・パークに設置され、現在はタートル・ポンドと呼ばれる池を見下ろしている。

エリック・サンダーソン博士は、セントラル・パーク見学ツアーを引率する際、ツアー客とともにヤギェウォの像の前を素通りするのが普通である。全員が別の時代、つまり一七世紀に夢中になっているからだ。つば広のフェルト帽の下に眼鏡をかけ、白いものが混じりはじめたあごひげをきちんと整え、バックパックにノートパソコンを詰め込んで持ち歩くサンダーソンは、野生動物保護協会に所属する景観生態学者である。野生動物保護協会は、危機に瀕した世界を救おうとする研究者の世界的な団体だ。そのブロンクス動物園本部で、サンダーソンは「マナハッタ・プロジェクト」の指揮をとっている。このプロジェクトは、一六〇九年にヘンリー・ハドソン一行が初めて目にしたマンハッタン島を、バーチャルに再現しようという試みだ。都市になる前のマンハッタンの光景は、人類亡きあとの未来の様子について思索を誘うものである。

サンダーソンのチームはオランダ語の一次資料、植民地時代のイギリス軍の地図、地形測量図、街中に散らばる何世紀分ものさまざまな記録を渉猟した。堆積物を精査し、花粉の化石を分析し、細々した無数の生物学的データを画像化ソフトに打ち込んだ。このソフトが、鬱蒼とした原生林を大都会と並置した三次元のパノラマを作成してくれるのだ。ニューヨークの一部に繁殖していたことが確認された草木の種を入力するたび、画像はいっそう詳細に、衝撃的に、説得的になっていった。目標は、ニューヨークのブロックごとにこうした森の亡霊のガイドをつくることだ。不気味なことに、エリック・サンダーソンの目には、五番街を走る路線バスをよけるときにもその亡霊が見えているらしい。

セントラル・パークを歩き回っているとき、サンダーソンには、三八万二〇〇〇立方メートルあまりの土が運び込まれる前の光景が見える。その土を運び込んだのは、公園の設計者であるフレデリック・ロー・オルムステッドとカルヴァート・ヴォークスで、ツタウルシやハゼノキに囲まれた湿地ばかりの土地を埋め立てるためだった。プラザ・ホテルの北、現在の五九番の通り沿いにあった細長い湖からは干満のある川が流れ出しており、塩性湿地を蛇

2006年頃のマンハッタンと並置された1609年頃のマンハッタン。島の南端が拡張され、なにもなかった土地に建物が建ったことがわかる　©YANN ARTHUS-BERTRAND/CORBIS　野生動物保護協会マナハッタ・プロジェクトの依頼でマークレイ・ボイヤーが三次元に視覚化。

行してイーストリバーへ注いでいた。西からは、湖に流れ込む二本の小川が見える。この川のおかげで、マンハッタンの長い稜線(りょうせん)の斜面は水はけが良かった。シカやピューマの通り道だったこの稜線が、いまはブロードウェイになっている。

エリック・サンダーソンには、街のいたるところに水が流れているのが見える。そのほとんどは地下から湧き出したものだ。彼が確認しただけで、かつては丘陵が多く岩だらけだった島を流れていた小川は四〇本以上にのぼる。この島に最初に住みついたデラウェア族のアルゴンキン語で、マナハッタとは、現在はなくなってしまったそれらの丘を指していた。一九世紀ニューヨークの都市設計家たちが、グリニッチヴィレッジから北の全域に格子状の道をつけた際——もともと南にあった入り組んだ通りのもつれを解くことはできなかった——彼らは地形などおかまいなしに事を運んだ。セントラル・パーク内と島の北端にある、動かすことのできない巨大な片岩の露頭を除いて、マンハッタンの起伏に富んだ土地は押し潰され、川床に放り込まれ、それから平らにならされて、拡大する都市を迎え入れたのである。

その後、島の新しい輪郭線(りんかく)が、今度は直線的かつ鋭角的に形成された。一方、かつて島の土地を彫り刻んでいた水は、いまや格子状のパイプを通じて地下に追いやられていた。エリック・サンダーソンのマナハッタ・プロジェクトの画像からわかるのは、現代の下水道が昔の水路を大体なぞっているということである。もっとも、人工の下水道は自然ほど効率的には排水できないのだが。川を埋め立ててしまった都市でも、「雨は依然として降ります。雨水はどこかに流れていかなければなりません」とサンダーソンは言う。

自然がマンハッタンを崩壊させようとすれば、この点が堅牢なこの島につけ込むカギとなる。マンハッタンの急所を最初に一撃したら、崩壊はあっというまだ。その急所とは、地下である。

ニューヨーク市交通局の水害対策部長ポール・シューバーと水害緊急対策チーム第一級保安責任者ピーター・ブリファはともに、それがどういうことかを知り尽くしている。二人は毎日、ニューヨークの地下鉄のトンネルが約五〇〇〇万リットルの水に飲み込まれることのないよう、目を光らせていなければならない。

「すでに地下に溜まっている分だけで、その量です」とシューバーは言う。

「雨が降った場合、トータルの水量は……」ブリファは、もう降参とでも言うように手のひらをこちらに向ける。「とても計算できません」

　実際に計算できないことはないかもしれない。だが、街が建設される前とくらべ、降水量はいまでもまったく減っていない。かつてのマンハッタンでは、水の染み込みやすい約七〇平方キロの土地に植物の根が這いまわっており、それが平均年間降水量に当たる一二〇〇ミリメートルの水を吸い上げ、湿地の草をうるおしていた。こうした草は水を十二分に吸収すると、残りは大気中に放出した。根が取り込めなかった分は、島の地下水面に流れ込んだ。ところどころで、この水が池や沼地に湧き出し、余分な水は四〇本の小川を通って海へ排出された。これらの小川も、いまやコンクリートとアスファルトの下敷きになっている。

　こんにちでは、雨水を吸収する土壌も発散させる植物もほとんどないし、ビルが日光をさえぎるため、水は蒸発しない。それゆえ、雨は水たまりに溜まるか、重力にしたがって下水溝に流れ落ちるかだ。さもなくば地下鉄の通気孔に流れ込み、すでに溜まっている水をさらに増やすことになる。たとえば一三一番通りとレノックス・アヴェニューの下では、水位を上げている地下河川のせいで、地下鉄のA、B、C、Dの各線の底部が腐蝕しつつある。シューバーとブリファをはじめ、反射ベストに洗いざらしのデニムの作業着という格好の男たちが絶えず地下に這い降りては、ニューヨークの地下で水位が上昇の一途をたどっている事実と向き合っているのだ。

激しい雨が降ると必ず、豪雨に運ばれたゴミで下水溝が詰まってしまう。世界中の都市を漂うビニールのゴミ袋の数こそ、まさに計算不能かもしれない。水ははけ口を求めて最寄りの地下鉄の階段を流れ落ちる。そのうえ北東風でも吹こうものなら、大西洋の大波が押し寄せてニューヨークの地下水面に襲いかかる。ついには、ロワー・マンハッタンのウォーター・ストリートやブロンクスのヤンキー・スタジアムなどで、水がトンネル内にあふれてすべてを停止させる。水が引くまでそれらが復旧することはない。万が一、海水の温度が上がりつづけ、海面の上昇速度が一〇年に約二・五センチという現在のペースを上回ることにでもなれば、やがて水はまったく引かなくなるだろう。そのときなにが起こるかは、シューバーにもブリファにもわからない。

こうした諸々の事情に加え、一九三〇年代につくられた水道の本管はしょっちゅう破裂する。そう考えると、ニューヨークが洪水から守られてきたのは、ひとえに地下鉄職員による不断の監視と七五三基のポンプのおかげなのだ。これらのポンプについて考えてみよう。一九〇三年、エンジニアリングの粋を結集したニューヨークの地下鉄網は、急成長していた既存の都市の地下に建設された。すでに下水管が敷設されていたので、地下鉄はその下につくらざるをえなかった。「だから、ポンプで水を汲み上げる必要があるのです」と、シューバーは説明する。これはニューヨークだけの話ではない。ロンドン、モスクワ、ワシントンといった都市でも、地下鉄はかなり深い場所に建設された。防空壕を兼ねている場合も多い。

そのため、大惨事が起こる可能性は大いにあるのだ。

白い安全ヘルメットで日差しから目を守りながら、シューバーはブルックリンのヴァン・シクレン・アヴェニュー駅の下にある四角い穴を覗き込む。一分間に二五〇〇リットル近い天然の地下水が岩盤から湧き出している。シューバーはごうごうと流れ落ちる水のほうに手を振り、四基の鋳鉄製水中ポンプを指し示した。これらのポンプが重力に逆らって交代で水を汲み上げ、水位を保っているのだ。ポンプは電気で動いているため、停電すると一気に大変なことになりかねない。ワールド・トレード・センターへのテロ攻撃のあとは、移動式の大型ディーゼル発電機を備えた緊急ポンプ列車が、シェイ・スタジアムの二七倍の容積の水を汲み出して急場をしのいだ。懸念されているように、ハドソン川の水が、ニューヨークとニュージャージーを地下で結ぶパス・トレインのトンネルに流れ込むようなことがあれば、ポンプ列車も、そしておそらくはニューヨーク・シティの大部分も水没してしまうだろう。

街から人間が消えれば、ポール・シューバーやピーター・ブリファのような人もいなくなる。つまり、降水量が五〇ミリを超えると――近頃は心配なほどそうなることが多い――水浸しになった駅から駅へ駆けまわり、あるときはホースを階段の上まで引きずり上げて通り沿いの下水溝に排水し、あるときは地下トンネルをゴムボートでこぎ進む者は、もういないのだ。人がいなくなれば、電気も来なくなる。ポンプは止まり、二度と動かない。「このポンプ施設が停止すると、三〇分ほどで水位が上がって電車は通れなくなります」と、シューバーは言う。

ブリファは安全メガネを外して目をこすった。「ある地区で洪水が起これば、ほかの地区にも水が押し寄せます。三六時間足らずで街全体が水浸しでしょう」

雨が降らなくても、地下鉄のポンプが止まればほんの数日でそうなるだろうと、二人は見ている。すると、水が舗装道路の下の土を流し去るようになる。まもなく、通りに穴があきはじめる。下水道はことごとく詰まり、地表に新しい水路が形成される。さらに別の水路が忽然と現われるのは、水浸しになった地下鉄の天井が崩れ落ちるときだ。二〇年もすれば、イーストサイドの地下鉄の四、五、六番線上を走る道路を支えるずぶ濡れの鉄柱が、腐蝕して崩壊する。レキシントン・アヴェニューが陥没すれば、川になるだろう。

しかし、そんな事態が訪れるだいぶ以前に、街中の舗装道路はすでに手の施しようのない状態になっているはずだ。ニューヨークのクーパー・ユニオン大学で土木工学部長を務めるジャミール・アーマド博士によれば、マンハッタンから人が消えて最初に巡ってくる三月に、あらゆるものが崩壊しはじめるという。毎年三月、気温は摂氏零度前後を四〇回くらい行ったり来たりするのが普通だ（気候が変わればこの時期は二月に早まるだろう）。すると凍結と融解が繰り返され、アスファルトやコンクリートにひびが入る。雪が解けると、できたばかりの割れ目に水が染み込む。その水が凍って膨張すると、割れ目が広がる。

あの壮大な都市景観の下に閉じ込められていた水の報復といったところだろう。自然界では、水以外のほとんどの化合物は凍ると収縮するのだが、水の分子は逆に膨張する。優美な六角形の結晶に姿を変えると、液体の状態で自由に動き回っていたときとくらべ、約九パーセント余分にスペースをとるのである。美しい六面体の結晶を見ると、雪片とはじつに繊細なものだという感じがする。そのため、それが歩道の分厚いコンクリート板をばらばらにしてしまうなどとは、なかなか想像できない。まして一平方センチあたり五四〇キログラムの圧力に耐えるよう設計されている炭素鋼の水道管が、凍って破裂するとは信じられない。ところが、まさにそういうことが起こるのである。

舗装道路にひびが入ると、カラシナ、シロツメクサ、ヤエムグラといった雑草がセントラル・パークからやってきて、新しい割れ目に沿って繁茂し、さらに割れ目を広げる。現在の世界では、手遅れになる前に市の保全係が現われて、雑草を引き抜き、亀裂を埋める。だが、人のいなくなった世界では、ニューヨークを絶えず修繕してくれる者は残っていない。雑草につづき、この街で最も繁殖力旺盛な外来種であるニワウルシの木が生えてくる。「神樹」という無垢な別名を持つニワウルシは、情け容赦のない侵略者だ。八〇〇万人もの住人がいるにもかかわらず、地下鉄のトンネルのわずかな裂け目に根を張り、広げた枝葉を歩道上の鉄格子からのぞかせるまで誰にも気づかれないのだ。若木を引き抜く者がいないため、五年もすれば、ニワウルシの強靭な根が歩道を持ち上げ、下水溝——すでに、誰も片付けないビニール袋やよれよれの古新聞であふれている——を破壊しているはずだ。舗装道路の下に長く閉じ込められていた土が太陽と雨にさらされると、ほかの種類の植物もやってきて、下水溝の鉄格子をふさいでいるゴミの山にすぐさま落ち葉が積もりはじめる。

初期の先駆者となる植物は、舗装道路にひびが入るのを待つ必要すらない。まず側溝に落ち葉や泥が溜まると、ニューヨークの不毛な甲殻の上に土の層が形成されはじめ、若木が芽を出すのだ。利用できる有機物がそれよりはるかに少ない状態――風で運ばれた塵と都会の煤だけ――であっても、まさにその通りのことが起きている場所がある。マンハッタンのウエストサイドにあるニューヨーク・セントラル鉄道の放棄された高架線路である。ここでは、一九八〇年に列車が運行を停止して以来、お決まりのニワウルシに加え、オニオングラスと白い毛に覆われたワタチョロギという地被植物が密生し、アキノキリンソウが彩りを添えている。ところどころで、かつて列車が通っていた倉庫の二階から線路が姿を見せる。そこに、野生のクロッカス、アイリス、マツヨイグサ、アスター、ノラニンジンが生い茂っている。多くのニューヨーカーが、チェルシーの芸術地区にある建物の窓からその風景を見下ろし、このほったらかしにされた花咲く緑の帯に胸を打たれた。彼らは突如として預言者のごとく、街のなかのうち捨てられた土地は自分たちのものだと言い出した。こうして、その場所はハイラインというあだ名をつけられ、正式に公園に指定されたのである。

熱が失われて最初の数年で、街中のパイプが破裂し、凍結‐融解サイクルが屋内に移行すると、事態は著しく悪化しはじめる。建物は内部構造が伸縮するたびにうめき声をあげる。壁と屋根の接合部は分離する。そこから雨水が漏れ、ボルトが錆び、外装材がはがれ、断熱材がむき出しになる。ニューヨークが燃えたことはまだないが、今度こそ燃えるだろう。ニューヨークの建物を全体として見れば、たとえばサンフランシスコに立ち並ぶ、下見板張りのヴィクトリア朝様式の発火しやすい家々ほど燃えやすくはない。しかし、通報に応えて駆けつけてくれる消防士がいないため、雨が降っていないときに雷が落ちると、セントラル・パークに一〇年間堆積した枯れ枝や枯れ葉に火がつき、炎は通りに広がっていく。二〇年もすれば、避雷針は錆びて折れはじめ、屋根についた火はあたりの建物に燃え移り、燃料となる紙でいっぱいのオフィスに入り込む。ガス管に引火し、燃えさかる炎が窓を吹き飛ばす。そこから雨や雪が吹き込むと、やがてコンクリートの床が凍っては溶け、ゆがみはじめる。焼けた断熱材と炭化した木材が、マンハッタンに増えつづける覆土層に養分を加える。在来種のアメリカヅタとツタウルシが、地衣類に覆われた壁に根を食い込ませる。地衣類は大気汚染がないところに育つのだ。アカオノスリとハヤブサが、ますます骨組みを露わにする高層建築に巣をつくる。

ブルックリン植物園副園長のスティーヴン・クレマンツは、二〇〇年足らずのうちに、先駆者となった雑草は移入してくる木々にほぼ取って代わられると推測する。大量の落ち葉で埋め尽くされた側溝が新しい肥沃な土壌となり、街の公園から移ってきた在来種のオークやカエデが育つ。新参のハリエンジュやアキグミの灌木が窒素を固定してくれるおかげで、ヒマワリ、ウシクサ、マルバフジバカマが、リンゴの木とともにやってくる。これらの植物の種は、急増する鳥たちが排出したものだ。

クーパー・ユニオン大学土木工学部長のジャミール・アーマド博士は、生物の多様性はさらに拡大すると予測する。ビルが倒れてぶつかり合うと、砕けたコンクリートに含まれる石灰が土壌のpHを上げ、クロウメモドキやカバノキといった酸性度の低い環境を必要とする木が育つからだ。豊かな銀髪をして、表現力豊かに手を回しながら話すアーマドは、このプロセスは人びとが思うより早くはじまると考えている。彼はパキスタンのラホール――モザイクで飾られた歴史あるモスクの街――の出身で、現在はテロ攻撃に耐えられるよう建物を設計・改築する方法を教えており、構造物の脆弱性について造詣が深い。

「ニューヨークに立つほとんどの超高層ビルがそうですが、マンハッタンの堅い地盤にしっかりと固定してある建物であっても、鉄鋼の土台が水浸しになるとは想定されていません」と、彼は言う。詰まった下水溝、水があふれたトンネル、川に逆戻りした道路。こうしたものが重なって地下二階部分を破壊し、そこにかかる途方もない荷重を十分には支えきれなくしてしまうという。将来、いっそう強力になったハリケーンがさらに頻繁に北米の大西洋沿岸を襲うようになれば、ぐらぐらの高層建築にすさまじい風が打ちつけるだろう。一部の建物は倒れ、ほかの建物を破壊する。森で巨木が倒れた際にできる空地と同じように、新しい植物がその場所にどっと押し寄せる。こうして徐々に、アスファルト・ジャングルは本物のジャングルに姿を変えていくはずだ。

◆ ◆ ◆

ニューヨーク植物園は、ブロンクス動物園の向かいの一平方キロあまりの敷地にあり、ヨーロッパ以外では世界最大の植物標本集を保有している。秘蔵品のなかには、キャプテン・クックが一七六九年の太平洋航海で集めた野草の標本や、チャールズ・ダーウィンが採取して、黒の水性インクで記述・署名したメモをつけたティエラ・デル・フエゴ諸島のコケの断片などがある。だが最も注目すべきなのは、一六万二〇〇〇平方メートルほどの土地である。ここは在来種が手つかずのまま残る原生林だ。

一度も伐採されていないとはいえ、様子はすっかり変わった。つい最近まで、あの優美な針葉樹の鬱蒼とした木立を念頭に「アメリカツガの森」と呼ばれていたが、アメリカツガはほぼ全滅した。この文の最後に打ってある句点より小さな日本の虫にやられたのだ。その虫がニューヨークにやってきたのは、一九八〇年代半ばのことだった。この森がまだイギリス領だった当時から存在する最古にして最大のオークも、倒壊しつつある。酸性雨と重金属のせいで、生命力を奪われてしまったためだ。こうした重金属には、たとえば自動車や工場の煤煙(ばいえん)に含まれる鉛などがあり、それが土壌に染み込んでいるのである。これらの木々が再び生えてくることは、まずないだろう。この森の樹冠木の大半は、だいぶ前から再生しなくなっているからだ。森に生えている在来種はいまや、ことごとく病原体にとりつかれている。菌類、昆虫、病気などが、化学物質の猛襲で弱った木々を征服する好機に乗じているのだ。これでもまだ足りないのか、広大な灰色の都会に囲まれた緑の島と化したニューヨーク植物園の森は、ブロンクスのリスにとって格好の避難所となってしまった。天敵がいなくなり、狩猟も認められていないため、リスはなににも邪魔されず発芽前のドングリやヒッコリーの実をむさぼり食える。リスがやっているのは、そういうことなのだ。

この古い森の低木層には、いまや八〇年の空白がある。主に育っているのは、固有種であるオーク、カエデ、トネリコ、カバノキ、スズカケノキ、ユリノキの新しい世代ではなく、ブロンクスのあちこちから飛んできた観賞用輸入植物だ。土壌のサンプルを調べると、二〇〇〇万個ものニワウルシの種がこの森で芽吹いていることがわかる。ニューヨーク植物園経済植物学研究所のチャック・ピータース所長によれば、いずれも中国原産のニワウルシやキハダといった外来種が、いまではこの森の四分の一以上を占めているという。

「森を二〇〇〇年前の状態に戻したがる人もいます」と、彼は言う。「そういう人にはこうお話しするのです。そのためには、ブロンクスを二〇〇〇年前の状態に戻す必要がありますよ、とね」

人間は世界中どこへでも移動できるようになると、生物を持って行ったり、持って帰ったりするようになった。アメリカ大陸の植物はヨーロッパ諸国の生態系を変えただけでなく、それらの国のアイデンティティ自体を変えてしまった。ジャガイモが入る前のアイルランドやトマトが入る前のイタリアを考えてみるといい。反対に、旧世界からの侵略者は、征服した新しい土地の不運な女たちに暴力を振るっただけでなく、コムギ、オオムギ、ライムギをはじめとするほかの植物の種をもばらまいた。アメリカの地理学者アルフレッド・クロスビーの言葉を借りれば、この生態学的帝国主義のおかげで、ヨーロッパの征服者は植民地にみずからの姿を永遠に刻んだのである。

その帰結のなかには馬鹿馬鹿しいものもあった。たとえば、ヒヤシンスとラッパズイセンが咲き乱れるイギリス庭園。これらの植物は、植民地インドにはまったく根づかなかったものだ。ニューヨークにホシムクドリ――いまやアラスカからメキシコまでの至る所で見られる害鳥――が移入されたのは、誰かがこんなふうに考えたからだった。シェークスピアの作品に出てくる鳥がセントラル・パークに勢揃いすれば、ニューヨークはいっそう文化的になるはずだと。つづいて、彼の戯曲に登場するありとあらゆる植物をセントラル・パークの庭に植えようということになった。こうして、イチゲサクラソウ、ニガヨモギ、ヒエンソウ、エグランティンバラ、キバナノクリンザクラといった、叙情を誘う草花の種が蒔かれた。足りないのは『マクベス』に出てくるバーナムの森くらいだったのである。

マナハッタ・プロジェクトのバーチャルに復元された過去が、将来のマンハッタンの森にどれだけ似るかは、北米の土壌の支配権をめぐる戦いにかかっている。この戦いは、その原因をつくった人間がいなくなったあとも長くつづくだろう。ニューヨーク植物園の標本集には、一見可憐な薄紫色の茎のアメリカで最初の標本が含まれている。この植物、すなわちエゾミソハギは、イギリスからフィンランドにかけての北海の河口域を原産とする。商船が大西洋を横断する際、ヨーロッパの干潟からバラストとして採取した濡れた砂に混ざって、その種が運ばれてきたらしい。植民地との交易が盛んになるにつれ、アメリカの海岸に放り出されるエゾミソハギの種も増えた。商船は荷物を積む前にバラストを捨てるからだ。いったん定着すると、エゾミソハギは河川をさかのぼっていった。泥だらけの鳥の羽や獣の毛に種が触れると、くっつくからである。ハドソン川の湿地帯では、水鳥やマスクラットの食糧であり隠れ家でもあったガマ、ヤナギ、クサヨシの群落が、紫色のカーテンのように密生したエゾミソハギに取って代わられ、野生動物でさえ入り込めなくなってしまった。二一世紀には、アラスカにまでエゾミソハギがはびこってしまった。同州の生態学者はうろたえ、いずれその植物が湿地全体を覆い、カモ、ガン、アジサシ、ハクチョウを追い出してしまうのではないかと心配している。

シェークスピア庭園以前にも、セントラル・パークを設計したオルムステッドとヴォークスが、三八万二〇〇〇立方メートルあまりの盛り土とともに五〇万本の樹木を持ち込んでいた。彼らなりの先進的自然観を実現しようと、ペルシアの鉄樹、アジアのカツラ、レバノンスギ、中国のキリやイチョウといった外来種を植えてマンハッタン島に趣を添えたのだ。しかし、人間がいなくなれば、外来種の手強い派遣団と競い合って生得権を取り戻そうと居残っている在来種に地の利があるだろう。

八重のバラのような外国産観賞用植物の多くは、それを移入した文明が衰えれば一緒に消滅してしまう。そうした植物は実のならない交配種であり、繁殖させるには挿し木をする必要があるからだ。クローンをつくる庭師がいなくなれば、その植物も滅びてしまう。セイヨウキヅタのような過保護に育てられたその他の移入種は、独力で生きていかねばならなくなると、アメリカヅタやツタウルシといったアメリカの無骨ないとこたちに敗れ去る。

さらに別の植物として、じつは突然変異種がある。高度な品種改良によって無理矢理つくりだされたものだ。仮にこうした植物が生き延びたとしても、姿は変わり果て、数も減っていくだろう。世話をする者のいない果物、たとえばリンゴは、見栄えや味ではなく耐寒性を優先するため、ごつごつした形になる。ちなみに、リンゴはロシアやカザフスタンから入ってきたもので、ジョニー・アップルシードがその種を配って歩いたという伝説は誤りである。農薬を散布されていないリンゴ園は、アメリカ土着の厄介者であるリンゴミバエやハモグリムシといった害虫に抵抗する術を持たないため、一部がわずかに残るだけで、自生する広葉樹に土地を明け渡すことになる。外国から持ち込まれた菜園の野菜は、もとのみすぼらしい姿に逆戻りする。ニューヨーク植物園のデニス・スティーヴンソン副園長によれば、アジア原産の甘いニンジンは、あっというまに野生のまずいノラニンジンに取って代わられるという。人間が植えたオレンジ色のおいしいニンジンは、動物に食い尽くされてしまうからだ。ブロッコリー、キャベツ、芽キャベツ、カリフラワーは、そうは見えない共通の先祖へと退化する。ワシントン・ハイツ・パークウェイの中央分離帯にドミニカ人が植えた種トウモロコシの子孫は、DNAをさかのぼり、ついにはメキシコ産の原種であるブタモロコシに戻ってしまうかもしれない。ブタモロコシの穂軸は、小麦の茎くらいしかないのだ。

自生植物に唐突に近づいてきた別の侵入者、すなわち鉛、水銀、カドミウムなどの金属は、すぐには土壌から洗い流せない。重金属という名の通り、分子が重いからだ。一つ確かなのは、自動車が永遠に止まり、工場の電気が消えて二度とつかなければ、この種の金属はこれ以上排出されないということである。もっとも最初の一〇〇年ほどは、石油タンク、化学工場、発電所、たくさんのクリーニング店に残された時限爆弾が、腐蝕によって定期的に爆発するだろう。燃料、洗濯溶剤、潤滑油などの残りをバクテリアが食べ、より無害な炭化水素に徐々に分解していく。とはいえ、一部の殺虫剤から可塑剤や断熱材にいたる、人間が発明したありとあらゆる新製品は、微生物がそれを処理できるよう進化するまで何千年も残ることだろう。

それでも、酸を含まない雨が降るたびに、まだ持ちこたえている木々の敵である汚染物質は減っていく。化学物質が生態系から徐々に洗い流されていくからだ。何世紀ものあいだに、植物が取り込む重金属のレベルは低下していき、取り込まれた重金属は、再び循環・沈澱し、さらに希薄になっていく。植物が枯れ、腐り、表土が増えると、工業毒はさらに深い場所へと葬られる。そのため、在来種の若木の群落が代を重ねるたびに状態は良くなっていく。

昔からニューヨークに自生していた木の多くが、現に滅びつつあるわけではないとしても、絶滅の危機に瀕している。とはいえ、すでに絶滅した種はほとんどない。一九〇〇年頃に、アジアからの苗木の輸送船に乗ってニューヨークに胴枯れ病が入り込むと、アメリカグリが各地で大変な被害に遭った。その木が見られなくなってしまったことを、人びとは深く嘆いている。ところがそのアメリカグリでさえ、ニューヨーク植物園の古い森に依然としてしがみついているのだ――文字通り、根によって。ニューヨーク植物園のアメリカグリは、芽を出し、六〇センチほどの若木に育っては、胴枯れ病で倒れるというサイクルを繰り返している。その活力を吸い取っている人間からのストレスがなくなれば、病気に強い品種がいつか現われるかもしれない。かつて、アメリカグリはアメリカ東部の森林で最も高い広葉樹だった。それが復活すれば、この地に居座っているはずの強靭な外来種と共存せざるをえないだろう。そうした外来種には、メギ、ツルウメモドキ、そして間違いなくニワウルシが含まれる。こうした生態系は私たちがいなくなっても存続する人工の産物であり、私たちがいなければ決して出現しなかった国際的な植物混成体なのである。

それもまんざら悪くはないかもしれないというのが、ニューヨーク植物園のチャック・ピータースの見方だ。「現在のニューヨークをすばらしい都市にしているのは、その文化的多様性です。あらゆる人がなにかしら提供できるものを持っています。ところが植物の話となると、私たちは外来者恐怖症にかかってしまいます。在来種を愛し、侵略的な外来植物はとっとと故郷に帰ってもらいたいと望むのです」

彼はランニングシューズを履いた片足を、キハダの白っぽい樹皮にかけた。キハダは最後に残ったアメリカツガに囲まれて育っている。「こう言うとばちあたりに聞こえるかもしれませんが、生物の多様性を維持することは、機能する生態系を維持することにくらべれば大した問題ではありません。大切なのは、土壌が守られ、水が浄化され、木々が大気を濾過（ろか）し、林冠が若木を再生させて栄養分がブロンクス川に流れ出さないようにすることなのです」

彼は濾過されたブロンクスの空気を肺いっぱいに吸い込んだ。五〇代前半ながらスリムで若々しいピータースは、人生の大半を森で過ごしてきた。彼の野外調査で明らかになったのは、アマゾン奥地で野生のパームナッツ、未開のボルネオ島でドリアン、ミャンマーのジャングルでギョリュウバイが群生しているのは、偶然ではないということだった。かつて、そこにも人間が住んでいたのである。荒野が人間とその記憶を飲み込んでしまったものの、現在の様子が人間の痕跡を伝えている。このブロンクスの森も同じことだろう。

実際、人類がこの地に現われて間もない頃から、この森にはその痕跡が刻まれてきたのだ。エリック・サンダーソンのマナハッタ・プロジェクトが再現しているのは、オランダ人が発見した当時の島であり、人跡未踏のマンハッタンの原生林ではない。そんなものは存在しなかったからだ。「デラウェア族がやって来る前、ここには厚さ一・六キロの氷の板しかなかったのです」と、サンダーソンは説明する。

約一万一〇〇〇年前、最後の氷河期がマンハッタンから北へ後退すると、トウヒとアメリカカラマツのタイガ［ユーラシア、北米大陸に広がる針葉樹林］がその後を追い、現在はカナダ・ツンドラのすぐ南に広がっている。空いた土地には、私たちが知る北米の東部温帯林が形成された。すなわち、オーク、ヒッコリー、クリ、クルミ、アメリカツガ、ニレ、ブナ、サトウカエデ、モミジバフウ、サッサフラス、ハシバミなどからなる森である。森のなかの空地には、チョークチェリー、ニオイウルシ、ロードデンドロン、スイカズラといった低木や、さまざまなシダ類と顕花(けんか)植物が育った。塩性湿地にはスパルティナとアメリカフヨウが現われた。これらすべての植物が、温暖化でできた生態的地位の隙間を埋めると、つづいて人間を含む恒温動物が登場した。

　考古学的な遺物があまり残っていないことから考えて、最初のニューヨーカーたちは居を定めず、季節ごとに野営してはベリー類、クリ、野生のブドウなどをとっていたのだろう。シチメンチョウ、ヒースライチョウ、カモ、オジロジカなどを狩りもしたが、主に漁をしていたようだ。周囲の海には、キュウリウオ、シャッド、ニシンがあふれていた。マンハッタンの小川にはカワマスが泳いでいた。カキ、ハマグリ、ホンビノスガイ、カニ、ロブスターはいくらでもいたので、苦もなくとれた。岸沿いに点在する大きな貝塚は、人間がこの地につくったはじめての構築物である。ヘンリー・ハドソンがこの島を最初に目にした頃には、ハーレム北部とグリニッチヴィレッジは草深いサバンナで、デラウェア族が繰り返し焼き払っては作物を植えていた。マナハッタ・プロジェクトに携（たずさ）わる研究者たちは、古代のハーレムの炉を水浸しにしてなにが浮かんでくるかを見てみた。すると、デラウェア族がトウモロコシ、豆、カボチャ、ヒマワリを栽培していたことがわかった。それでも、マンハッタン島の大部分は、ポーランドのビャウォヴィエジャ・プーシュチャのような深い緑に覆われていたのは間違いない。だが、六〇オランダギルダーで売却されて、原住民の土地から植民地の不動産へと、かの有名な変貌を遂げるずいぶん前から、人類の証（しる）しはすでにマンハッタン島に刻まれていたのである。

千年期の区切りとなる二〇〇〇年のこと、未来には過去が復活するかもしれないと予感させるものが、こんな形で現われた。一匹のコヨーテがセントラル・パークにやってきたのである。その後、さらに二匹のコヨーテと、一羽の野生のシチメンチョウがマンハッタンに姿を見せた。人間がいなくなるのを待つまでもなく、ニューヨーク・シティは野生に戻ってしまうのかもしれない。

◆◆◆

最初に偵察にきたそのコヨーテは、ジョージ・ワシントン橋を渡ってやってきた。ニューヨーク・ニュージャージー港湾管理委員会からの委託でこの橋を管理していたのは、ジェリー・デル・トゥフォという人物だった。彼はその後、スタテン島をマンハッタン島やロングアイランドと結ぶ橋の管理を引き受けた。四〇代の構造技術者であるデル・トゥフォは、橋というのは人間が考え出した最も美しいアイデアの一つだと思っている。大きな裂け目に優雅なアーチを架け、人びとを結びつけるものだからだ。

デル・トゥフォ自身、大洋をまたぐ架け橋である。黄褐色の顔は、イタリアはシチリア島の出身であることを物語っているが、口を開けばまるっきりニュージャージーの都市部の話し方なのだ。舗装道路と鉄鋼に囲まれて育ち、やがてその二つを生涯の仕事とした彼でさえ、次のような現実には驚きを禁じえない。ジョージ・ワシントン橋の塔のてっぺんで、毎年ハヤブサのヒナが孵る奇跡。地面から遠く離れた、海上に吊るされた鉄の窪みにふてぶてしく繁茂する雑草やニワウルシのたくましさ。彼の管理する橋は、自然からのゲリラ攻撃に絶えずさらされている。その兵器や軍勢は、鋼板の鎧兜を前にしては馬鹿馬鹿しいほど貧弱に思えるかもしれない。ところが、あらゆる場所に延々と降りつづく鳥の糞を放っておけば、致命的な損害を被ることになる。鳥の糞は、空中を漂っている植物の種を捕らえて芽吹かせると同時に、ペンキを溶かしてしまうからだ。デル・トゥフォが戦っているのは、原始的だがひるむことのない敵である。その究極の強みは、相手より長く残るという能力なのだ。デル・トゥフォは、最後には自然が勝つという事実を認めている。

とはいえ、彼が目を光らせているあいだは、そうはさせない。なんと言っても、自分と仲間が受け継いだ遺産に敬意を払っているからだ。彼らが管理している橋は、一日に三〇万台もの車が行き来するとは夢にも思わなかった世代のエンジニアによって建造されたものだ。八〇年後の現在、橋はまだ現役である。デル・トゥフォは仲間たちに語る。「われわれの仕事はこの宝物を受け継いだときよりいい状態にして、次の世代に引き渡すことなんだ」

ある二月の午後、にわかに降り出した雪のなか、デル・トゥフォは無線で仲間と話しながらベイヨン橋に向かった。スタテン島側の橋の入り口の下面は、強力な鋼鉄の基盤である。これを一手に受け止めているのが、岩盤に固定された巨大なコンクリート・ブロック、つまりベイヨン橋の荷重の半分を支える橋台である。荷重を支える入り組んだI形桁と筋交い材を連結するのは、厚さ一センチあまりの鋼板、フランジ、数百万本に及ぶ一センチ超のリベットとボルトである。こうした様子をまっすぐに見上げると、ヴァチカンにそびえるサンピエトロ大聖堂の丸天井に見とれ、圧倒されるような畏怖の念に打たれて謙虚になる巡礼者の気持ちがわかる。こんなすばらしいものが永遠にここに残るのだ。しかし、こうした橋は人間が守ってやらなければ崩れ落ちてしまうことを、ジェリー・デル・トゥフォは百も承知している。

とはいえ、すぐに崩れ落ちることはない。差し迫った脅威は私たちとともに消滅するからだ。デル・トゥフォによれば、それはひっきりなしに衝撃を加える車の往来ではないという。「この手の橋は必要以上に頑丈にできているので、行き来する車など象に乗った蟻のようなものです」一九三〇年代には、建材の耐久性を正確に測定できるコンピュータがなかったから、エンジニアは用心のため、とにかくやりすぎるところまでやったのである。「私たちは先祖が残してくれた過剰設備で食いつないでいるのです。ジョージ・ワシントン橋だけでも、太さ約七・五センチの主ケーブル内の亜鉛メッキ鋼線は、地球を優に四周する長さがあります。たとえほかの吊索がすべて劣化しても、橋は落ちません」

最大の敵は、ハイウェイ局が毎年冬になると撒く塩だ。この貪欲な物質は、氷を解かし尽くすと、次は鉄鋼を蝕みつづける。油、不凍液、車から垂れる雪解け水などで塩が流され、集水溝や道の裂け目に入り込むと、保守作業員はそれを見つけて洗い流さなければならない。人間がいなくなれば、塩も撒かれない。とはいえ、錆は出るだろう。しかも相当に。なにしろ、最初は、橋を塗り直す人間はいないのだから。最初は、酸化によって鋼板にコーティングが施される。その厚さは鋼板自体の倍以上あるため、化学物質の攻撃を遅らせることになる。鋼鉄がすっかり錆びて粉々になるまでには、何百年もかかるかもしれない。だが、ニューヨークの橋が落下しはじめるのは、それほど先のことではない。凍結-融解のドラマが金属でも起こるからだ。鋼鉄の場合、コンクリートのようにひび割れるわけではなく、温まると膨張し、冷えると収縮する。このため、夏になって鉄橋が伸びても大丈夫なように、膨張目地が設けてある。

冬に鉄橋が縮むと、膨張目地内のスペースが広がり、風で飛んできたいろいろなものが入り込む。こうなると、気温が上がったときに橋が膨張する余裕が減ってしまう。橋を塗装する人間がいないため、膨張目地にはゴミだけでなく錆も詰まる。こうしたものがたまっていき、やがて、その場所に入るべき金属よりはるかに広いスペースをふさいでしまう。

「夏になると、好むと好まざるとにかかわらず、橋の体積は大きくなります。膨張目地が詰まれば、橋は一番弱い継ぎ目に向かって伸びていきます。二種類の異なる素材がつながれている部分などですね」と、デル・トゥフォは言う。彼は、鋼鉄製の四車線道路がコンクリートの橋台とぶつかる場所を指さす。「たとえば、あそこです。コンクリートは、橋桁が橋脚にボルトで固定されている場所からひび割れます。あるいは、何度か季節がめぐるとボルトがねじ切れることもあります。最終的に、橋桁は少しずつ動いてはずれ、落ちてしまうのです」

接続部はことごとく脆いものである。デル・トゥフォによれば、ボルトで固定された二枚の鋼板のあいだに生じる錆の猛威はすさまじく、鋼板がゆがんだりリベットが飛び出したりするという。ベイヨン橋やヘルゲート橋（イーストリバーに架かる鉄道橋）のようなアーチ橋は、最も余裕を持たせた設計になっている。こうした橋は、向こう一〇〇〇年は大丈夫かもしれない。もっとも、海岸平野の下に横たわる断層の一つを地震がさざ波のように伝わってくれば、その寿命が縮むことも考えられる（イーストリバーの下を通る、鉄で内張りされたコンクリートでできた一四本の地下鉄トンネル――そのうちブルックリンに通じる一本は馬車の時代につくられたものだ――よりは長持ちするはずだ。トンネルの一部でもはがれれば、大西洋の水が流れ込むからである）。一方、自動車が通る吊り橋やトラス橋は、二、三〇〇年もすればリベットやボルトがはずれ、下で待ちかまえている水面に橋全体が落下するだろう。

そのときまでには、セントラル・パークにたどりついたあの勇敢なコヨーテの足跡を追って、さらに多くのコヨーテがやってくる。カナダからニューイングランド地方に戻っていたシカ、クマ、最後にはオオカミまでが、次々に現われる。橋の大半が崩落する頃には、マンハッタンの比較的新しい建物も倒壊しているだろう。漏れた水が建物に埋め込まれた鉄筋にまで達すると、鉄筋が錆びて膨張し、周囲を覆うコンクリートを破裂させるからである。グランド・セントラル駅のような古い石造りの建物は、大理石をあばたにする酸性雨が降らなくなるおかげで、ピカピカの現代的なビルのどれよりも長持ちするはずである。

廃墟となった高層ビル群には、マンハッタンに再形成された小川で育つカエルの愛の歌がこだまする。そうした川にはいまやエールワイフが泳ぎ、カモメが落としたイガイが潜んでいる。ハドソン川にはニシンやシャッドが戻ってくる。もっともこれらの生き物は、インディアン・ポイント原子力発電所の鉄筋コンクリートの建物が倒壊したあと、そこから漏れてくる放射能に数世代をかけて適応したのだ。この発電所はタイムズ・スクエアから北へ五五キロほどの場所にある。しかし、私たちの世界に順応していた動物はほとんど見あたらない。無敵に思える熱帯産のゴキブリは、暖房が切れたアパートでずいぶん前に凍りついてしまった。生ゴミが出ないので、ネズミは餓死したり、超高層ビルの残骸に巣をつくった猛禽（もうきん）の餌食となったりした。

　水位の上昇、潮の干満、塩による腐蝕のせいで、ニューヨークの五つの行政区を取り巻く人工の海岸線は、入り江と小さな浜に姿を変えている。セントラル・パークの池や貯水場は、浚渫（しゅんせつ）されないため湿地に生まれ変わった。野生の草食動物がいないので——二輪馬車（ハンサム）や公園の警察官に利用されていた馬が野生化して繁殖しないかぎり——セントラル・パークの草地は消えてなくなる。成熟した森は本来の姿を取り戻し、放射状に広がってかつての通りを覆うと、無人の建物の土台に侵入する。コヨーテ、オオカミ、アカギツネ、アカオオヤマネコがリスを適度な数に戻すおかげで、オークは丈夫になり、人間が堆積させた鉛よりも長く地上に残る。五〇〇年後には、たとえ気候の温暖化が進んでいても、オークやブナのほか、トネリコのような湿気を好む種（しゅ）が繁茂しているはずだ。

　とっくの昔に、野生の肉食動物が飼い犬の最後の子孫を片付けているが、野生化した狡猾（こうかつ）

な飼い猫は生き残り、ホシムクドリを餌にしている。とうとう橋が崩落し、トンネルに水があふれ、マンハッタンが本当の意味で島に戻ると、ヘラジカとクマが広くなったハーレム川を泳いで渡ってくる。かつてデラウェア族が摘んだベリー類をたらふく食べるためだ。

文字通り永久に崩壊したマンハッタンの金融機関の瓦礫のなかに、銀行の金庫室がいくつかつぶれずに残っている。そこにしまわれているお金は、もはや価値がないとはいえ、カビは生えているが無事である。美術館の保管庫に入っている美術品はそうはいかない。こうした保管庫は、強度よりも温度調節を重視してつくられている。電気が来なければ保護機能も働かない。いずれは美術館の屋根にひびが入って水が漏るようになる。たいてい天窓から漏りはじめ、地階は溜まった水でいっぱいになる。湿度と温度の激しい変動にさらされ、保管庫に入っているあらゆるものが、カビ、バクテリア、ヒメカツオブシムシ（美術館の悪名高い疫病神）の貪欲な幼虫の餌食になる。これらが別の階に広がると、メトロポリタン美術館の絵画は菌類によって色褪せたり溶解したりして、見る影もなくなってしまう。一方で陶磁器類が無事なのは、化学的性質が化石と似ているからだ。なにかが上に落ちないかぎり、陶磁器類は再び埋まって次世代の考古学者に発掘してもらうのを待つ。腐蝕によってブロンズ像の緑青は濃くなるが、形には影響しない。「だからこそ、私たちは青銅器時代のことがわかるのです」と、マンハッタンの美術館員であるバーバラ・アペルバウムは言う。

アペルバウムによれば、自由の女神がやがて港の底に沈んだとしても、多少の化学的変化があったり、フジツボだらけになったりするかもしれないが、その形はいつまでも保たれるという。女神にとってはそこが一番安全な場所かもしれない。今後数千年のうちに、まだ残っている石壁もついには一つ残らず倒壊するはずだ。それはもしかすると、ワールド・トレード・センターの向かいにある、セント・ポール礼拝堂の堅固な壁かもしれない。この礼拝堂はマンハッタンでとれた硬い片岩を使って一七六六年に建てられたものである。過去一〇万年のあいだに三度、氷河がニューヨークを根こそぎにしている。人類が炭素燃料に魂を売ったせいで大気の状態が取り返しのつかないほど悪化し、天井知らずの地球温暖化によって地球が金星に変貌してしまわないかぎり、いつの日か氷河は同じことを繰り返すはずだ。ブナ、オーク、トネリコ、ニワウルシが生い茂る成熟した森は、なぎ倒されるだろう。スタテン島のフレッシュ・キルズ埋立場にそびえる四つの巨大なゴミの山はぺしゃんこになり、そこに積み上げられた途方もない量の強靭なポリ塩化ビニルと、人間の創造物のなかでも指折りの永続性を持つガラスは、粉々にすりつぶされる。

氷河が後退したあとで、不自然に密集した赤茶けた金属が、まずはモレーン［氷河によって運ばれた砂や岩からなる堆積物］に覆われ、やがて地層の下に埋もれていく。この金属は、一時は電線や配管の形をしていたものだ。その後ゴミ捨て場に運ばれ、大地に還っていった。道具をつくる者が次にこの地球にやってきたり進化したりすれば、こうした金属を見つけて利用するかもしれない。だがそのときには、それをその場所に置いたのが私たちだと示すものは、なに一つないだろう。

# 4　人類誕生直前の世界

## （1）間氷期という幕間

一〇億年以上にわたって、北極と南極の氷原は拡大と縮小を繰り返してきた。ときには赤道で合流したこともあった。その理由として、大陸移動、地球の公転軌道がわずかに楕円(だえん)であること、地軸のぶれ、大気中の二酸化炭素の増減などが挙げられる。この数百万年のあいだ、各大陸は基本的に現在私たちが目にしている位置にあったが、氷河期はほぼ周期的に繰り返され、いったんはじまると一〇万年以上つづいた。そのあいだに挟まる間氷期は、だいたい一万二〇〇〇年から二万八〇〇〇年の長さだった。

最後の氷河がニューヨークを去ったのは、一万一〇〇〇年前のことである。正常な状況なら、そろそろマンハッタンが氷でぺしゃんこにされてもおかしくない頃だが、氷河が予定通り到来するかどうか怪しくなってきた。いまでは多くの科学者が、次の極寒期がはじまるまでのこの幕間は、まだまだつづくと予想している。私たちが大気という掛け布団に余分な断熱材を詰め込んで、来るべき氷河期を先延ばしにしているからだ。南極の氷床コアに含まれる原始時代の気泡とくらべてみると、過去六五万年で大気中の二酸化炭素が最も多いのは現在だとわかる。人間が明日から姿を消し、炭素を含む分子を二度と空中に放出しなくなっても、すでに放出した分はなくなるまで影響を及ぼしつづけるにちがいない。

そうした事態は、私たちの基準によれば、すぐに訪れるわけではない。もっとも、その基準は変わりつつある。私たちホモ・サピエンスは、化石化を待つまでもなく地質年代に足跡を残しているからだ。紛れもない自然力となることによって、すでにそうしているのである。私たちがいなくなったあと最も長く残る人工物の一つは、私たちが構成を変えてしまった大気である。それゆえタイラー・ヴォルクは、建築家である自分がニューヨーク大学生物学部で大気物理学と海洋化学を教えるのは少しも変ではないと思っている。こうしたあらゆる専門分野の力を借りなければ、人間がどうやって、大気、生物圏、海を、以前なら火山やぶつかり合う大陸プレートにしかできなかったところまで変えたのかを説明できないからである。

ヴォルクはウェーブのかかった黒い髪をしたひょろりと背の高い男で、考えごとをするとき目を三日月形に細める。椅子に背をもたれ、オフィスの掲示板ほぼいっぱいに貼ってある一枚のポスターをしげしげと眺めている。そこには、密度が濃くなっていく層を持つ一つの流体として、大気と海が描かれている。二〇〇年ほど前まで、上側の気体部分の二酸化炭素は、下側の液体部分に一定の割合で溶け込み、世界の均衡は保たれていた。いまでは、大気中の二酸化炭素の濃度があまりに高いため、海はそれに合わせて再適応する必要がある。だが、海はとても広いので、適応には時間がかかるのだそうだ。
「燃料を燃やす人間がいないとしましょう。最初のうち、海面は二酸化炭素を急速に吸収するはずです。飽和状態になると、吸収の速度は落ちます。吸収された二酸化炭素の一部は、光合成微生物が利用します。海水が混ざるにつれ、海面付近の水はゆっくりと沈んでいき、飽和していない古代の海水が深みから上がってきて入れ替わるのです」

海水がすっかり入れ替わるには一〇〇〇年かかるが、そうなったからといって、地球が産業革命以前の無垢な状態に戻るわけではない。海と大気のバランスはいまより良くなるが、双方とも依然として二酸化炭素が過剰なのだ。地面も同じことで、余分な炭素は土壌と生命体を通って循環するだろう。生命体は炭素を吸収するものの、最終的には放出するからである。だとすれば、余分な炭素はどこに行くのだろうか？「一般に、生物圏というのはひっくり返ったガラス罎のようなものです。てっぺんは、少数の隕石を通す以外、基本的には余計な物質をはねつけます。底は蓋がわずかに開いていて、噴火口につながっているのです」と、ヴォルクは言う。

問題はこうだ。石炭紀層に穴を開けて炭素を空中に吐き出すことによって、私たちは火山となり、一七〇〇年代以降噴火をやめていないのである。

そこで次に、地球は、火山が余分な炭素を生物圏に吐き出す際のお決まりの手段を講じねばならない。「岩石循環がはじまるのですが、このサイクルはかなり長くなります」地殻の大半を構成する長石や石英といったケイ酸塩は、雨と二酸化炭素からできる炭酸によって少しずつ風化し、炭酸塩になる。炭酸は土壌や鉱物を分解し、カルシウムが地下水に溶け出していく。カルシウムは川を流れて海に運ばれ、そこで沈澱して貝殻になる。ゆっくりとしたプロセスだが、大気中の二酸化炭素が過剰なせいで気候が極端になったため、多少スピードアップする。

「最終的に、地質学的循環によって二酸化炭素は人類出現以前のレベルに戻りますが、それには約一〇万年かかるでしょう」と、ヴォルクは締めくくる。

あるいは、もっとかかるかもしれない。ごく小さな海の生物も甲殻のなかに炭素を閉じ込めているのだが、海の上層で二酸化炭素が増えると、その殻が溶けてしまうのではないかと懸念されている。また、水温が上昇する海が増えるほど、吸収される二酸化炭素はますます減るのではないかとも心配されている。水温が上がると、二酸化炭素を取り込むプランクトンの成長が妨げられるからだ。それでも、私たちがいなくなれば、最初の一〇〇〇年間に上層と下層の海水が入れ替わることによって、余分な二酸化炭素の九〇パーセントまでが吸収されるのではないかとヴォルクは考えている。そうなれば、大気中の二酸化炭素は、産業革命以前の二八〇ｐｐｍというレベルより一〇～二〇ｐｐｍほど多いにすぎないのだ。

その数値と現在の三八〇ｐｐｍとの差からして、少なくともあと一万五〇〇〇年は氷河が侵略してくることはないと保証するのは、一〇年にわたって南極の氷床コアを採取している科学者たちだ。とはいえ、余分な炭素がゆっくりと吸収されていくあいだに、ニューヨーク

・シティにはパルメットヤシとモクレンが、オークやブナを上回る速度で再び定着していくかもしれない。ヘラジカは、ラブラドル半島でスグリやニワトコの実を探さなければならないだろう。一方マンハッタンには、アルマジロやペッカリーといった動物が代わりに南から進出してくる。

一方、同じく著名な科学者でも北極を観察してきた人たちは、こう反論する。グリーンランドの氷冠から新たに流れ出す雪解け水が、メキシコ湾流を冷やして流れを止めてしまうため、地球全体に温水を循環させる海洋大循環が停止してしまう。そうなると、やはりヨーロッパと北米の東海岸に氷河期が戻ってくる。一面が氷河に閉ざされてしまうほど過酷ではないかもしれないが、木の生えないツンドラや永久凍土層が温帯林に取って代わるだろう。ベリーの茂みは、点在する生育不全のカラフルな地被植物に姿を変え、それを取り囲むトナカイゴケに引き寄せられてカリブーが南下してくる。

希望的観測ともいえる第三の筋書きは、前述した両極端のケースが相殺し、中間の気温が維持されるというものだ。暑いのか、寒いのか、その中間なのか。いずれにせよ、人間が存在しつづけて大気中の炭素濃度を五〇〇～六〇〇ｐｐｍに――あるいは、人間が現在の仕事の仕方を変えなければ、二一〇〇年には到達すると予想されている九〇〇ｐｐｍに――押し上げれば、かつてグリーンランドの頂上で凍りついていた水の大半が、拡大した大西洋を漂っていることだろう。グリーンランドの氷冠と南極の氷の解け具合いかんで、マンハッタンはほんのいくつかの小島になってしまうかもしれない。そのうちの一つは、セントラル・パークにそびえていたグレート・ヒル、別の一つは、ワシントン・ハイツの片岩の露頭である。しばらくのあいだ、その場所から南に数キロに位置する一群のビルが、水面に突き出た潜望鏡のように、あたりをむなしく見下ろしていることだろう。やがて、打ちつける波でこれらのビルも倒壊することになる。

## (2) 氷のエデン

そもそも人類が進化しなかったとしたら、地球はどうなっていただろうか？　それとも、人類の進化は必然的な出来事だったのだろうか？

私たちがいなくなったら、人間——あるいは人間と同じくらい複雑ななにか——は再び現われるのだろうか？　それはありうるのだろうか？

◆◆◆

北極からも南極からも遠く離れた東アフリカのタンガニーカ湖は、一五〇〇万年前にアフリカを二つに分断しはじめた裂け目に横たわっている。この裂け目、すなわちアフリカ大地溝帯は、地殻変動による分割がいまもつづく現場である。この分割は現在のレバノンのベカー渓谷でもっと以前にはじまり、その後、南に延びてヨルダン川から死海に至る水路を形成した。それから、途中で広がって紅海となり、いまではアフリカの地殻を平行に走る二本の裂け目に分岐している。タンガニーカ湖は、この大地溝帯の西側の裂け目を六七〇キロにわたって満たす、世界最長の湖である。

水深は一五〇〇メートル近くに及び、約一〇〇〇万年の歴史を持つこの湖は、シベリアのバイカル湖に次いで世界で二番目に深く、古い湖でもある。だからこそ、湖底の堆積物のコアサンプルを採取している科学者にとって、きわめて興味深い湖なのだ。毎年の降雪が氷河のなかに気候の歴史を封じ込めるのと同じように、周囲の草木が落とす花粉粒は湖の底に沈み、判別可能な層にきれいに分かれる。この層を形成しているのは、雨季に流れ込む水がつくる暗色の帯と、乾季のアオコがつくる明色の筋だ。古代から存在するタンガニーカ湖では、採取したコアからわかるのは植物の素性だけではない。ジャングルが、火に強い広葉樹林へ徐々に変わっていった様子が見て取れる。ミオンボとして知られるこの広葉樹林は、こんにちアフリカの広大な地域を覆っているが、これもまた人の手によってつくられたものだ。ミオンボが広がったのは、旧石器時代の人類が、林を焼いて草地と疎林をつくればレイヨウが集まってきて繁殖すると気づいたからだった。

厚くなっていく木炭の層に混ざった花粉から、鉄器時代の幕開けに伴い森林伐採がさらに拡大したことがわかる。人間は、まず鉱石を製錬し、つづいて鍬をつくって土地を耕すことを覚えた。耕した土地にはシコクビエなどの穀物を植えた。その痕跡も残っている。それ以降に現われた豆やトウモロコシの場合、花粉が少なすぎたり穀粒が大きすぎたりして遠くまで運ばれることはなかった。だが、生態系を乱された土地に群生するシダの花粉が増えているのは、農耕が普及した証拠である。

以上のような事実をはじめさまざまな情報が、長さ一〇メートルの鋼鉄管が回収する泥から明らかになる。この鋼鉄管は、ケーブルで吊って降ろされ、振動するモーターの力を借りながら自重によって湖底に――そして一〇万年前の花粉の層に――めり込んでいく。次は五〇〇万年、さらには一〇〇〇万年前のコアを貫ける掘削装置が必要だと語るのは、アリゾナ大学の古陸水学者アンディ・コーエンだ。コーエンは、タンガニーカ湖東岸のタンザニアの都市キゴーマで、調査プロジェクトの指揮を執っている。

この手の装置はきわめて高価で、小型の石油掘削船並みの値段になるはずだ。湖があまりにも深いため、掘削装置を錨で固定することはできない。そこで、全地球測位システム（GPS）とつながった制御用エンジンを使って、装置が穴の上に来るよう絶えず調整しなければならない。だが、それだけの価値はあるはずだとコーエンは言う。これは、地球で最も長きにわたって保存された、最も貴重な気候の記録なのだから、と。

「気候の変動は北極と南極の氷床が前進したり後退したりすることによって起こるものだと、長いあいだ思われてきました。しかし、熱帯地方における循環も関係していると考える十分な理由があります。北極と南極の気候の変化についてはいくつかのことがわかっていますが、私たちが住む地球の熱機関についてはよくわかっていないのです」その熱機関のコアサンプルを採取することによって「氷河で発見された一〇倍の気候の歴史が、はるかに正確に把握できるはずです。分析可能な種々の事柄が一〇〇くらいあるのではないでしょうか」と、コーエンは言う。

そのうちの一つが、人類の進化の歴史である。コアサンプルの記録がカバーする歳月のあいだに、霊長類ははじめて二本足で歩き、ヒト科へと至る比類のない進化の段階を進んでいったからである。すなわち、アウストラロピテクスから、ホモ・ハビリス、ホモ・エレクトス、そしてついにはホモ・サピエンスへと。そこに閉じ込められている花粉は、私たちの先祖が吸い込んだものと同じであるばかりか、彼らが手を触れ、口にしたのと同じ植物から飛び散った花粉のはずだ。というのも、私たちの先祖もまたこの大地溝帯を発祥の地とするからである。

タンガニーカ湖の東を平行に走るアフリカ大地溝帯のもう一本の支脈には、別の湖が存在していた。タンガニーカ湖より浅い塩水湖であり、過去二〇〇万年にわたって、蒸発しては再び現われることを繰り返してきた。現在は草原になっており、マサイ族の牧夫が放したウシとヤギがひたすら草を食んでいる。草の生えた地面の下には、砂岩、粘土、凝灰岩、火山灰が、玄武岩層の上に重なっている。タンザニアの火山高地を東へ流れる川が、これらの地層を徐々に削り、深さ一〇〇メートルの峡谷を形成した。二〇世紀にこの場所で、ルイス・リーキーとメアリー・リーキーの考古学者夫妻が、一七五万年前の原人の頭蓋骨の化石を発見したのだ。いまではサイザルアサが生い茂る半砂漠となったオルドヴァイ峡谷には、灰色の石片が転がっている。やがてこうした石片のなかから、地下に横たわる玄武岩でつくられた数百という剥片石器や石核が発見された。その一部は二〇〇万年も前のものだった。

一九七八年、オルドヴァイ峡谷から四〇キロほど南西の場所で、メアリー・リーキーのチームが、湿った火山灰に凍りついた足跡がつづいているのを発見した。それは、アウストラロピテクスの三人組がつけた足跡だった。どうやら両親と子供らしい。近くのサディマン火山が噴火したあと、雨が降るなかを歩くか逃げるかしていたようだ。この発見によって、二足歩行の原人は三五〇万年以上前から存在していたことがわかった。この場所とケニアやエチオピアの同じような遺跡から、人類の揺籃期の様子が浮かび上がってくる。石を打ちつけあって鋭い刃の石器をつくることを思いつく数十万年前から、人類は二本足で歩いていたことが、現在では知られている。原人の歯やその周辺に残っているものの化石から、人類は木の実をかみ砕く臼歯を持った雑食動物だったことがわかる。しかし、斧に似た形の石を見つけて使う段階から、斧のつくり方を会得するところまで進歩していたので、動物を手際よく殺して食べる手段を持ってもいたのだ。

オルドヴァイ峡谷をはじめ原人の化石が出土する現場を一まとめにすると、エチオピアから南に走り、アフリカ大陸東岸と平行に伸びる三日月形になる。これらの現場の調査から、人類はアフリカを起源とすることがほぼ立証されている。私たちがこの地で吸い込む土ぼこりは、ごく微量ながら私たちが持つDNAが石灰化したものを含んでいるのだ。その土ぼこりを運ぶそよ風は、オルドヴァイ峡谷のサイザルアサとアカシアに、灰色の凝灰岩の粉末で膜をつくる。この地から、人間は各大陸を渡り、地球上へ散らばった。やがて、私たちはぐるりと回って元に戻ってくると、出生の地からあまりにも遠ざかっていたため、相続権を守るべくあとに残っていた血を分けたいとこを奴隷にしたのである。

こうした現場から出土する動物の骨の一部は、人間が増えたために絶滅したカバ、サイ、ウマ、ゾウのもので、その多くが私たちの祖先の手によって尖頭器（せんとうき）や武器へと研（と）ぎ上げられている。これらの骨は、ほかの哺乳類のなかから人類が現われる直前の世界の様子を知る助けとなる。とはいえ、人類の出現を後押ししたのがなんだったかはわからない。だが、タンガニーカ湖にいくつかの手がかりが残っている。この手がかりを追っていくと、再び氷河に行き着くのだ。

タンガニーカ湖には、高さ一五〇〇メートルあまりの大地溝帯の崖から何本もの川が注いでいる。かつて、これらの川は抛水林を通って流れ落ちていた。その後ミオンボ林が広がったが、現在では、崖の大部分にはまったく木が生えていない。その斜面はキャッサバを植えるために開墾されており、畑の勾配（こうばい）があまりに険しいため、農夫が転げ落ちることで知られている。

例外はゴンベ・ストリームだ。タンガニーカ湖のタンザニア側の東岸にあるこの国立公園は、オルドヴァイ峡谷でリーキーの助手を務めていた霊長類学者のジェーン・グドールが、一九六〇年からチンパンジーの研究をつづけている場所である。彼女の現地調査は、一つの野生種の行動研究としては最も長期にわたるもので、舟でしかたどりつけない野営地を本拠にしている。野営地を取り巻く国立公園はタンザニアで一番狭く、五二平方キロの面積しかない。グドールがはじめてこの地を訪れたとき、周囲の丘はジャングルに覆われていた。疎林やサバンナへとつづく場所には、ライオンやアフリカスイギュウが棲んでいた。現在の公園は、キャッサバ畑、アブラヤシ農園、丘陵の開拓地に三方を囲まれている。湖岸のあちこちに村が点在し、合わせて五〇〇〇人以上が暮らしている。有名なチンパンジーの数は、九〇頭前後をふらふらと行ったり来たりしている。

　チンパンジーはゴンベで最も熱心に研究されている霊長類だが、公園の熱帯雨林は多くのアヌビスヒヒや数種のサル――ベルベットモンキー、アカコロブス、アカオザル、ブルーモンキーなど――の生息地でもある。二〇〇五年には、ニューヨーク大学人類起源研究所の博士課程に在籍するケイト・デトワイラーが、アカオザルとブルーモンキーにまつわる奇妙な現象を数カ月にわたって調査した。

　アカオザルは顔が黒くて小さく、鼻に白い斑点があり、頬は白く、尾は鮮やかな栗色をしている。ブルーモンキーは毛が青みがかっており、顔は三角形でほぼ無毛、眉弓(びきゅう)が見事に突き出している。色あい、体の大きさ、発声がまったく違うため、野原でアカオザルとブルーモンキーを混同する者はいない。ところがゴンベでは、この二種はおたがいを見間違えてしまうようなのだ。というのも、異種交配をはじめたからである。これまでデトワイラーが確認したところでは、アカオザルとブルーモンキーは染色体の数が異なるにもかかわらず、両者の密通から生まれた子の少なくとも何匹かは――ブルーモンキーのオスとアカオザルのメスのあいだに生まれた子であれ、その逆であれ――繁殖能力がある。デトワイラーは林床からこの二種のサルの糞を集めている。そこに含まれる腸の粘膜の断片によって、DNAの混合により新しい雑種が誕生したことを証明できるからである。

しかし、証明されるのはそれだけではないと彼女は見ている。遺伝的特徴から、三〇〇万年前から五〇〇万年前のどこかの時点で、二種のサルの共通の祖先だった種が二つの個体群に分かれたことがわかっている。別々の環境に適応するにつれ、両者は徐々に異なる特徴を身につけていった。ガラパゴスの多くの島々に孤立したフィンチという鳥に見られる似たような現象から、チャールズ・ダーウィンは進化のしくみをはじめて考えついた。ガラパゴスのケースでは、それぞれの島でとれる餌に応じて一三種類ものフィンチが出現した。これらのフィンチのくちばしは、種を割ったり、虫を食べたり、サボテンの果肉を抜き取ったり、さらには海鳥の血を吸ったりできるよう、さまざまに変化したのである。

ゴンベではその逆の現象が起きたらしい。どこかの時点で、かつて二種のサルを隔てていた障壁が新たに育った森によって消え去り、両者は生態的地位を共有するようになった。ところがその後、ゴンベ国立公園を取り囲む森がキャッサバ畑に姿を変えてしまったため、この二種のサルは一緒に置き去りにされてしまったのである。「自分と同じ種でつがえる相手が徐々に減っていったため」と、デトワイラーは推測する。「このサルたちは破れかぶれの――あるいは独創的な――生き残りの手段に訴えざるをえなかったのです」

彼女の主張は、一つの種の内部で自然選択が起こるのとまったく同じように、二種間の交配が進化の原動力となりうるというものだ。「当初、異種交配によって生まれた子は、どちらの親とくらべても適応力が低いかもしれません。しかし、生息地域の狭さや個体数の少なさなど、どんな理由からであれ、実験は絶えず繰り返され、やがて両親に劣らない生命力を持つ雑種が現われます。ことによると、両親を超える強みすら備えているかもしれません。生息環境が変わったからです」

だとすれば、これらのサルの未来の子孫は人為的につくられたものということになる。その親は、農耕生活を営むホモ・サピエンスによって無理やり一緒にさせられたのであり、ホモ・サピエンスが東アフリカをずたずたに分断したせいで、サルをはじめ、モズやヒタキといった種は近親交配するか、異種交配するか、滅びるか、さもなくばきわめて独創的な手段に訴えるしかなかったのである――たとえば進化のような。

この地では以前にも同じようなことが起こっていたのかもしれない。かつて大地溝帯が形成されはじめたばかりの頃、アフリカ大陸の中央部はインド洋から大西洋に至るまで熱帯雨林に覆われていた。すでに大型の類人猿が出現しており、多くの点でチンパンジーに似ている種も含まれていた。その遺物がこれまで見つかっていないのは、チンパンジーの化石がほとんど残っていないのと同じ理由による。熱帯雨林では、豪雨によって土壌の鉱物がこし出されてしまうため、化石ができる暇はなく、骨もあっというまに分解してしまうのだ。それでも、科学者には大型の類人猿が存在していたことがわかっている。遺伝的特徴から、人間とチンパンジーは同じ祖先の直系の子孫であることが判明しているからだ。アメリカの自然人類学者のリチャード・ランガムは、この未発見の類人猿をパン・プライアーと名付けた。

　この命名には、現代のチンパンジーであるパン・トログロダイトの前（プライアー）という意味はもとより、約七〇〇万年前にアフリカを襲った大旱魃（だいかんばつ）の前という意味が込められている。この大旱魃のせいで、湿地は後退し、土壌は乾燥し、湖は消滅し、森は縮小して点在する隠れ家となり、そのあいだにサバンナが広がった。こうした事態を引き起こしたのは、北極と南極からやってきた氷河だった。グリーンランド、スカンジナビア、ロシア、そして北米の大部分を覆った氷河が、世界中の水蒸気の大半を閉じ込めたせいで、アフリカは干上がった。キリマンジャロやケニア山といった火山の頂は冠雪したものの、氷床はアフリカまで届かなかった。だが、こんにちのアマゾンの倍以上の広さを誇ったアフリカの森林を分断した気候変動の原因は、針葉樹をなぎ倒しながら進んできた、遠く離れたその白い怪物だったのだ。

　このはるか彼方の氷床のせいで、アフリカの哺乳類と鳥類は点在する森に取り残され、その後数百万年にわたって独自の進化を遂げた。少なくともそのうちの一種の動物が、思い切った行動に踏み切らざるをえなかったことがわかっている。つまり、サバンナをぶらつくようになったのである。

　人間が地上から姿を消し、やがてその後釜に座る動物が現れるとしたら、そのはじまりは私たちの場合と同じだろうか？　ウガンダの南西部に、人類の歴史が縮図として再現され

ている のを目にできる場所がある。チャンブラ峡谷は細長い渓谷で、大地溝帯の底に堆積した焦げ茶色の火山灰を一六キロにわたって切り込んでいる。周囲の黄色い平原とはびっくりするほど違い、熱帯性のソブ、鉄樹、リーフフラワーといった木々の緑の帯がチャンブラ川沿いの谷を埋めている。チンパンジーにとって、このオアシスは隠れ家であると同時に厳しい試練の場でもある。緑が生い茂ってはいるものの、峡谷の幅は五〇〇メートルに満たず、そこで手に入る果実だけではすべてのチンパンジーの食糧をまかなえないのだ。そこでときおり、勇敢なチンパンジーが覚悟を決めて林冠に登り、峡谷の境界へと、危険が潜む地上の世界へとジャンプするのだ。

木の枝のはしごがないので、オートムギやコウスイガヤの草原を見渡すには、二本足で立ち上がらなければならない。二本足で立つ寸前の状態で一瞬静止し、サバンナに点在するイチジクの木のあいだにいるライオンやハイエナに目を配る。自分が餌食になる前にたどり着けそうな木を決める。それから、かつての私たちと同じように、その木を目指して走る。

彼方にある氷河のせいで、パン・プライアーのなかでも度胸があり、空腹を抱えた連中――しかもその一部は生き残れるだけの想像力を持っていた――が、もはや私たちを養えるほど大きくない森を追い出されて約三〇〇万年後、世界は再び暖かくなった。氷河は後退した。木々はかつての陣地を取り戻すと、一部はアイスランドにまで及んだ。森はつながり、大西洋岸からインド洋に至るまでのアフリカ大陸を再び覆った。だがこの頃すでに、パン・プライアーは新たな存在に変化していた。森のへりの草深い疎林を好むはじめての類人猿になっていたのだ。二本足で歩くようになってから一〇〇万年あまりを経て、脚は長くなり、ほかの指と向かい合わせにできる足の親指は短くなっていた。樹上生活を営む能力は失われつつあったが、地上で生きるために磨き抜かれた技術のおかげで、新しい生活のほうがはるかに向いていた。

こうして私たちはヒト科の動物となった。アウストラロピテクスがヒト属を生み出す過程で、私たちは住処（すみか）とするサバンナを広げてくれる火事を追いかけるだけでなく、自力で火を起こせるようになった。三〇〇万年以上のあいだ、私たちの数はあまりにも少なかったため、森のところどころを草地にすることとくらいしかできなかった——まだまだ到来しない氷河時代がそうしてくれないかぎり。それでも、パン・プライアーの最後の子孫であるホモ・サピエンスが現われるだいぶ以前のその時代、私たちは再び新しいことを試せるまでに数を増やしたに違いない。

アフリカからさまよい出た人類は、再び恐れを知らぬ冒険者となったのだろうか？　サバンナの向こうには、さらに多くの恵みがあると想像していたのだろうか？

それとも、彼らは敗者だったのだろうか？　人類発祥の地に留まる権利をめぐって血を分けた屈強な種族と争い、一時的に追い出されてしまったのだろうか？

はたまた、ひたすら前進と増殖をつづけたにすぎなかったのだろうか？　アジアまで延びる大草原ほどの豊かな資源を目の前にすれば、どんな動物もそうするのではないだろうか？

ダーウィンも認めたように、それは問題ではなかった。同一の種から孤立した集団がそれぞれ別の道を歩んだ場合、最も成功した集団が新しい環境で繁栄するようになる。追い出されたのであれ、冒険に旅立ったのであれ、生き残った集団が小アジアを、それからインドを占拠したのだ。ヨーロッパでもアジアでも、彼らはある技術を発展させはじめた。リスなどの温帯動物には昔から知られていたが、霊長類にとっては新しい技術、すなわち計画を立てることである。それには記憶と予測の両方が必要だった。実り豊かな季節に食べ物を蓄えておき、寒い季節を乗り切るためである。陸橋があったおかげで、彼らはインドネシアの大部分を踏破したものの、ニューギニア、さらにはいまから約五万年前にオーストラリアに到達するには海を渡れるようにならねばならなかった。その後、いまから一万一〇〇〇年前のこと、観察力の鋭い中近東のホモ・サピエンスが、ある秘密を解き明かした。それまでは、限られた種類の昆虫にしか知られていなかった秘密だ。つまり、植物を壊滅させるのではなく、育てることによって食糧の供給をコントロールするにはどうすればいいかである。

アウストラロピテクス・アフリカヌス（*Australopithecus africanus*）
イラスト：カール・ビューエル

彼らが栽培していたコムギとオオムギは中東を原産地とし、やがてナイル川に沿って南へ広がったことがわかっている。そのため、こんな推測が成り立つ。山のような贈り物を持ち帰り、屈強な兄エサウと仲直りしようとした賢明なヤコブのように、誰かが種と農耕の知識を中東から故郷アフリカに持ち帰ったのだろう。それは格好のタイミングだった。またしても氷河期――最終氷河期――が到来し、氷河の届かなかった土地の水分を奪ったため、食糧の供給が逼迫していたからである。大量の水が凍って氷河になったせいで、海面は現在より一〇〇メートル近く低くなっていた。

同じ頃、アジアに広がりつづけていた別の人びとが、最果ての地シベリアにたどりついていた。ベーリング海の水が部分的に引いたため、一六〇〇キロに及ぶ陸橋がアラスカまでつながっていた。一万年にわたり、八〇〇メートルもの厚さの氷に覆われていた場所である。ところがいまや、氷はすっかり後退し、ところどころ四八キロも幅のある通り道が露わになっていた。氷が解けてできた湖を避けながら、彼らはその橋を渡っていった。

チャンブラ峡谷とゴンベ・ストリームは、私たちを生んだ森の残骸が形成する多島海のなかの環状サンゴ島である。今回アフリカの生態系をばらばらにした原因は、氷河ではなく私たち自身だった。最近になって飛躍的な進化を遂げた人類は、自然力となり、火山や氷床に匹敵する力を身につけたからだ。農地と集落の海に囲まれたこれら森の島では、パン・プライアーの最後に残った別の子孫が、私たちが去った当時の生活をいまでも送っている。私たちはその後、疎林、サバンナと経て、やがて都市の類人猿となったわけだ。コンゴ川の北に棲む人類のきょうだいはゴリラとチンパンジーであり、南に棲むのはボノボである。チンパンジーとボノボは、遺伝的に見て人間に一番近い。ルイス・リーキーがジェーン・グドールをゴンベに送り込んだのも、妻と二人で発見した骨と頭蓋骨から、私たちの共通の祖先は外見も行動もチンパンジーそっくりだったのではないかと推測したからだった。

人類の先祖にこの地を去るよう促したものがなんであれ、彼らの決断をきっかけにかつてない爆発的な進化が起こった。さまざまな形で語られているように、その進化は過去に類を見ない成功と破壊を招いた。だが、仮に私たちが居残っていたとしたら、あるいはサバンナで無防備になったときに、ライオンやハイエナの祖先に始末されていたとしたらどうだろう。人類の代わりになにかが進化したとして、それはどんな動物だっただろうか？

野生のチンパンジーの目を覗き込むと、私たちが森に残っていた場合の世界が垣間見える。彼らがなにを考えているかはよくわからないが、知性を持っていることは間違いない。本来の生息環境にいるチンパンジーは、ンブラという果樹の枝から落ち着き払って人間を見つめ、自分より高等な霊長類の前だからといって卑屈な態度はいっさい見せない。ハリウッドがつくったイメージが誤解を招いているのだ。ハリウッドで使われる訓練されたチンパンジーはすべて若年であり、人間の子供のように愛らしい。ところが、彼らは成長しつづけ、ときには五五キロほどにもなる。同程度の体重の人間の場合、一四キロくらいが脂肪である。一方、絶えず体を動かしている野生のチンパンジーなら、脂肪は一・三〜一・九キロ程度のものだろう。残りは筋肉である。

ゴンベ・ストリームにおける現地調査の責任者で、若くて巻き毛のマイケル・ウィルソン博士は、チンパンジーの強さを証言する。彼は、チンパンジーがアカコロブスを引き裂いてむさぼり食う様子を観察してきた。チンパンジーの狩りの腕は抜群で、狙った獲物の八割は仕留める。「ライオンだと、獲物を仕留められるのは一〇回か二〇回のうちやっと一回です。チンパンジーはきわめて優秀な生き物なのです」

だが、ウィルソンはまた、チンパンジーが近くにいる別の群れの縄張りにこっそり忍び込み、油断して一頭だけでいるオスを待ち伏せして襲い、なぶり殺しにするのも見てきた。近くにいる仲間の群れから、数カ月にわたって辛抱強くオスを一頭ずつ始末し、最後に縄張りとメスを手に入れる様子を観察してきた。激しい戦いや、ボスの座をめぐるグループ内の血みどろの争いも目にしてきた。人間の攻撃性や権力闘争との比較は避けられず、それが彼の専門分野となった。

「そのことを考えるのはうんざりです。気の滅入る話ですから」

不可解なのは、チンパンジーより小型で細身ながら、同じくらい人間に近いボノボがそれほど好戦的ではなさそうなことだ。彼らは縄張りは守るものの、群れ同士での殺し合いは一度も観察されていない。平和的な性格、複数の相手と交尾を楽しむこと、全員で子育てをする明らかに母権的な社会組織などは、いつか穏和な生物が地球を受け継いでほしいと諦めずに願っている人びとのあいだで、半ば神話と化している。

とはいえ、人間がいなくなった世界で、ボノボがチンパンジーと勝負をつけなければならないとしたら、数で負けてしまうだろう。ボノボはせいぜい一万頭しかいないのに対し、チンパンジーは一五万頭もいるのだ。一世紀前には両者を合わせてその二〇倍はいたことを考えると、どちらかの種が世界の支配権を握るまで残っている可能性は年々小さくなっている。

マイケル・ウィルソンが熱帯雨林を歩いていると、太鼓の音が聞こえてくる。チンパンジーが板根（ばんこん）を叩き、おたがいに合図を送っているのだ。彼はその姿を求めて、ゴンベに一三カ所ある川の流れる谷を行ったり来たりする。ヒヒの通り道を這うアサガオの蔓や蔓植物をまたぎ、チンパンジーの鳴き声を追う。やがて二時間後、大地溝帯の突端にチンパンジーがいるのをようやく発見する。そのうちの五頭が疎林のへりの木に登り、大好物のマンゴーを食べている。コムギとともにアラビアから入ってきた果物である。

一・六キロほど先を見下ろすと、タンガニーカ湖が午後の陽光を浴びて輝いている。この湖は世界の淡水の約二〇パーセントを貯め込むほど広大であり、固有種の魚が非常に多いため、水生生物学者のあいだでは湖のガラパゴスとして知られている。その向こうの西のほうに、コンゴの丘陵がかすんで見える。そこでは、チンパンジーはいまでも食用に捕獲されている。反対側に目をやると、ゴンベ国立公園の境界線の先に、やはりライフルを携えた農民の姿が見える。彼らはアブラヤシの実に手を出すチンパンジーにほとほと手を焼いているのだ。

人間と当のチンパンジーを除けば、アフリカで実際にチンパンジーを捕食する動物はいない。草原のなかの一本の木にこの五頭がいること自体、チンパンジーもまた環境に適応するための遺伝子を受け継いでおり、ゴリラよりもはるかに能力が高いという事実を証明している。ゴリラは森の食べ物しか受けつけないが、チンパンジーはさまざまなものを食べ、さまざまな環境で生きていけるのだ。もっとも、人間がいなくなれば、チンパンジーはそうするまでもないかもしれない。ウィルソンによれば、森が再生するからである。それもあっというまに。

「ミオンボ林が一帯に広がっていって、キャッサバ畑を再び覆うでしょう。おそらく、この機に乗じてヒヒが真っ先に八方に散り、糞と一緒に植物の種を運び、それを蒔くはずです。適切な生息環境であれば、すぐに木が育ちます。やがて、チンパンジーが後を追ってくるでしょう」

たくさんの獲物が戻れば、まずライオンが帰ってくる。つづいて、アフリカスイギュウやゾウといった大型獣が、タンザニアやウガンダの保護区からやってくるだろう。「やがてチンパンジーの群れが、南はマラウイ、北はブルンジ、さらに西はコンゴにまで、ずっと広がっていくのが目に浮かびます」と言って、ウィルソンはホッとため息をつく。

あの森がすべて戻ってくる。チンパンジーの大好きな果物がたわわに実り、獲物となるアカコロブスがたくさん棲む森が。わずかに守られたアフリカの過去であると同時に、人間のいない未来を垣間見せてくれるちっぽけなゴンベ国立公園で、霊長類をこうそそのかすものを見つけるのは容易ではない。再びこうしたあらゆる贅沢に別れを告げ、私たちがたどった不毛な足跡を追うようにと。

もちろん、再び氷河期がやってくるまでの話ではあるが。

# 5　消えた珍獣たち

　夢のなかで家の外に出てみると、見慣れた風景のなかに奇怪な生き物がうようよしている。あなたが住んでいる場所しだいでは、大きな枝ほどもある角を持ったシカや、生きた重装甲戦車とでも言いたいような動物がいるかもしれない。ラクダに似た動物――と言っても、ゾウのような鼻がついていなければの話だが――の群れもいる。ふさふさの毛を生やしたサイ、毛むくじゃらの巨大なゾウ、さらに大きなナマケモノ……ナマケモノだって？　あらゆる種類と大きさの野生のウマ。一八センチもの長さの牙を持ったヒョウや、びっくりするほど背の高いチーター。オオカミも、クマも、ライオンも、どれもものすごく大きい。これは悪夢に違いない。

　夢か、それとも先天的な記憶なのか？　これこそ、アフリカを出て、はるかアメリカまで広がったホモ・サピエンスが足を踏み入れた世界だった。もし私たちが現われなかったとすれば、いまはいないこの哺乳類たちはまだ生きていたのだろうか？　私たちがいなくなれば、戻ってくるのだろうか？

アメリカ合衆国の現職大統領には歴史を通じてさまざまな悪口が浴びせられたが、なかでも第三代大統領トーマス・ジェファーソンの政敵が、一八〇八年に投げつけた罵倒の言葉は変わっている。「ミスター・マンモス」というのがそれだ。ジェファーソンは大洋航路を独占していたイギリスとフランスを罰するつもりで、すべての外国貿易を禁じたが、これが裏目に出てしまった。アメリカ経済が失速し、政敵があざ笑っているときに、ホワイトハウスの東の間では、化石のコレクションを愛(め)でるジェファーソン大統領の姿が見られたという。

◆　◆　◆

これは本当のことだった。熱心な博物研究家だったジェファーソンは、次のような報道に何年ものあいだ心を奪われていた。ケンタッキー州の荒野の干上がった塩湖の周辺に、巨大な骨が散らばっているというのだ。その説明からすると、骨はシベリアで発見された巨大なゾウの一種の化石に似ているようだ。このゾウは、ヨーロッパの科学者のあいだでは絶滅したと考えられていた。アフリカ人の奴隷たちによると、南北カロライナ州で発見された大きな臼歯(きゅうし)はなんらかのゾウのものだそうなので、ジェファーソンはこの二つは同じ動物の骨だと確信していた。一七九六年、彼はヴァージニア州グリーンブライアー郡から送られてきた、マンモスの骨とされる荷物を受け取った。だが、巨大な鉤爪(かぎづめ)を見た瞬間、これはなにか別のもの、ことによるとライオンの仲間の大型獣ではないかと思った。ジェファーソンは解剖学者の助言を仰ぎながら、とうとうその正体を突き止めた。そのため、北米の地上性ナマケモノに関する最初の記述は彼によるものだとされている。この動物はこんにち、メガロニクス・ジェファーソニ（*Megalonyx jefersoni*）という名で呼ばれている。

しかし、ジェファーソンがなにより興奮したのは、ケンタッキー州の干上がった塩湖周辺のインディアンによる証言だった。この証言は、さらに西に住む別の部族によっても確認されていると伝えられていた。牙を生やした問題の巨獣が、いまでも北部に生息しているというのだ。大統領就任後、ジェファーソンはケンタッキー州の現地調査にメリウェザー・ルイスを派遣した。ルイスはその足でウィリアム・クラークと合流し、歴史的使命［陸路によって太平洋岸へ達するはじめての北米横断旅行］を果たしたのである。ジェファーソンは、ルイスとクラークにこう指示した。ルイジアナ購入地を横断し、太平洋に至る北西部の河川ルートを探すだけでなく、生きたマンモスやマストドンなど、とにかく大きくて珍しい生き物を見つけてくるようにと。

探検は目覚しい成果を収めたものの、珍獣の発見だけは果たせなかった。二人が引っ立てることのできた最も目立つ大型哺乳類は、オオツノヒツジだった。ジェファーソンはその後、クラークを再びケンタッキー州に派遣してマンモスの骨を持ち帰らせ、ホワイトハウスに飾ることで我慢した。この骨は現在、アメリカとフランスで博物館に収められている。ジェファーソンは古生物学の礎（いしずえ）を築いたと称えられることが多いが、彼にそうした意図があったわけではない。彼の望みは、ある高名なフランス人学者が擁護する説を覆すことだった。すなわち、新世界はすべてにおいて旧世界に劣っており、野生生物も例外ではないという説を。ジェファーソンはまた、化石骨の意義を根本的に誤解していた。化石骨は生存している種の骨に違いないと確信していたのだ。動物が絶滅するとは信じていなかったからである。ジェファーソンはアメリカ啓蒙時代の典型的知識人とされることが多いが、その信念は当時の多くの理神論者やキリスト教徒と変わらなかった。つまり、神が創りたもうた完璧な世界では、消滅を意図してつくられたものなどないと考えていたのだ。

もっとも、ジェファーソンはこうした信条を博物研究家としての立場から表現している。「自然の経済ということを考えれば、自然から生まれたなんらかの動物種が絶滅するのを、自然が黙って許した事例などあるはずがない」この願望こそ、彼のさまざまな著作に吹き込まれたものだった。ジェファーソンはこうした動物に生きていてもらいたかったし、彼らを知りたいと思ったのである。知識の追求が高じて、ジェファーソンはヴァージニア大学を設立するに至る。それから二〇〇年にわたり、ヴァージニア大学をはじめとする研究機関の古生物学者は、多くの種がじつは絶滅したのだと示すことになる。チャールズ・ダーウィンは、こうした絶滅は自然そのものの一部であると説明した。別の種に姿を変えて環境に適応する種もあれば、強敵に敗れて生態的地位を失う種もあるのだ。

とはいうものの、トーマス・ジェファーソンや後続の研究者を悩ませたちょっとした問題があった。出土する大型哺乳類の化石は、どれもさほど古くないようなのだ。これらの化石は、堅い岩層に埋もれ完全に鉱化した化石ではなかった。ケンタッキー州のビッグ・ボーン

・リック州立公園のような場所では、牙、歯、顎骨（がくこつ）がいまでも地面や洞窟の床に散らばっていたり、浅い砂泥層から突き出していたりする。こうした骨の持ち主だった大型哺乳類は、それほど大昔にいなくなってしまったわけではない。いったい、これらの動物になにが起こったのだろうか？

砂漠研究所（旧カーネギー砂漠植物研究所）は、一〇〇年以上前にタマモック・ヒルに建設された。タマモック・ヒルはアリゾナ南部にあるビュート〔周囲から孤立した丘〕で、かつては北米有数だったサボテンの見事な群生と、その向こうのトゥーソンの街を見下ろしている。背が高くて肩幅の広い、気さくな古生態学者のポール・マーティンは、砂漠研究所の歴史の半分近くのあいだ、そこで働いている。その間、ベンケイチュウというサボテンに覆われたタマモック・ヒルの斜面の先にあった砂漠は、雑然と立ち並ぶ住宅と商業施設の下に消えた。いまや、研究所の古い石造りの見事な建物が立つ場所は、眺めのいい一等地として開発業者にとってのどから手が出るほど欲しい土地となっている。彼らはその土地を現在の所有者であるアリゾナ大学から奪い取ってやろうと、てぐすね引いているのだ。だが、ポール・マーティンが杖によりかかって研究所の網戸越しに外を眺めるとき、人間の影響力に関する彼の視座は、過去一〇〇年どころか、人が住むようになった一万三〇〇〇年前にまで及ぶのである。

砂漠研究所に着任する一年前の一九五六年、マーティンはモントリオール大学の博士課程修了研究員として、ケベック州の農家で一冬を過ごした。動物学部の学生時代、メキシコで鳥の標本を集めていてポリオにかかってしまい、研究の場を現場から実験室へ変えていたのだ。カナダの地で部屋にこもって顕微鏡を覗き込み、最終氷河期末期からニューイングランド地方に存在する湖沼で採取した堆積物コアを調べていた。すると、気候が穏やかになるにつれ、周囲の植生が樹木のないツンドラから、針葉樹林、温帯落葉樹林へと変わっていった様子が明らかになった。こうした植生の移行のせいで、マストドンが絶滅したのではないかと考える研究者もいた。

雪に閉じ込められたある週末、微小な花粉粒を数えるのに飽きると、マーティンは分類学の教科書を開いて、過去六五〇〇万年のあいだに北米で絶滅した哺乳類の数を数えはじめた。一八〇万年前から一万年前までつづいた更新世の最後の三〇〇〇年にたどり着いた頃、どうも変だという気がしてきた。

彼が調べている堆積物のサンプルが形成されたのと同じ時期、すなわち、約一万三〇〇〇年前にはじまる時間枠に爆発的な絶滅が起こっていたのだ。次の世——現在までつづく完新世——のはじめまでに、大型の陸生哺乳類ばかり四〇種近くが絶滅していた。ハツカネズミ、クマネズミ、トガリネズミといった小型の毛皮獣は、無事に生き延びていた。海洋哺乳類もそうだ。ところが、陸生の巨大動物類は、いっぺんに死滅してしまったのである。

消えてしまったなかには、動物界の巨人が大勢含まれていた。たとえば、オオアルマジロや、さらに大きなグリプトドン。グリプトドンはまるで装甲したフォルクスワーゲンのような動物で、尾の先端がギザギザのついた棍棒のようになっている。ジャイアント・ショートフェイス・ベアもいた。ハイイログマのほぼ倍の大きさがあり、四肢がやたらに長く、きわめて俊敏な動物である。一説によれば、シベリアにいた人間がベーリング海峡をもっと早く渡らなかったのは、ジャイアント・ショートフェイス・ベアがアラスカにいたせいではないかと言われている。ジャイアント・ビーバーは、現在のアメリカクロクマほどもあった。ジャイアント・ペッカリーは、アメリカライオンの獲物だったようだ。そのアメリカライオンは、現在アフリカに生き残っている種よりもかなり大きく、敏捷だった。同じように、ダイアウルフはイヌ科最大の動物で、巨大な牙を持っていた。

絶滅した巨大生物として最も有名なマンモスは、長鼻類に属す多くの種の一つにすぎない。たとえば、体重が一〇トンにも達する長鼻類最大のインペリアル・マンモス、もっと温暖な地域に棲む毛の生えていないコロンビア・マンモス、カリフォルニアのチャネル諸島にいた、体高が人間と変わらないコビトマンモス——これより小さいのは地中海の島々にいたコリー犬ほどのゾウだけだ——などがいた。マンモスは草食動物で、ステップ、草原、ツンドラに適応して進化した。この点で、マンモスよりだいぶ前に存在した近縁種のマストドンが、森林をうろついていたのとは異なる。マストドンは約三〇〇〇万年にわたり、メキシコからアラスカ、フロリダにかけて生息していたが、やはり突然姿を消してしまった。アメリカには三種類のウマがいたが、これも絶滅した。北米に生息したラクダ、バク、かわいらしいプロングホーンの仲間からスタッグ・ムース（ヘラジカとワピチの雑種のような動物だが、そのどちらよりもかなり大きい）に至る、枝角を持つ多くの動物など、さまざまなものがすべていなくなった。サーベルタイガーもアメリカチーター（唯一生き残った種のプロングホーンがきわめて俊敏なのは、この動物から逃げるためだった）も、なにもかも絶滅してしまった。それも、ほぼいっせいに。一体全体、なにが原因だったのだろうか？　ポール・マーティンはそういぶかった。

翌年、彼はタマモック・ヒルにいた。やはり大きな体を丸めて顕微鏡を覗いている。今回拡大して観察しているのは、湖底のシルト層に守られていて空気に触れず、腐敗を免れた花粉粒ではなく、湿気のないグランド・キャニオンの洞窟に保存されていた遺物の断片だった。アリゾナ大学に着任してすぐ、砂漠研究所の新しい上司から形も大きさもソフトボールくらいの灰色の土塊を渡された。少なくとも一万年前のものだが、間違いなく糞である。干からびているが石化はしておらず、はっきり判別できる草やグローブ・マロウの繊維が含まれていた。マーティンが見つけた大量のビャクシンの花粉から、このサンプルはかなり昔のものであることがはっきりした。グランド・キャニオンの谷底近くの気温は、八〇〇〇年にわたり、ビャクシンが繁殖できるほど低くはなかったからだ。

この花粉を排泄した動物は、地上性のシャスタ・ナマケモノだった。現在まで生き残っているナマケモノは、中南米の熱帯で発見された樹上性の二種だけである。小型で体重が軽いため、熱帯雨林の地面から遠く離れた安全な林冠で、おとなしく暮らしている。だが、シャスタ・ナマケモノはウシ並みの大きさだった。やはり現代に生き残った近縁種である南米のオオアリクイのように、握りこぶしで歩行する。餌をあさったり身を守ったりする鉤爪を守るためだ。体重は五〇〇キロもあるのだが、ユーコン川からフロリダまで、北米をのし歩いていた五種のナマケモノのなかで一番小さかった。フロリダに生息していた種は、現代のゾウくらいの大きさで、体重は三トン以上もあった。それでも、アルゼンチンとウルグアイにいた地上性ナマケモノの半分の大きさにすぎなかった。こちらは体重が六トン近くあり、立ち上がると最大のマンモスより背が高かった。

それから一〇年が過ぎ、ポール・マーティンは、コロラド川を見下ろすようにそびえるグランド・キャニオンの、赤茶けた砂岩の壁にある洞窟を訪れた。彼がはじめて手にしたナマケモノの糞球が採集された場所である。その頃には、彼にとってアメリカの絶滅した地上性ナマケモノは、不可解にも世に忘れ去られた巨大な哺乳類という以上の存在になっていた。ナマケモノを襲った運命が、ある理論の決定的証拠を提供してくれるはずだったからだ。その理論とは、堆積物の層のようにデータが積み重なるにつれ、彼の頭のなかで形を成したものだった。ランパート洞窟のなかには糞が山のように積もっていた。マーティンと同僚は、出産するために洞窟にこもったメスのナマケモノが、何世代にもわたって残したのだろうと結論した。糞の山は高さ一・五メートル、幅三メートル、長さ三〇メートルにも及んでいた。マーティンは聖地に足を踏み入れたような気がしていた。

一〇年後、不届き者が干からびた糞の山に火をつけた。山は巨大だったため、何カ月にもわたって燃えつづけた。マーティンは嘆き悲しんだが、その頃には彼もまた、みずからの理論によって古生物学界に火をつけていた。地上性ナマケモノ、野ブタ、ラクダ、長鼻類、数種のウマといった数百万に及ぶ動物が全滅した原因を明らかにする理論である。新世界の至る所に生息していた大型哺乳類の七〇以上の属がすべて、地質年代的にはあっというまの一〇〇〇年間で消え去ってしまったのはなぜなのか。
「いたって単純な話です。人類がアフリカとアジアを出て世界各地に到達したとき、大混乱が生じたということです」

　マーティンの理論はすぐに、支持者からも反対者からも「電撃戦理論」と呼ばれるようになった。その主張は次のようなものだった。約四万八〇〇〇年前のオーストラリアを皮切りに、人類がそれぞれの新大陸に足を踏み入れたとき、遭遇する動物たちにとって、このチビで二本足の生き物が特に恐ろしい存在だと考える理由はどこにもなかった。考え直したときには手遅れだった。ヒトがまだホモ・エレクトスだった時代でさえ、すでに石器時代の作業場で斧や鉈(クリーバー)が大量生産されていたのだ。たとえばメアリー・リーキーは、ケニアのオロルゲサイリで一〇〇万年前のそうした作業場を発見している。一万三〇〇〇年前に人類がアメリカの入り口に到着した頃には、ホモ・サピエンスとなってから五万年以上が経っていた。彼らはその頃までに、ますます巨大化した脳を活かし、溝を彫った尖頭石器を木の矢柄に取り付ける技術を会得していたばかりか、投槍器もつくれるようになっていた。手で持てるこの梃子(てこ)を使えば、比較的安全な距離から危険な大型獣を素早く的確に射止めることができた。

最初のアメリカ人は、北米各地で見つかっている木の葉型の火打石(フリント)製有舌尖頭器をつくるのが巧みだったと、マーティンは見ている。この人びとと尖頭器は、ともにクローヴィスと呼ばれている。それらが最初に発見されたニューメキシコ州の都市名にちなんでのことだ。クローヴィスの遺跡で発見された有機物を放射性炭素年代測定法にかけたところ、過去の推定値より正確な年代がわかった。いまや考古学者は、一万三三二五年前にクローヴィス人がアメリカにいたという見方で一致している。とはいえ、彼らの存在が正確になにを意味するかをめぐっては、依然として激論が戦わされている。その火蓋(ひぶた)を切ったのが、ポール・マーティンの仮説だった。すなわち、人類が多くの種を絶滅に追い込んだせいで、後期更新世のアメリカにいた巨大動物類——現在のアフリカよりはるかに多様な珍獣たち——の四分の三が姿を消したというものである。

マーティンの電撃戦理論にとってのカギは、クローヴィスの遺跡のうち少なくとも一四カ所で、マンモスやマストドンの骨とともに尖頭器が発見されている事実だ。肋骨(ろっこつ)のあいだに刺さっていたものもある。「ホモ・サピエンスが進化していなければ、北米には体重一トンを超す動物が現在のアフリカの三倍はいたでしょう」マーティンはアフリカに現存する五種の動物をすらすらと挙げる。「カバ、ゾウ、キリン、二種のサイ。アメリカには一五種いたはずです。南米を加えればもっといたでしょう。南米にはびっくりするような哺乳類がいました。ラクダに似た滑距類(かっきょるい)は、鼻孔が鼻の先ではなくてっぺんについていたのです。体重が一トンにも及ぶ野獣トクソドンは、サイとカバの雑種のようですが、解剖学的にはそのどち

滑距類
(*Macrauchenia patachonica*)
イラスト：カール・ビューエル

らでもありません」

　こうした動物がすべて実在したことは化石記録からわかっているが、その身の上になにが起きたのかについては意見が分かれている。ポール・マーティンの理論に対する異論の一つは、クローヴィス人が新世界にやってきた最初の人類だったという点を疑問視するものだ。反対者のなかにはアメリカ先住民もいる。彼らの先祖が別の土地から移住してきたとする発想を警戒しているのだ。それを認めれば、先住民という立場に傷がつきかねないからである。彼らはこう非難する。自分たちの起源がベーリング陸橋にさかのぼるとする考え方は、自分たちの信仰を攻撃するものであると。ベーリング地峡が実在したのかどうかを疑問視する考古学者さえいる。彼らによれば、最初のアメリカ人はじつは海を渡って来たのだという。氷床のへりを太平洋岸沿いに下ってきたというのだ。四万年近く前にアジアからオーストラリアへ舟が到着したのだとすれば、アジアからアメリカへ舟が行かなかったとなぜ言えるのだろうか？

さらに別の考古学者は、クローヴィス以前から存在したと思われる考古学的遺跡がいくつかあると指摘する。それらのうち最も有名なチリ南部のモンテ・ヴェルデを発掘した考古学者は、そこに人間が定住したことが二度あったのではないかと考えている。一度はクローヴィスの一〇〇〇年前、もう一度はいまから三万年前である。だとすれば、当時ベーリング海峡は陸地ではなかったはずなので、どちらの方角からか人間が大洋を横断してやってきたことになる。大西洋経由ではないかとまで言う考古学者もいる。彼らは、チャートを剝離（はくり）するクローヴィスの技法が、その一万年前にフランスとスペインで発達した旧石器のそれに似ていると考えているからだ。

モンテ・ヴェルデの放射性炭素年代が妥当かどうかに疑問があったため、その遺跡がアメリカ大陸に初期人類が存在した証拠だとする当初の主張にもすぐに疑いが投げかけられた。モンテ・ヴェルデの柱、杭、槍の穂先、結び目のある草などが埋まっていた泥炭湿地の大半が、ほかの考古学者が発掘現場を調査する前にブルドーザーでならされてしまったため、事態はさらに混沌とした。

ポール・マーティンはこう主張する。初期人類が、どういうわけかクローヴィス以前にチリにたどり着いていたとしても、その影響は短期的かつ局地的で、生態学的には無視してかまわないと。コロンブス以前にカナダのニューファンドランドに入植したヴァイキングのようなものだというのだ。「彼らと同時代の人類がヨーロッパのあちこちに残したような数々の道具、人工物、洞窟画は、いったいどこにあるのでしょうか？　クローヴィス以前のアメリカ人は、ヴァイキングと同じく、競争相手となる人類文化に出会ったわけではありません。相手は動物だけでした。だとすれば、彼らの文化はなぜ広まらなかったのでしょうか？」

マーティンの電撃戦理論は、新世界の大型動物の運命を説明するものとして、長いあいだ最も受け入れられていた。だが、この説をめぐっては、いっそう根本的な第二の論争が起こっている。狩猟採集民による少数の遊牧集団が、どうやって何千万という大型動物を全滅させることができたのだろうか？　大陸全体で一四カ所の狩場だけでは、大型動物の大量殺戮にはとうてい足りるはずがない。

それからほぼ半世紀が経ち、ポール・マーティンが火をつけた論争は、依然として科学における最大の火種の一つである。マーティンの結論を証明するか攻撃するかは別として、考古学者、地質学者、古生物学者、年輪年代学者、放射線年代学者、古生態学者、生物学者などが、延々とつづく、常に礼儀正しいとは言いがたい論戦に加わることで、キャリアを築いてきた。それにもかかわらず、ほぼ全員がマーティンの友人であり、多くは彼の教え子なのだ。

マーティンの「殺しすぎ」理論に対抗して出された主な代案は、気候の変化か病気に原因を求める。これらの理論は当然ながら「冷えすぎ」理論、「病みすぎ」理論として知られるようになった。冷えすぎ理論は最大の支持者数を誇るが、名称がやや不適切である。冷えすぎだけでなく、熱しすぎも槍玉に挙がっているからだ。ある議論によれば、更新世の末期、氷河が解けてなくなりつつあったところで突然温度が反転し、世界が一時的に氷河期に逆戻りしたせいで、数百万という無防備な動物たちが危険に気づかないまま犠牲になったのだという。反対の意見を述べる人もいる。完新世に気温が上昇して毛皮獣を滅ぼしたのだという。毛皮獣は数千年にわたって極寒の気候に順応してきたからだ。

病みすぎ理論では、この地にやってきた人類もしくはお供の動物が、アメリカ大陸の生き物が出会ったことのない病原菌を持ち込んだとされる。氷河が解けつづければ発見されるであろうマンモスの組織を分析すれば、それを証明できるかもしれない。この説の根拠として、ぞっとするような類似例がある。最初のアメリカ人が誰であれ、その子孫の大半は、ヨーロッパとの接触から一〇〇年のあいだに恐ろしい死に方をした。スペイン人の剣に倒れた者はごくわずかだった。残りは、天然痘（とう）、はしか、腸チフス、百日咳（ひゃくにちぜき）といった、免疫のなかった旧世界の病原菌に屈したのである。メキシコだけでも、スペイン人がはじめて現われた当時は推定二五〇〇万人のメソアメリカ人がいたのに、一〇〇年後にはわずか一〇〇万人しか残っていなかったのだ。

病気が突然変異して人間からマンモスなどの更新世の大型獣に伝染したのだとしても、飼い犬や家畜からじかにうつったのだとしても、やはり罪はホモ・サピエンスにある。「冷えすぎ」については、ポール・マーティンはこう答えている。「古気候の権威の言葉を借りれば『気候変動は多すぎるほど多く起こる』そうです。気候は変化しないものではなく、しょっちゅう変化するものなのです」

ヨーロッパの古代遺跡からわかるのは、ホモ・サピエンスもネアンデルタール人も、氷床の前進や後退に合わせて北へ南へと移動していたということだ。巨大動物類も同じことをしたはずだと、マーティンは言う。「大型動物は体が大きいため気温の変化に強いのです。そのうえ、長い距離を移動することもできます。鳥ほどではないにせよ、ハツカネズミとくらべれば、ずっと遠くまで行けます。そのハツカネズミ、モリネズミ、その他の小型恒温動物が更新世の絶滅を生き延びたのですから、突然気候が変わったからといって、大型哺乳類が生きていけなくなったとは、とうてい考えられません」

植物は動物のようには動けないうえ、総じて気候の変化に弱いのだが、やはり生き延びたようだ。マーティンと同僚は、ランパートをはじめとするグランド・キャニオンの洞窟で、ナマケモノの糞のあいだに古代のモリネズミの糞が何千年分もの植物の残骸とともに層を成しているのを見つけた。たった一種のトウヒを除けば、洞窟に棲みついていたモリネズミやナマケモノが食べた植物のうち、絶滅に追い込まれるほど極端な気候の変化に出くわした種はなかった。

しかし、マーティンにとって決め手はナマケモノである。クローヴィス人の登場から一〇〇〇年足らずで、動作が緩慢で歩くのも遅いため格好の獲物となる地上性ナマケモノが、北米大陸と南米大陸で全滅した。ところが、放射性炭素年代測定によって、キューバ、ハイチ、プエルトリコの洞窟で発見された骨は、その後五〇〇〇年のあいだ生きていた地上性ナマケモノのものであることが確認されている。地上性ナマケモノが完全に姿を消したのは、八〇〇〇年前に人類がこれらの大アンティル諸島に足を踏み入れたのと同時だった。小アンティル諸島のうち、人類の到着がもっと遅かったグレナダなどの島々では、ナマケモノの化石はさらに新しかった。

「気候の変化が、アラスカからパタゴニアにかけて生息したナマケモノを全滅させるだけの力を持っていたとしたら、西インド諸島にいたナマケモノもいなくなっていたはずです。ところが、そうはならなかった」この事実はまた、最初のアメリカ人が、舟ではなく徒歩でこの大陸にやってきたことを示している。彼らがカリブ諸島に到達するのに五〇〇〇年もかかっているからだ。

はるか彼方の別の島は、さらにこう暗示している。人類が進化しなかったら、更新世の巨大動物類はいまでも生きていたかもしれないと。北極海に浮かぶ岩だらけのツンドラの楔(くさび)のようなウランゲリ島は、氷河期にはシベリアとつながっていた。ところが、北の果てにあるため、アラスカにやってきた人類は見落としてしまった。完新世に氷が解けて海面が上昇すると、ウランゲリ島は再び大陸から切り離された。その島にいたマンモスの群れは、命は助かったものの取り残されてしまったため、島の限られた資源で生きられるよう順応するしかなかった。洞窟で暮らしていた人類がシュメールやペルーに巨大文明を築き上げるまでのあいだ、ウランゲリ島のマンモスは生きつづけていた。コビトマンモスという種は、すべての

オオナマケモノ
(*Megatherium americanum*)
イラスト：カール・ビューエル

大陸のマンモスが絶滅したあと七〇〇〇年も生きながらえた。ファラオがエジプトを統治していた四〇〇〇年前まで生きていたのである。

さらに最近になって、更新世の巨大動物類のなかでもとりわけ驚くべき種が絶滅した。やはり人間が見過ごしていた島で生き延びていた、あの世界最大の鳥である。ニュージーランドに生息していた飛べない鳥のモアは、ダチョウとくらべると体重は二倍の二七〇キロもあり、体高は一メートル近く高かった。人類がはじめてニュージーランドに住みついてから約二〇〇年後、コロンブスが船でアメリカにたどりついた。その頃には、一一種いたモアの最後の生き残りもほぼ絶滅していた。

ポール・マーティンにすれば、それは

わかりきったことだった。「大型動物はとにかく追跡が簡単です。大型動物を殺せばなによりも多くの食料が手に入りますし、最高の栄誉にもなります」タマモック・ヒルの研究所から一六〇キロ足らず、雑然としたトゥーソンの街の向こうに、すでに知られている一四カ所のクローヴィス遺跡のうちの三カ所がある。そのなかでも最も遺物が多いマレー・スプリングスには、槍先やマンモスの亡骸があちこちに転がっている。この遺跡を発見したのは、マーティンの教え子の二人、ヴァンス・ヘインズとピーター・メーリンガーだった。その浸蝕された地層は「過去五万年の地球の歴史を記録した本のページ」のようだと、ヘインズは書いている。そのページには、北米のいくつかの絶滅種の死亡記事が載っている。マンモス、ウマ、ラクダ、ライオン、ジャイアント・バイソン、ダイアウルフなど。すぐ隣の遺跡からは、それらに加えてバクと、現在まで生き延びている数少ない巨大動物類のうちの二種、クマとバイソンの骨が出てきた。

すると、一つの疑問が湧いてくる。人間があらゆるものを虐殺したとすれば、この二種が生き残ったのはなぜだろうか？　北米には現在も、ハイイログマ、バッファロー、ワピチ、ジャコウウシ、ヘラジカ、カリブー、ピューマなどが生息しているのに、ほかの大型哺乳類の姿がないのはなぜだろうか？

ホッキョクグマ、カリブー、ジャコウウシが棲んでいるのは、人間の数が比較的少なかった地域である。しかも、こうした地域に住んでいた人間にとっては、魚やアザラシを獲るほうがずっと簡単だった。ツンドラの南の木が生えはじめる場所には、クマやクーガーが生息している。なかなか姿を見せず敏捷で、森や岩間に隠れるのがうまい動物たちだ。その他の生物は、ホモ・サピエンスと同じく、更新世の種がその地を去った頃に北米にやってきた。現在のバッファローは、遺伝的に見ると、マレー・スプリングスで殺されて絶滅したジャイアント・バイソンよりも、ポーランドのヨーロッパ・バイソンに近い。ジャイアント・バイソンが死に絶えたあと、バッファローの数が爆発的に増えたのである。同じように、現在のヘラジカはアメリカのスタッグ・ムースが絶滅したのちにユーラシア大陸からやってきたのだった。

サーベルタイガーのような肉食獣は、獲物が減るにつれて姿を消したのだろう。バク、ペッカリー、ジャガー、ラマといった、かつての更新世の生き物の一部はさらに南へ下り、メキシコ、中米、さらにその先の森の隠れ家に逃げ込んだ。それに加え、ほかの動物が自然現象によって大量死したため、巨大な生態的地位が空白となり、やがてそこにバッファローやワピチやその仲間がいっせいに入り込んだのだ。

ヴァンス・ヘインズは、マレー・スプリングスを発掘した際、更新世の哺乳類が旱魃のために水を探さねばならなかったことを示す痕跡を見つけた。一つの不格好な穴の周辺にかたまっている足跡は、明らかにマンモスが井戸を掘ろうとした跡だった。こうしたマンモスは、狩猟者にとってはカモ同然だったはずである。足跡のすぐ上の地層には、黒く化石化した藻類の帯がある。この藻類の息の根を止めたのは、「冷えすぎ」理論を唱える者の多くが持ち出す寒波の来襲である。彼らが言おうとしないのは、古生物学上の動かぬ証拠として、マンモスの骨はすべてその層のなかではなく下にあるということだ。

人類が存在しなかったら、これらの虐殺されたマンモスの子孫はいまでも生きていたはずだという手がかりが、もう一つある。大型の獲物が姿を消すと、クローヴィス人とその有名な尖頭器も消えた。獲物がいなくなり、気候も寒くなったため、彼らは南下したのではないだろうか。ところがまもなく、完新世になって気温が上がり、クローヴィス文化の継承者が現われた。彼らがつくった小さめの尖頭器は、以前より小型のバッファローに合わせたものだった。こうした「フォルサム人」と生き残った動物のあいだでは、ある種の釣り合いがとれていた。

この次世代のアメリカ人は、大食漢のご先祖様から教訓を学んでいたのだろうか？　なにしろ彼らのご先祖様ときたら、いくら食べても食べつくすことはないかのように、更新世の草食動物を殺してしまったのだ——取り返しがつかなくなるまで。ひょっとしたら、学んでいたのかもしれない。もっとも、アメリカとカナダにまたがるグレート・プレーンズの大部分は、彼らの子孫であるアメリカ・インディアンが森に火をつけたせいで存在するのだが。その目的は、シカのように森のなかで若芽を食べる獲物を一カ所に集めることと、バッファローのような草食動物のために草原をつくることにあった。

その後、ヨーロッパから入ってきた伝染病がアメリカ大陸を駆け巡り、インディアンを全滅寸前に追い込むと、バッファローは急増し、生息範囲も広がった。フロリダの手前まで広がったところで、西に進んでいた白人入植者と出くわした。入植者たちは、珍しい動物だからと一部を残した以外、バッファローをほぼ全滅させると、インディアンの先祖が切り開いた平原をまんまと手に入れ、ウシを放牧したのだった。

丘の上の研究所からポール・マーティンが眺める砂漠都市は、一本の川に沿って広がっている。メキシコから北へと流れるサンタクルーズ川だ。かつては、ラクダ、バク、野生のウマ、コロンビア・マンモスが、その緑の氾濫原で餌をあさっていた。こうした動物を抹殺した人間の子孫がこの地に住みつき、小屋を建てた。その材料に使われたのは、川岸に生えていたヒロハハコヤナギやヤナギの枝と泥だった。使命を終えればすぐに土と川に還る素材である。

獲物が減ると、この人びとは採ってきた植物を栽培するようになり、発展した村をチャク・ションと名づけた。これがやがてトゥーソンへと変化した。彼らは収穫後のもみ殻と川の泥を混ぜてレンガをつくった。この手法は、第二次大戦後に日干しレンガがコンクリートに取って代わられるまで利用された。それからまもなく、エアコンの出現を機に多くの人びとがこの地に集まったため、川が干上がってしまった。そこで、彼らは井戸を掘った。井戸が干上がると、さらに深く掘った。

サンタクルーズ川の乾ききった川床の脇に、いまではトゥーソン市民会館が立っている。そのなかにある会議ホールの鉄筋コンクリートの巨大な基礎梁は、少なくともローマのコロセウムと同じくらい長く残るのではないだろうか。しかし、遠い将来の旅行者は、それを見つけるのに一苦労するだろう。水を大量に使う現代の人間が、トゥーソンや、そこから一〇〇キロ近く南のソノラ州ノガレス――メキシコとの国境の向こうにある肥大化した都市――からいなくなると、いずれサンタクルーズ川の水位が再び上がるからだ。気候はいつもどおり移り変わるし、トゥーソンとノガレスを流れる川はときどき干上がって沖積平野をつくる。その頃には屋根がなくなっている会議ホールの地階に泥が流れ込み、やがてホールを埋めてしまうはずだ。

その上にどんな動物が暮らすことになるかは、はっきりしない。バイソンはとうの昔に絶滅した。人間のいない世界では、バイソンに取って代わったウシも、コヨーテやクーガーを追い払ってくれる牧童がいないため長くは生きられない。ソノラ・プロングホーン――更新世から生き残った小型で敏捷な最後のプロングホーンの亜種――は、この場所からそう遠くない砂漠の保護区で絶滅の危機に瀕している。コヨーテに食い尽くされる前に種を再生できるだけの数が残っているかどうかは疑問だが、可能性はある。

ポール・マーティンはタマモック・ヒルを降りると、ピックアップ・トラックを駆って西へ向かう。サボテンの点在する道を抜け、下方の砂漠盆地に入る。目の前にそびえる山々は、北米に残った最も野生的な生物にとっての聖域だ。たとえば、ジャガー、オオツノヒツジ、地元で「ハベリーナ」と呼ばれるクビワペッカリーなどがいる。目と鼻の先にある有名な観光スポット、アリゾナ・ソノラ砂漠博物館には、多くの生きた標本が展示されている。そこにある動物園の囲いは、自然の風景に溶け込むようにうまくつくられている。

マーティンが目指すのはその数キロ手前の、まるで自然に溶け込んでいない施設である。その施設、国際野生動物博物館は、アフリカにあるフランス外人部隊の砦を模して設計された。そこには、億万長者の大物ハンターだった故C・J・マッケルロイのコレクションが収められている。彼が打ち立てた狩猟に関する多くの世界記録は、いまだに破られていない。たとえば、世界最大の野ヒツジ――モンゴルに棲むアルガリ――やメキシコのシナロアで仕留めた最大のジャガーなどだ。この博物館の呼び物の一つが一頭のシロサイである。セオドア・ルーズヴェルトが、一九〇九年のアフリカ狩猟旅行で仕留めた六〇〇頭の動物の一頭なのだ。

目玉となる展示は、トゥーソンのマッケルロイ邸にあった広さ二三〇平方メートルの狩猟記念品展示室を忠実に再現したものだ。そこには、彼が生涯取りつかれていた大型哺乳類狩りの戦利品の剥製が飾られている。地元ではしばしば「動物の死骸の博物館」と揶揄されているものの、今夜のマーティンにはぴったりの場所だった。

ここで、二〇〇五年刊行の自著『マンモスの黄昏（*Twilight of the Mammoths*）』の出版記念会を催すのだ。聴衆のすぐ後ろに、ハイイログマとホッキョクグマが集団で立っている。攻撃の途中で永久に固まってしまったかのような格好をしている。演壇の上方で、ヨットの灰色の大三角帆のように耳を広げているのは、アフリカゾウの成獣の頭部だ。両脇には、五大陸で発見されたらせん状の角が全種類標本となって飾られている。車椅子から立ち上がると、マーティンは数百に及ぶ頭部の剥製をゆっくりと見回した。ボンゴ、ニアラ、ブッシュバック、シタツンガ、クーズー、レッサークーズー、エランド、アイベックス、バーバリーシープ、シャモア、インパラ、ガゼル、ディクディク、ジャコウウシ、アフリカスイギュウ、クロテン、ローンアンテロープ、オリックス、ウォーターバック、ヌー。数百対のガラスの目が、涙を浮かべた彼の青い瞳を見つめ返すことはない。

「大量虐殺（ジェノサイド）とも言うべき出来事についてお話しするのに、これほどふさわしい場はないでしょう」と、彼は語る。「私の生涯のあいだに、ヨーロッパのホロコーストからスーダンのダルフールに至るまで、死の収容所で数え切れない人びとが虐殺されたことは、人間がなにをやりかねないかを証明しています。私は五〇年に及ぶキャリアを捧げ、この壁に頭部が飾られていない大型動物の異常な消滅について一心に研究してきました。こうした動物のすべてが、そうできるからというだけの理由で絶滅させられたのです。このコレクションを収集した人物は、更新世からそのまま抜け出してきたのかもしれません」

彼のスピーチも著書も、こんな訴えで結ばれていた。更新世の大虐殺に関する自分の結論を戒めとし、はるかに破壊的な結末を迎えるであろう次の大虐殺を引き起こさないようにしてほしいと。だが問題は、ほかの種を絶滅させるまで鎮まらない殺害本能だけではない。事態はもっと複雑なのだ。たとえば、取得本能もまた留まるところを知らないため、傷つけるつもりなど毛頭ない相手から、必要なものをことごとく奪って死に追いやってしまう。鳴鳥を空から消し去るには、実際にそれを撃つ必要はない。その住処や餌をある程度奪ってしまえば、鳥は勝手に落ちて死んでしまうのだ。

# 6 アフリカのパラドクス

## (1) 起源

幸いなことに、人類が登場したあとの世界で、すべての大型哺乳類が姿を消してしまったわけではない。大陸がまるごと博物館であるアフリカには、いまでも目を見張るようなコレクションが展示されている。私たちがいなくなったら、それらの動物は地球上に散らばっていくだろうか？　アフリカ以外の地域で私たちが絶滅させた種の後釜に座れるだろうか？さらには、それらの失われた種と似た動物に進化できるだろうか？

まずは次の問題を考えてみよう。人類の発祥の地がアフリカだとすれば、ゾウ、キリン、サイ、カバは、いったいなぜアフリカで生き残っているのだろうか？　九四パーセントが死に絶えたオーストラリアの大型動物――大半は大型有袋類（ゆうたいるい）――のように、あるいは、アメリカの古生物学者が絶滅を嘆くすべての種のように、なぜ殺されなかったのだろうか？

オロルゲサイリは旧石器時代の道具製作所の遺跡で、一九四四年にルイスとメアリーのリーキー夫妻によって発見された。ナイロビから七二キロ南西の、東アフリカ地溝帯のなかの黄色い乾燥盆地だ。この盆地の大部分は、堆積した珪藻土からなる白亜で覆われている。珪藻土は淡水プランクトンの微小な外骨格の化石でできており、プールの濾過材や猫用トイレの吸湿材に使われる。

リーキー夫妻の考えでは、オロルゲサイリの窪地は先史時代に何度も湖になっている。この湖は雨季になると現われ、旱魃のあいだは消えている。水を求めて動物がやってくると、それを追って道具をつくる人間もやってきた。現在もつづく発掘調査によって、九九万二〇〇〇年前から四九万三〇〇〇年前まで、湖岸に初期人類が住んでいたことが確認されている。実際に原人の化石が見つかったのは、二〇〇三年のことだった。スミソニアン研究所とケニア国立博物館の考古学者たちが、一つの小さな頭蓋骨を発見したのだ。おそらく私たちホモ・サピエンスの前のホモ・エレクトスのものである。

とはいえ、それまでに無数の石の握斧やクリーバーが見つかっていた。最も新しい時代のものは投げて使うように設計されていた。一方の端は丸みがついており、もう一方の端は尖頭器か両刃になっているのだ。アウストラロピテクスをはじめとするオルドヴァイ峡谷の原人は、石が欠けるまでぶつけ合っていただけだった。これに対し、オロルゲサイリで見つかった道具は、繰り返し再現できる手法によって薄片に剥がされたものだった。この石器は、オロルゲサイリの人間の住居を含むあらゆる地層から出てくる。つまり人類は、少なくとも五〇万年にわたってオロルゲサイリ周辺で獲物を仕留め、解体していたことになる。

有史時代、すなわち肥沃な三日月地帯で文明がはじまってから現代に至るまでの期間は、私たちの祖先がこの一つの地域に住み、植物を採集したり尖らせた石器を動物に投げつけたりしていた期間の一〇〇分の一を超えるかどうかという程度だ。石器をつくる技術に目覚めた捕食者が増えても、その餌食となる動物はたくさんいたに違いない。オロルゲサイリには大腿骨と脛骨が散乱している。その多くは骨髄を取るために砕かれている。ゾウ、カバ、ヒヒの群れ全体といった見事な化石の周りに残る石器の数から、原人の共同体が一致団結して獲物を殺し、解体し、むさぼり食っていたことがわかる。

とはいえ、おそらくアフリカより豊富だったであろう更新世のアメリカの巨大動物類を、一〇〇〇年足らずのあいだに人間が滅ぼしたとすれば、現在のような状況はどうして可能なのだろうか？　アフリカのほうが人間が多く、存在する期間もずっと長いことは間違いない。だとすれば、アフリカには有名な大物の珍獣がいまでも残っているのはなぜだろうか？　オロルゲサイリで見つかる玄武岩、黒曜石、珪岩などでできた剝片石器の刃を見れば、一〇〇万年も前から、原人がゾウやサイの分厚い皮さえ切り裂くことができたことがわかる。それなのに、アフリカの大型動物はなぜ絶滅していないのだろうか？

その理由は、アフリカでは人間と巨大動物類が歩調を合わせて進化したというところにある。アメリカ、オーストラリア、ポリネシア、カリブの疑うことを知らない草食動物は、人間が不意に現われたとき、それがいかに危険な存在かにまったく気づかなかった。一方アフリカの動物は、人間の姿が増えるのに合わせて適応する機会があった。捕食者がいる環境で育つ動物は、捕食者を警戒するようになり、敵から逃れる方法を編み出す。腹を空かせた隣人がそこかしこにいるため、アフリカの動物たちは大きな群れをつくることを覚えた。それによって、捕食者が一頭を孤立させて捕まえるのが難しくなるし、群れの一部が餌を食べているあいだ別の一部が見張りをすることもできる。シマウマの縞模様はライオンをまごつかせるのに役立つ。込み入った模様によって目の錯覚が起こり、姿が見えなくなってしまうからだ。シマウマ、ヌー、ダチョウは遮るものがないサバンナで三者同盟を結んだ。並外れて耳のいいシマウマと、鋭い嗅覚を持つヌーと、遠目のきくダチョウがたがいに助け合うのである。

こうした防衛戦術が毎回うまくいったら、もちろん捕食者のほうが絶滅してしまう。そこで、一定の釣り合いが取れるようになっているのだ。短距離走ではチーターがガゼルを捕らえ、長距離レースではガゼルのほうがチーターよりスタミナがある。誰かのご馳走になる前に、跡継ぎを育て上げられるだけ長生きするか、何度も子を産んでどれかは確実に生き残れるようにするかというのが、ガゼルの策だ。結果として、ライオンのような肉食獣は、最も重い病気にかかり、最も年を取り、最も弱った獲物を狩ることが多くなる。これは、初期人類がやっていたことでもあった。あるいは当初は、ハイエナのようにもっと簡単な方法に頼っていたのだろう。人間は、自分より腕のいい狩猟者が残した死肉を食べていたのだ。

だが、変化が起これば釣り合いは崩れる。ヒト属の急成長する脳は、草食動物の防衛戦術を打ち破る方法を考え出した。たとえば、群れが密集していれば投げた握斧が命中する確率が増すといったふうに。オロルゲサイリの堆積物のなかで見つかった多くの種が、じつはすでに絶滅している。角のあるキリン、大型のヒヒ、牙が下向きに曲がっているゾウ、現存種よりさらにでっぷりしたカバなど。もっとも、これらの動物を絶滅に追いやったのが人間かどうかは、はっきりしていない。

いずれにせよ、こうした出来事があったのは中期更新世のことだ。一七回もの氷河期とそれに挟まれた間氷期が、地球の気温を上げ下げし、凍っていない土地を代わる代わる水浸しにしたり乾燥させたりした時期である。移動する氷の下では、その重みが変わるにつれて、地殻が圧迫されたり解放されたりした。東アフリカ地溝帯が広がり、火山が噴火した。そのうちの一つは、オロルゲサイリに定期的に火山灰を降らせた。スミソニアン研究所の考古学者リック・ポッツは、オロルゲサイリの地層を二〇年間研究したあとで、こんなことに気づきはじめた。いくつかの粘り強い動植物種は、気候と地殻の大変動をたいてい生き抜いたのである。

こうした種の一つが人類だった。ケニアとエチオピアにまたがる地溝湖のトゥルカナ湖で、ポッツは大量に発見された私たちの祖先の化石を記録につけ、こう実感した。気候的・環境的な条件が激変するたびに、初期のヒト属が前世代の原人より数を増やし、最後には取って代わったのだと。環境に最もふさわしい者となるためのカギは適応性であり、一つの種の絶滅はほかの種の進化を意味するのだ。アフリカでは、巨大動物類は幸いにも人類に歩調を合わせて適応形態を進化させたのである。

それは、私たちにとっても幸いである。というのも、人類が現われる前の世界の様子を——人類が去ったあと世界がどう進化するかを理解する土台として——思い描くうえで、アフリカは生きた遺伝的遺産の最も完全な銀行だからである。ほかの地域では見られなくなったすべての目と科に属する動物があふれているのだ。ほかの地域出身の動物さえ生息している。北米からの旅行者が、セレンゲティ国立公園でサファリ用ジープの開け放ったサンルーフから頭を出すと、シマウマの群れの大きさに驚かされる。ところが彼らが目にしているのは、アジアを越え、グリーンランド－ヨーロッパ間の陸橋を群れをなして渡ってきたアメリカ種の子孫なのである。いまやこの種は北米大陸にいなくなってしまったというのに（とはいえそれも、一万二五〇〇年の空白ののちにコロンブスがウマ属を連れてくるまでのことだった。それ以前にアメリカで繁殖していたウマのなかには、やはり縞模様だった種もいたことだろう）。

アフリカの動物が人間という捕食者から逃れる術を学びながら進化したとすれば、人間がいなくなったら状況はどう変わるだろうか？　私たちの消えた世界では、巨大動物類のうちあまりにも人間に適応したものは、人類とともに巧妙な依存関係や共生関係まで失ってしまうのだろうか？

高度があり寒冷なアバデア山脈は、ケニア中央部に位置しつつ、人間の入植を阻んできた。

一方で、人びとは絶えずこの水源地に詣でてきたに違いない。この山脈に四本の川が源を発し、四方向に分かれて、ふもとのアフリカの大地を潤している。張り出した玄武岩の岸壁から、深い峡谷へと水が流れ落ちていく。こうした滝の一つであるグラ滝は、山の空気のなかを弧を描いて三〇〇メートル近くも落下し、木のように大きいシダと霧のなかに消えていく。

巨大動物類が棲むアフリカにあって、この地域は巨大植物類が生い茂る高山湿地だ。いくつかのシタンの茂みを除き、この植物類は樹木限界線より高い位置に生息している。四〇〇〇メートル級の二つの峰に挟まれた長い鞍部を覆っているのだ。この二つの峰は、赤道直下で大地溝帯の東側の壁の一部をなしている。木が生えていないとはいえ、この地に育つジャイアント・ヘザーは二〇メートル近い高さになり、コケのカーテンを垂らしている。下生えのロベリアは高さ二・五メートルの柱に変わっている。普通はただの雑草でしかないノボロギクさえ、九メートルの幹のてっぺんにキャベツを載せたような植物に変身し、鬱蒼とした草むらからにょっきり顔を出している。

初期のヒト属の子孫が崖を登って大地溝帯から抜け出した。やがてケニア高地のキクユ族となるこの人びとは、この地をンガイ――神――の住む場所と考えていたが、それも無理はない。スゲ林を吹き抜ける風の音とセキレイの鳴き声がする以外、あたりは神々しいまでに静まりかえっている。アスターの黄色い花に縁取られた小川が、こんもりと茂ったスポンジのような草地を音もなく流れていく。雨水を含んで沈み込んだ草地のせいで、小川が浮き上がって見える。アフリカ最大のアンテロープであるエランド――体高は二メートルを超え、体重は六八〇キロに達し、らせん状の角は一メートル近くあるが、その数は減りつつある——が、この凍えるような高地に隠れ家を求めてやってくる。とはいえ、この湿原地はたいていの野生動物にとって高度が高すぎる。例外はウォーターバックと、滝壺沿いのシダの森に身を隠してウォーターバックを待ちかまえているライオンだ。

　ときおり、ゾウが姿を現わす。大きなゾウのあとには子ゾウがつづいている。母ゾウは、ムラサキツメクサを踏みつけ、オトギリソウの茂みをなぎ倒しながらずんずん進んでいく。一八〇キロに及ぶ一日分の食糧を探し求めているのだ。アバデアから平坦な谷を越えて東に八〇キロほどの、ケニア山（標高五一九九メートル）の雪線付近で、ゾウの姿が確認されている。アフリカゾウは絶滅した親戚のマンモスよりはるかに適応力が高い。かつては個々のゾウの足取りを糞によってたどることができた。残された糞の跡は、ケニア山や寒冷なアバデア高地から、三〇〇〇メートル以上も低いサンブル砂漠までつづいていた。現在では、人の喧噪（けんそう）がこの三つの生息地を結ぶルートを遮断しているため、アバデア、ケニア山、サンブルにいるゾウの群れは、何十年間も顔を合わせていない。

　高山湿地の下では、幅三〇〇メートルに及ぶ竹林の帯がアバデア山脈を取り巻いている。この竹林は絶滅寸前のボンゴの保護区になっている。ボンゴは、カムフラージュの得意なもう一種の縞模様の動物である。竹林が密生しているせいで、ハイエナはおろかニシキヘビでさえなかには入れない。そのため、らせん状の角を持つボンゴの唯一の天敵は、アバデア山脈の固有種でめったに見られないメラニスティックな——つまり黒い——ヒョウである。アバデア山脈の不気味な熱帯雨林は、黒いサーバル・キャットと黒色種のアフリカ・ゴールデン・キャットの住処でもある。

この熱帯雨林は、ケニアでも有数の自然が残る場所である。クスノキ、ヒマラヤスギ、クロトンが蔓植物やランとともに生い茂り、六トン近くあるゾウでも簡単に身を隠せる。アフリカのあらゆる種のなかで絶滅が最も危惧される動物も、この地に身を隠している。クロサイである。一九七〇年にはケニアに二万頭いたクロサイも、いまでは四〇〇頭ほどしか残っていない。密猟の犠牲となってしまったのだ。一本二万五〇〇〇ドルで売れるクロサイの角は、アジア諸国では薬効があるとされ、イエメンでは儀式用の短剣の柄に用いられる。推定七〇頭のアバデアのクロサイは、野生本来の生息地に棲む唯一のクロサイである。

かつて、人間もまたこの地に身を隠したことがあった。植民地時代、水が豊富なアバデアの火山の斜面は、茶とコーヒーを栽培するイギリス人業者のものとなった。彼らは農園とヒツジやウシの牧畜場を交互に運営した。農耕民族であるキクユ族は、略奪されたかつての自分たちの土地で、シャンバと呼ばれる小作地へ追いやられた。一九五三年、キクユ族はアバデアの森に隠れ、団結した。野生のイチジクとイギリス人が小川に放流したブラウントラウトで食いつなぎながら、キクユ族のゲリラ部隊は白人地主を恐怖に陥れた。この運動がのちに、マウマウの反乱として知られるようになる。イギリス国王は本土から航空師団を派遣し、アバデア山脈とケニア山を爆撃した。数千人というケニア人が殺されたり、絞首刑に処せられたりした。イギリス人の死者はわずか一〇〇人だったものの、一九六三年には交渉による休戦のもとで、多数者であるケニア人の支配が動かしがたいものとなった。この出来事が、ケニアではウフル——独立——として知られるようになったのである。

現在のアバデア山脈は、残された自然とのあいだで人間が結んだあの不安定な協定の一例である。つまり、国立公園になっているのだ。アバデア山脈は多くの動物にとって安息の地だ。たとえば、希少なモリイノシシやスニ——ジャックウサギほどの大きさしかない最小のアンテロープ——のほか、キンバネオナガタイヨウチョウ、ギンガオサイチョウ、見事な緋色と藍色の羽を持つオウカンエボシドリなどがいる。クロシロコロブス——そのひげ面は兄弟かと思うほど仏教の僧侶にそっくりである——もこの原生林を住処にしている。原生林は四方に広がり、アバデア山脈の斜面に沿って延びている。

だが、その原生林の広がりも、通電柵にぶつかるところでストップする。二〇〇キロメートルにも及ぶ、六〇〇〇ボルトの電気が流れる亜鉛線が、いまやケニア最大の集水域を取り囲んでいるのだ。電気の流れる網は二メートルあまりの高さで、地中に一メートル足らずが埋まっている。支柱に電熱線が巻かれ、ヒヒ、サバンナモンキー、ジャコウネコをよせつけないようになっている。柵が道路にかかるところでは、電気の流れるアーチの下を車が通れるようにしてあるが、電線が垂れ下がっているため車両サイズのゾウは通れない。

これは、動物と人間をおたがいから守る柵である。柵の両側にはアフリカで最も肥沃な土壌が広がっている。柵を挟んで上は森、下はトウモロコシ、マメ、ネギ、キャベツ、タバコ、茶の畑だ。長年にわたり、どちらの側からも侵入がつづいていた。ゾウ、サイ、サルが夜になると畑に入り込み、作物を引っこ抜いた。人口を増やしつづけるキクユ族は、こっそり山に登り、その道すがら樹齢三〇〇年のヒマラヤスギやポドという針葉樹を伐採した。二〇〇〇年までに、アバデア山脈の三分の一近くが開拓された。天然の木々を守り、葉っぱから蒸発した水が雨になってアバデアの川に戻るサイクルを維持し、ナイロビのような乾燥した都市への水の供給を保ち、水力発電のタービンを回しつづけ、大地溝帯の湖を干上がらせないようにしておくためには、手を打たなければならなかった。

こうして、世界最長の電気バリケードが設置されたのである。ところがその頃、アバデア山脈では別の水問題が起こっていた。一九九〇年代、山のふもとに深く新しい放水路ができると、その周辺をいかにも罪のない様子でバラとカーネーションが覆った。ケニアはイスラエルを抜いて、ヨーロッパ向け切り花の最大の供給国となった。切り花はいまや、コーヒーを上回る主要な輸出収入源となっている。だが、このかぐわしい運命の転変は、ある負債を負っている。花を愛でる者がいなくなったあとも、その利息を長いこと返しつづけなければならないかもしれない。

人間と同様、花も三分の二は水でできている。そのため、一般的な花の輸出業者が毎年ヨーロッパに運び込む水の量は、人口二万人の町の年間需要量に等しい。渇水時になると、生産割当のある栽培園はナイヴァシャ湖に取水管を設置する。湖岸をパピルスに覆われ、水鳥とカバの保護区となっているナイヴァシャ湖は、アバデア山脈から流れ出す川の下流に位置している。設置された取水管は、あらゆる世代の魚の卵を吸い上げてしまう。その代わりにわずかな化学物質が水滴に混ざって戻っていく。この物質のおかげで、バラの花を無傷のままはるか彼方のパリまで運べるのだ。

もっとも、ナイヴァシャ湖の景観はあまり魅力的とは言えない。花を栽培する温室から染み出したリン酸肥料と硝酸肥料のせいで、酸素を遮断するホテイアオイが水面を覆っているからだ。湖水面が下がると、ホテイアオイ——この南米原産の多年生植物は鉢植えとしてアフリカに持ち込まれた——が岸へ這い上がってパピルスを撃退してしまう。カバの死骸の腐乱した組織を調べると、完璧な花束の秘密が明らかになる。DDTばかりか、さらに四〇倍も毒性が強いディルドリンが検出されるのだ。ともに、ケニアを世界最大のバラ輸出国たらしめる市場を持つ国々では、使用を禁じられている殺虫剤である。人間はおろか、動物やバラが姿を消してかなりの時間を経たあとでも、化学的にきわめて安定した人工分子であるディルドリンは、依然として存在しつづけるかもしれない。

いかなる柵も——六〇〇〇ボルトの電気が流れている柵でなければなおさら——アバデア山脈の動物を最後まで閉じ込めておけるものではない。動物の群れは柵を突き破るか、あるいは遺伝子プールの縮小によって衰退し、最後はたった一つのウイルスによって種全体が滅びるかだろう。だが、最初に人間が滅びれば、柵は電気ショックを与えるのをやめる。ヒヒやゾウは、周囲を取り囲むキクユ族のシャンバで、真っ昼間から穀物や野菜の饗宴に興じるだろう。コーヒーだけは生き延びる可能性がある。野生動物はあまりカフェインをほしがらないし、エチオピアからずいぶん昔に持ち込まれたアラビカ種はケニア中央部の火山灰土と相性が良く、野生種となっているからだ。

温室のポリエチレン製カバーは風でずたずたに切り裂かれる。赤道直下の紫外線でポリマー鎖がもろくなっているからだ。紫外線の威力をさらに増す働きをするのが、生花業界でよく使われる燻蒸剤（くんじょうざい）の臭化メチル――最も強力なオゾン破壊物質――である。バラやカーネーションは、化学薬品なしではやっていけずに枯れてしまうが、ホテイアオイは一番最後まで残るかもしれない。アバデア山脈の森は電気の流れていない柵を飲み込むと、シャンバを取り戻し、さらに下にある植民地時代の遺物、アバデア・カントリー・クラブを覆い尽くす。このゴルフコースのフェアウェイは、いまのところ、そこに棲みついたイボイノシシが手入れをしてくれている。森が広がり、上はケニア山から下はサンブル砂漠に至る野生動物の通路を再び開通させるのを唯一阻むものは、大英帝国の亡霊、ユーカリの木立である。

人間の手で世界に放たれ、手に負えなくなってしまった種は無数にある。なかでも、ユーカリはニワウルシやクズと並び、私たちがいなくなったあとも長く大地を苦しめる侵入種だ。蒸気機関車に動力を供給するため、イギリス人は成長が遅い熱帯広葉樹林を伐採し、成長が早いユーカリをオーストラリアの直轄植民地から移植することが多かった。咳止め薬や家具の表面の消毒に用いられるユーカリのアロマオイルには、殺菌作用がある。大量に摂取すると毒だからだ。この毒で、競争相手となる植物を追い払おうというのである。ユーカリの周りに棲む昆虫はほとんどいないし、食べものがほとんどないため、巣をつくる鳥も数えるほどだ。

大量の水を吸い上げるユーカリは、水があるところならどこでも育つ。たとえばシャンバの用水路に沿って、高い生垣をなしている。人間がいなくなれば、ユーカリは打ち捨てられた畑に侵入しようとするだろうし、風に乗って山から下りてくる在来種の種(たね)の機先を制するだろう。結局のところ、ケニア山への道を切り開き、最後に残ったイギリスの亡霊を永遠に追放するには、偉大な野生の木こりであるゾウの力に頼らざるをえないかもしれない。

## (2) 人類が消えたあとのアフリカ

人間が消えたアフリカでは、ゾウが赤道を越えて北上する。サンブル砂漠を抜け、サヘル［サハラ砂漠に南接する半砂漠化した草原地帯］を越えると、サハラ砂漠が北へ後退しているのが目に入るかもしれない。その頃、砂漠の先遣隊であるヤギは、ライオンの昼食になっている。あるいは、ゾウはサハラ砂漠にぶつかるとも考えられる。人間の遺産、つまり増大した大気中炭素によって押し上げられた気温のせいで、砂漠化が加速するためだ。サハラ砂漠が近年、憂慮(ゆうりょ)されるほど急速に——場所によっては年に三〜五キロ近く——前進しているのは、不運なタイミングのせいである。

現在、極地以外では世界最大の砂漠であるサハラは、わずか六〇〇〇年前には緑のサバンナだった。サハラを流れるたくさんの小川では、ワニやカバが遊んでいたものだ。その後、地球の軌道は周期的な再調整の一つを経験した。傾いた地軸がわずかに〇・五度足らず修正されただけだったが、雨雲を追い払うには十分だった。それだけで草原が砂丘に変わってしまったわけではない。だが、人類の進歩とタイミングが一致したために、乾燥した灌木林になりつつあった土地は、気候の影響だけなら起こるはずのない変化を被ったのだ。それ以前の二〇〇〇年のあいだに、北アフリカで槍を使って狩りをしていたホモ・サピエンスは、中東産の穀物を栽培し、家畜を育てるようになっていた。彼らは、アメリカ原産の有蹄動物の子孫を新たに家畜とし、その背中に財産を載せ、みずからも乗った。その動物とは、故郷で起きた巨大動物類の大虐殺で仲間が滅びる前に、運良く移住してきたラクダである。

ラクダは草を食べる。草は水を必要とする。ラクダの飼主が育てる作物もそうだ。こうした作物の恵みのおかげで、人口は爆発的に増えた。人間が増えれば、家畜も、牧草も、畑も、それにもちろん水も、もっと必要になる。すべてが最悪のタイミングで起こってしまったのだ。雨が降らなくなったとは、誰一人として知るはずもなかった。こうして、人間と家畜はさらに広い範囲に散らばり、家畜はさらに猛然と草を食べた。天候は元通りになるし、あらゆるものがまた以前と同じように育つはずだと信じられていたのだ。

ところが、そうはならなかった。家畜が草を食べれば食べるほど、空へ向かって蒸発する水分は減り、雨は降らなくなった。その結果が、こんにち私たちが目にする灼熱のサハラ砂漠である。ただし、昔はもっと小さかった。過去一〇〇〇年にわたり、アフリカの人口と動物の数は増えつづけてきた。いまや気温も上がりつづけている。このため、危機の迫るサハラ南縁部に並ぶサヘル諸国は、砂に埋もれそうになっている。

さらに南では、赤道付近に住むアフリカ人が数千年にわたって動物の世話をしてきた。狩りをしてきた歳月はさらに長い。それでも、野生動物と人間のあいだには互恵関係があった。ケニアのマサイ族のような牧畜民は、ライオンを追い払う槍を手に、牧草地や水飲み場でウシの番をしている。すると、ヌーがそのあとにぴったりくっついて、ちゃっかり天敵から守ってもらうといった具合だ。さらに、ヌーのあとにはシマウマの群れがつづいていた。遊牧民であるマサイ族は肉を食べるのをなるべく我慢し、家畜の乳と血を生活の糧とするようになった。彼らは、ウシの頸静脈に注意深く切り口をつけ、血を抜いたら血止めをする。旱魃によって家畜の餌が足りなくなったときにだけ、狩りに戻ったり、いまだに狩猟で生きているサン族（ブッシュマン）と取引したりした。

人間、植物、動物のあいだのこうしたバランスが最初に変化しだしたのは、人間自身が獲物——というよりも商品——となったときだった。血縁関係にあるチンパンジーと同じく、人間は縄張りや伴侶をめぐって絶えず殺し合いをしてきた。ところが、奴隷制が盛んになると、人間はまったく新たな存在になり下がった。輸出用の収穫物になったのである。

奴隷制がアフリカに残した爪跡は、ケニア南東部のツァヴォとして知られる叢林地帯で、いまも見ることができる。凝固した溶岩流の不気味な風景のなかに、平たい樹冠のサバンナ

・アカシア、ミルラ、バオバブなどが茂る場所だ。ツェツェバエのせいでウシを放牧できないため、この土地はワッタ族の猟場のままになっていた。彼らの獲物は、ゾウ、キリン、アフリカスイギュウ、各種のガゼル、クリップスプリンガー、縞模様があるもう一種のアンテロープ――らせん状の角がなんと二メートル近くにもなるクーズー――などである。

東アフリカの黒人奴隷の行き先は、アメリカではなくアラビアだった。一九世紀半ばまで、ケニアの沿岸都市モンバサは生身の人間の積出港だった。アラブの奴隷商人にとっては、ここが長い道のりの終点である。彼らは、中央アフリカの村で銃を突きつけて商品を手に入れてくるのだ。奴隷のキャラバンは、武装してロバにまたがった誘拐者に見張られながら、大地溝帯から南へ向かって裸足で行進した。ツァヴォまで南下すると、気温は上がり、ツェツェバエが群がってきた。奴隷商人、射撃手、この旅を生きて乗り切った虜囚たちは、イチジクの木陰があるオアシス、ムジマ・スプリングスを目指して先を急いだ。この湧き水の池には、テラピンというカメやカバがあふれており、毎日二億リットル近くもの水が、五〇キロほど離れた多孔性の火山丘陵から毎日新たに湧き出していた。奴隷キャラバンはそこに数日間滞在し、弓矢を使うワッタ族の狩人に金を払って食糧を補充させた。奴隷街道はまた象牙街道でもあり、遭遇したゾウはことごとく捕獲された。象牙の需要が増すと、その価格は奴隷の価格を上回り、奴隷は主に象牙の運搬人として価値を計られるようになった。

ムジマ・スプリングスの近くで、水脈が再び露出してツァヴォ川となり、最終的には海へ注いでいた。木陰の多いフィーバーツリーやヤシの木立があるため、このルートはじつに魅力的だったが、しばしばマラリアという代償を伴った。ジャッカルとハイエナがキャラバンについて歩き、ツァヴォのライオンは置き去りにされた死にかけの奴隷を餌食にして、人食いの名をとどろかせた。

一九世紀末にイギリスが奴隷制を廃止するまでに、中央平原とモンバサの競売台を結ぶ象牙‐奴隷街道で、無数のゾウと人間が命を落とした。奴隷の道が閉鎖されると、モンバサとヴィクトリア湖を結ぶ鉄道の建設がはじまった。ヴィクトリア湖はナイル川の水源であり、イギリスの植民地支配に決定的な意味を持っていた。ツァヴォの飢えたライオンは鉄道で働く者をむさぼり食い、世界中で有名になった。ときには列車に飛び乗って彼らを追いつめることもあった。食欲旺盛なライオンは伝説となり映画化されたが、彼らが飢えているのはほかの獲物が不足しているせいだという説明はたいてい省かれた。獲物となるはずの動物は、一〇〇〇年にわたり、奴隷という荷を運ぶキャラバンの食糧として殺されてきたからだ。

奴隷制が廃止され鉄道が建設されると、ツァヴォは見捨てられた無人の土地となった。人間がいなくなると、野生動物が徐々に戻りはじめた。一時的ながら、武装した人間も戻ってきた。一九一四年から一九一八年にかけて、アフリカの大部分を分け合うことで前もって合意していたイギリスとドイツが、第一次世界大戦を戦った。その理由は、ヨーロッパ以上にアフリカにおいて曖昧だった。タンガニーカ——現在のタンザニア——のドイツ人入植者の大部隊が、モンバサ‐ヴィクトリア間のイギリスの鉄道を数度にわたって爆破した。両陣営はツァヴォ川沿岸のヤシとフィーバーツリーの木立の真っ只中で戦った。野生動物の肉で食いつないだものの、銃弾に倒れる者と同じくらいマラリアで死ぬ者も多かった。だが、例によって銃弾は野生動物に壊滅的な打撃を与えた。

再び、ツァヴォは無人となった。人間がいなくなると、また動物でいっぱいになった。黄色い実をつけたサンドペーパーツリーが、第一次大戦の戦場跡に生い茂り、ヒヒの家族の住処となった。一九四八年、イギリス国王はツァヴォを人間には無用の土地とし、往来の激しさでは史上有数だったこの交易路を野生動物保護区とすると宣言した。二〇年後、ツァヴォに生息するゾウの数は四万五〇〇〇頭に達した。これは、アフリカでも屈指の規模だったところが、それも長くはつづかなかった。

単発の白いセスナが飛び立つと、地球のほかの場所ではまず見られないちぐはぐな光景が眼下に広がる。地上の広大なサバンナはナイロビ国立公園だ。この公園では、エランド、トムソンガゼル、アフリカスイギュウ、ハーテビースト、ダチョウ、セネガルショウノガン、キリン、ライオンが、ごつごつした高層ビルの壁に邪魔されながら暮らしている。一見すると灰色の都会だが、その背後には世界的に見てもきわめて大規模で貧しいスラムが広がっている。ナイロビは、モンバサ－ヴィクトリア間に停車場が必要だったために建設された。つまり、その歴史は鉄道とともにはじまったにすぎない。きわめて新しい街だが、真っ先に消滅する可能性が高い。ここでは、新築の建物でさえすぐに崩壊しだすからだ。

街とは反対側の公園の端には柵がない。セスナは目印のない境界線を越え、ところどころでアサガオが彩りを添える灰色の平原を横切っていく。この土地を通って、公園を移動するヌー、シマウマ、サイが、季節の雨を追いかけていく。その際に動物たちが通る道は、このところ細ってきている。トウモロコシ畑、花畑、ユーカリのプランテーション、さらには新たに柵で囲まれただだっ広い私有地――柵の内側には私設の井戸と人目を引く大きな家がある――などが増えているからだ。こうした影響をいっぺんに受けて、ケニア最古の国立公園は野生動物の新たな島と化してしまうかもしれない。この動物の通り道が保護されていないのは、騒々しいナイロビの郊外に広がる不動産の人気が急上昇しているからだ。セスナを操縦するデイヴィッド・ウェスタンの意見では、政府が土地の所有者にお金を払い、動物に敷地内を通らせてもらうのが一番いいという。彼はその交渉を手伝ったことがあるが、見通しは暗いそうだ。土地の所有者は、ゾウが庭を踏み荒らしてしまうのではないか、あるいはもっとひどいことをしでかすのではないかと恐れているのである。

ゾウを数えるのが、デイヴィッド・ウェスタンの今日の仕事だ。もっとも、三〇年近くにわたってずっとつづけていることなのだが。イギリス人の大物ハンターの息子としてタンザニアで育った彼は、子供の頃、猟銃を携えた父と一緒によく徒歩旅行をした。人っ子一人会わずに数日間歩いたこともあった。彼がはじめて仕留めた獲物が、最後の獲物となった。死にゆくイボイノシシの目を見たら、狩猟への情熱はもはや湧いてこなかった。父がゾウの牙に突かれて命を落とすと、母は子供たちを比較的安全なロンドンへ連れて行った。デイヴィッドは大学で動物学課程を修了すると、アフリカに戻ってきた。

ナイロビから南東へ一時間飛ぶと、キリマンジャロが姿を現わす。朝日を受けて、縮小しつつある冠雪から黄褐色の滴が流れている。山の手前では、アルカリ性土壌の褐色の盆地から緑あふれる湿地が広がっている。キリマンジャロの斜面に降った雨が、泉となって湧き出しているのだ。ここアンボセリ国立公園は、アフリカで最も小さく最も豊かな公園の一つである。キリマンジャロを背景にゾウの写真を撮りたい観光客なら必ず訪れる場所だ。野生動物がアンボセリの湿地のオアシスに押し寄せ、ガマとスゲで食いつなぐのは、かつては乾季の出来事だった。最近は、いつでもここにいる。「ゾウは定住性の動物ではないはずですが」と、ウェスタンはつぶやく。地上では、泥遊びをしているカバの群れのそばで、数十頭のメスと子供のゾウが水のなかを歩いている。

　上空から見ると、国立公園を取り囲む平原は巨大な胞子に汚染されているかのように見える。この胞子のように見えるのがボマである。牧畜民であるマサイ族が泥と糞でつくった小屋を円形に並べたものだ。人が住んでいるものもあれば、無人となって土に還りつつあるものもある。それぞれの小屋を、とげの多いアカシアの枝を積んだ防御のための柵が囲んでいる。どのボマの中心にも鮮やかな緑の一画がある。遊牧民であるマサイ族が、次の牧草地へ家畜と家族を移動させるまでのあいだ、夜間に外敵からウシを守るために入れておく場所だ。

　マサイ族が去ると、ゾウがやってくる。サハラが砂漠となったあと、人間がアフリカ北部からはじめてウシを連れてきて以来、ゾウと家畜を主役とする舞台が演じられてきた。ウシがサバンナの草を食べ尽くすと、低木が侵入する。やがて、それらが育ってゾウがむしゃむしゃやれる高さになると、ゾウは牙で樹皮をはいで食べ、木を倒して樹冠の柔らかい葉を食べる。こうして木がなくなると、再び草が生えてくるのだ。

大学院生の頃、デイヴィッド・ウェスタンはアンボセリの丘のてっぺんに腰を下ろし、マサイ族が放牧しているウシの数を数えた。反対方向からは、ゾウが草を食べにのっしのっしと歩いてきていた。彼がこの場所ではじめた、ウシ、ゾウ、人間の個体数調査は、休むことなくつづけられてきた。その間に彼は、アンボセリ国立公園園長、ケニア野生生物公社総裁、非営利団体のアフリカ自然保護センターの創設者と、キャリアを重ねてきた。アフリカ自然保護センターは、野生動物の生息地を守るために活動している。それも、昔から動物たちと土地を共有してきた人間を締め出すのではなく、受け入れることによって。

高度を三〇〇フィートまで下げると、機体を三〇度に傾け、ウェスタンは大きく時計回りに旋回しはじめる。彼は、円形に並んだ糞で固められた小屋を数えていく。妻一人につき小屋一軒がある。裕福なマサイ族なら一〇人もの妻を持っているのだ。住んでいる人と動物の数を概算すると、植生図にウシ七七頭と書きつける。上空からは緑の平原に散った血の滴のように見えたものは、マサイ族の牛飼いだったことがわかる。背が高く、しなやかで、肌の黒い男たちが、伝統の赤いチェックのマントを羽織っているのだ。この伝統は、少なくとも一九世紀までさかのぼる。当時、スコットランドの伝道師がタータンチェックの毛布を配ったのがきっかけだった。マサイの牛飼いはこれが暖かくて軽いため、何週間も家畜を追う際携行するのに持ってこいだと気づいたのである。

「牧畜民が移動性動物種の代理を務めるようになったのです」ウェスタンはエンジン音に負けじと大声を張り上げる。「彼らはヌーそっくりの行動をとります」ヌーと同じように、マサイ族は雨季のあいだ短茎草本が生えるサバンナへウシを追い、雨が降らなくなると泉に連れ戻す。アンボセリのマサイ族は、一年間に平均して八回住む場所を変える。人間がこうした動きをすることによって、ケニアとタンザニアの景観は野生動物にとって有利な方向に変わってきたのだと、ウェスタンは確信している。

「彼らはウシを放牧し、ゾウに林地を残します。しばらくすると、ゾウが再び草地をつくります。草地、森、灌木地のモザイクができあがるわけです。これこそ、サバンナに多様な生物が生息する理由にほかなりません。林地か草地のどちらか一方しかなければ、林地に棲む種か草地に棲む種のどちらか一方しか存在しないはずですから」

一九九九年、ウェスタンは古生態学者のポール・マーティン――更新世の「殺しすぎ」絶滅理論の父――にこの話をした。アリゾナ南部を車で走り、クローヴィス人が一万三〇〇〇年前にこの地のマンモスを絶滅させた現場を見に行く途中でのことだった。マンモスが絶滅してから、アメリカ南西部は大型の草食動物不在のまま進化してきた。マーティンは、牧場主が賃借している公有地で、もじゃもじゃのメスキートが芽吹いているのを指さした。牧場主はこの土地を焼き払う許可を求めてずっと陳情している。「ここがゾウの生息地になれると思うかね？」と、マーティンはたずねた。

デイヴィッド・ウェスタンは笑い声を上げた。だが、マーティンはつづけた。アフリカゾウはこの砂漠でどうするだろうか？　ごつごつした花崗岩の山脈を登り、水を見つけられるだろうか？　ことによると、マンモスに近いインドゾウのほうがうまくやれるだろうか？

「メスキートを退治するには、ブルドーザーや除草剤を使うよりもそのほうがいいのは確かですね」と、ウェスタンは話を合わせた。「ゾウを使うほうがずっと安上がりだし簡単です。牧草の苗のために肥料を撒いてもくれます」

「まさに、マンモスやマストドンがやっていたことだね」と、マーティンは言った。

「その通りです。現地に原種がいなければ、生態的に代わりとなる種を利用してはどうでしょう」と、ウェスタンは答えた。以来、ポール・マーティンは北米にゾウを連れ戻す運動を展開している。

とはいえ、マサイ族とは異なり、アメリカの牧場主は遊牧民ではないため、定期的にゾウに生態的地位を明け渡すことはない。一方、マサイ族と家畜のウシの定住化も進んでいる。その結果がどうなるかは、アンボセリ国立公園の周囲に広がる、過放牧によってやせ細った土地を見れば明らかだ。デイヴィッド・ウェスタンは、明るい色の髪に白い肌をした中背の人物である。彼がスワヒリ語で談笑している相手は、身長二メートルを超え、漆黒の肌を持つマサイ族の牛飼いだ。こうした対照も、長いあいだ共有してきた懸念を語り合うなかで消えてしまう。二人にとって長く共通の敵となってきたのは、土地の分割だった。だが、開発業者や敵対する部族の移住者が柵をめぐらし、所有権を主張するせいで、マサイ族もやむなく権利を要求し、土地にしがみつくしかなくなっていた。人間の新たな利用形態に応じてアフリカをつくり変えてしまうと、人間がいなくなってもその形態を消し去るのは容易ではないと、ウェスタンは言う。

「状況は両極端です。ゾウを公園の内側に閉じ込め、外側で家畜を放牧すれば、まったく異なる二つの生息環境ができあがります。公園の内側は木が全部なくなって草地になり、外側は鬱蒼とした低木林になります」

一九七〇年代から八〇年代にかけて、ゾウは苦い経験を通じて安全な場所に留まるのが得策だと学んだ。知らず知らずのうちに、アフリカの深刻化する貧困と、「アジアの虎」と呼ばれる国々を生んだにわか景気とのグローバルな衝突の場に、のっしのっしと足を踏み入れてしまったのだ。ケニアでは、世界最高の出生率がくびきとなって貧困化が加速していた。一方で、アジアの虎の勃興によって、極東地域でぜいたく品への渇望が一気に高まった。そこには象牙も含まれていた。象牙に対する欲望は、かつて数世紀にわたって金銭面で奴隷制を支えた欲望すら上回っていた。

キロ当たり二〇ドルという価格が一〇倍に跳ね上がると、象牙の密猟が横行し、ツァヴォのような地域は牙を抜かれたゾウの死体捨て場と化した。一九八〇年代までに、アフリカにいた一三〇万頭のゾウの半分以上が死んだ。ケニアに残ったのは、アンボセリをはじめとする保護区に集められた一万九〇〇〇頭だけだった。象牙の取引が国際的に禁じられ、密猟者は見つけ次第射殺という命令が出たことで、大虐殺は沈静化したものの、完全になくなったわけではない。特に公園の外側では、作物や人間を守るという口実でいまだにゾウが殺されている。

かつてアンボセリの湿地帯を縁取っていたフィーバーツリーも、いまはなくなった。増えすぎた厚皮(こうひ)動物に倒されてしまったのだ。公園が木のない平原に変わると、ガゼルやオリックスのような砂漠の動物が、キリン、クーズー、ブッシュバックといった新芽を食べる動物に取って代わる。これは、アフリカがかつて氷河期に経験したような大旱魃を人為的に再現した状態だ。当時も生息地が縮小し、動物はオアシスで押しあいへしあいしていたのである。アフリカの巨大動物類は、こうした窮地を幾度となく切り抜けてきた。だが、今回ばかりはどうかしてしまうのではないかと、デイヴィッド・ウェスタンは危惧している。なにしろ、開拓地、分譲地、やせ細った牧草地、工場式農場などに囲まれた保護区に取り残されているのだから。何千年ものあいだ、移動性の人間がこうした動物を道連れにアフリカ中を渡り歩いていた。遊牧民と家畜は、必要なものを手に入れると、次の土地に移っていった。彼らが通り過ぎたあと、自然は以前よりも豊かになった。ところがいまや、こうした人間の移動も終わりを迎えようとしている。定住性人類(ホモ・セデンタリアン)が、これまでのシナリオをひっくり返してしまったのだ。いまでは食糧のほうが私たちに向かって移動してくる。それも、人類史上の大半を通じて存在しなかったぜいたく品やその他の消耗品とともに。

地球上のどの場所とも異なり――人間が一度も定住したことのない南極大陸は別だが――アフリカだけが、野生動物の大規模な絶滅を経験したことがない。「しかし、農業が盛んになり、人口が増えた結果はご覧のとおりです」と、ウェスタンは心配げに語る。アフリカの人類と野生動物のあいだに築かれてきたバランスが崩れ、収拾がつかなくなっているのだ。多すぎる人間。多すぎるウシ。さらに、多すぎるゾウが少なすぎる用地に閉じ込められている——多すぎる密猟者のせいで。デイヴィッド・ウェスタンが希望を捨てていないのは、アフリカには昔のままの土地がまだ残っていることを知っているからだ。つまり、私たちがゾウさえ蹴散らすほどの力を持ったキーストーン種に進化する前の状態が維持されているのだ。人間が一人残らずいなくなれば、どの場所よりも長く人間に領有されてきたアフリカは、逆説的だが地上で最も純粋な原始の姿を取り戻すだろうと、ウェスタンは考えている。これだけ多くの野生動物が草や若芽を食べてしまうおかげで、アフリカは外来植物が郊外の庭から逃げ出して田舎を占拠していない唯一の大陸だからだ。しかし、人類が消えたあとのアフリカには重要な変化がいくつか起こるだろう。

かつて北アフリカのウシは野生だった。「しかし、何千年間も人間と暮らすうちに、巨大な発酵樽のような腸を持つ動物に進化しました。昼間のあいだに大量のまぐさを食べるためです。夜は草を食べられませんから。そのため、現在のウシはあまり敏捷とは言えません。彼らだけで取り残されたら、手軽に手に入る高級牛肉と化すことでしょう」

それも大量の牛肉に。いまやウシは、アフリカのサバンナの生態系における生体重の半分以上を占めているのだ。マサイ族の槍で守ってもらえなくなったウシは、際限なく食べまくるライオンやハイエナの乱痴気騒ぎの犠牲となるだろう。ウシがいなくなれば、残りの動物にとって餌は倍以上に増える。ウェスタンはまぶしそうに日光を遮った。ジープに寄りかかり、新しい数字が意味するところを推し量る。「一五〇万頭のヌーがウシと同じくらい効率よく草を食べられます。ヌーとゾウの相互作用はいまよりずっと緊密になるでしょう。マサイ族が『ウシが木を育て、ゾウが草を生やす』と言うときのウシの役割を、ヌーが果たすようになるはずです」

人間がいなくなると、ゾウはどうなるだろうか。「ダーウィンはアフリカにいるゾウを一〇〇〇万頭と見積もりました。これは、象牙取引が盛んになる前の実数にきわめて近い数字です」彼は振り返ると、アンボセリの湿地で水浴びするメスゾウの群れに目をやる。「現在は五〇万頭です」

人間がいなくなってゾウが二〇倍に増えれば、アフリカのモザイク状の風景のなかで、ゾウは再び押しも押されもしないキーストーン種となるだろう。それとは対照的に、南北アメリカでは、一万三〇〇〇年ものあいだ樹皮や低木を食べていたのは昆虫だけだと言っていい。マンモスが絶滅すると巨大な森が広がったが、その森も農民が開拓し、牧場主が焼き払い、小作農が燃料とするために切り倒し、開発業者がブルドーザーで更地にした。人間がいなくなれば、アメリカの森林は、木を引き抜いて食べるような大型草食動物を待ち受ける広大な生態的地位となるのだ。

## (3) 欺瞞(ぎまん)に満ちた物語

パルトワ・オレ・サンティアンは、アンボセリの西部で父のウシを追いながら、よくその話を聞かされて育った。カシ・クーニィが再びその話を語ると、サンティアンはかしこまって耳を傾ける。クーニィは白髪交じりの老人で、マサイ・マラにある一軒のボマに三人の妻と暮らしている。サンティアンは現在、マサイ・マラで働いているのだ。

「はじめに、森しかなかった頃、ンガイはわれわれのために狩りをしてくれるサン族をお遣わしになった。すると、動物は逃げ去り、狩ることができないほど遠くに行ってしまった。マサイ族は、逃げて行かない動物をくださいとンガイに祈った。ンガイは七日間待つようにとおっしゃった」

クーニィは革ひもを手に取ると、片端を天に向かって差し上げる。地上へと延びる傾斜路のつもりなのだ。「天からウシが降りてきた。誰もがこう口にした。『ご覧！ われらが神はなんと慈悲深いことか。こんなにすばらしい動物をお届けくださった。乳を出し、美しい角を持ち、いくつもの色がある。ヌーやスイギュウは一色しかないというのに』

ここから、話の展開はせせこましくなる。マサイ族はウシはすべて自分たちに与えられたものだと主張し、サン族をボマから追い出した。サン族は食べていくために自分たちもウシがほしいとンガイにお願いしたものの、ンガイは聞き入れず、代わりに弓矢を与えたという。

「だから、彼らはマサイ族のようにウシを飼わず、いまでも森で狩りをしているのだ」

クーニィはにやりと笑う。大きく見開いた目が、午後の太陽の下で赤く輝いている。陽光を受けながら揺れている青銅製の円錐形耳飾りのせいで、耳たぶはアゴのあたりまで伸びている。マサイ族は、家畜を飼うために木立を焼いてサバンナをつくる方法を見つけたのだと、クーニィは説明する。火はマラリアの原因となる蚊を追い払う役割も兼ねていた。サンティアンはこんなふうに理解している。人間が狩猟採集民でしかなかった頃は、ほかの動物と大して違わなかった。その後、人間は神に選ばれて牧畜民となり、最高の動物を支配する力を授かったおかげで、幸福になれたのだ。

問題は、マサイ族がそこでやめなかったことだ。サンティアンにはそれもわかっている。白人の植民者が放牧地の大半を手中に収めたあとも、遊牧生活はまだ可能だった。しかし、マサイ族の男たちは妻を三人以上めとった。それぞれの妻が五、六人の子供を産み、子供を育てるために約一〇〇頭のウシを必要とした。これだけの数がマサイ族に悪い影響を及ぼさないはずはない。サンティアンはまだ若いが、マサイ族が小麦やトウモロコシの畑を住居につけ足し、一カ所に定住してその世話をするようになるにつれ、円形だったボマが鍵穴のような形になるのを見てきた。マサイ族が農耕民になると、すべてが変わりはじめた。

パルトワ・オレ・サンティアンは、マサイ族でも現代の世代に育ったため、勉強する機会に恵まれていた。理科に秀でていたサンティアンは、英語とフランス語を身につけ、動物学者になった。二六歳のとき、ケニア・プロフェッショナル・サファリガイド協会から最高ランクのシルバー認定を受けた。この資格を持つアフリカ人は数えるほどしかいない。彼は、タンザニアのセレンゲティ平原がケニアに張り出した部分、すなわちマサイ・マラにあるエコツーリズムのロッジで仕事に就いた。マサイ・マラは、動物専用保護区と混合保護区が一体となった公園である。混合保護区では、マサイ族、家畜、野生動物がこれまでと変わらずに共存できる。赤いオートグラスがそよぐマサイ・マラ平原は、ナツメヤシと樹冠の平らなアカシアが点在し、そのすばらしさは依然としてアフリカのどのサバンナにも劣らない。ここで草を食べている動物で最も優勢なのが、いまではウシである点を除けば。

サンティアンはよく、長い足に革靴を履いてキレレオニの丘に登る。マサイ・マラで一番高い場所だ。そこにはまだ十分な野生が残っていて、木の大枝にインパラの死骸がぶらさがっていたりする。ヒョウが保存のためにかけておいたものだ。丘の頂からは、一〇〇キロほど南のタンザニアとセレンゲティ平原の広大な緑の海が見渡せる。六月になると、ヌーが鳴き声をあげながら群れをなしてその場所を動き回る。それらの群れはやがて、まるで洪水のように合流すると、怒濤の勢いで国境を越え、弾むように川を渡ってくる。川にはクロコダイルがひしめき、毎年恒例のヌーの北方移動を待ち構えている。ライオンとヒョウはサバンナ・アカシアの上でうたた寝しているが、寝返りを打つだけで獲物を仕留められる。

セレンゲティ平原をめぐって、マサイ族は長いこと恨みがましい想いを抱いてきた。一九五一年に、五〇万平方キロに及ぶその平原から追い出されてしまったからだ。キーストーン種であるホモ・サピエンスを一掃したテーマパークをつくり、アフリカには手つかずの自然が残っているというハリウッド映画世代の観光客の妄想を満足させるためだった。しかし、サンティアンをはじめとするマサイ族の動物学者は、いまではそれをありがたく思っている。セレンゲティ平原は、草原にとってこれ以上ない火山灰土に恵まれており、哺乳類が地上で最も密集している遺伝子銀行だからだ。いざとなれば、やがてここを源に種(しゅ)が広がり、地球上のほかの地域に再び根づくかもしれない。とはいえ、彼らはこう心配している。セレンゲティがいかに広大であっても、その周囲が農場と柵だらけになってしまえば、ゾウはもちろん数え切れないほどいるガゼルでさえ、すべてを維持していけるだろうかと。

サバンナをすべて耕作地に変えるだけの雨は降らない。それにもかかわらず、マサイ族の人口は増える一方だった。いまのところ一人の女性としか結婚していないパルトワ・オレ・サンティアンは、妻は一人でやめることに決めていた。妻のノーンコクワは幼なじみで、サンティアンが伝統的な戦士の訓練を終えるとすぐに結婚した。彼女は、この結婚生活で妻は自分一人であり、女の仲間はいないかもしれないと知って愕然(がくぜん)とした。

「僕は動物学者だよ」サンティアンは妻に説明した。「野生動物の生息地がなくなってしまえば、畑を耕さなければならなくなるんだ」土地の分割がはじまる以前、マサイ族にとって農業は、ウシを飼うために神に選ばれた男の威厳を損ねるものだった。彼らは、死者を埋葬するために地面を掘り返すことすらしなかったのだ。

それを聞いてノーンコクワも納得した。それでもやはりマサイの女だ。サンティアンとノーンコクワは妻は二人という妥協案で手を打った。しかし、彼女は子供はやはり六人ほしいと言った。一方、サンティアンは四人までにしたいと思っている。二人目の妻も当然何人かほしがるからだ。

すべての動物が絶滅する前に、考えるだけでもおぞましい一つの事態が、こうした人口の急増を抑制するかもしれない。古老のクーニィが、こうつぶやいたことがある。「世界の終わりだ」と、彼はその事態を称して言った。「いずれ、エイズが人類を一掃し、動物がすべてを取り戻すだろう」

定住民族にとって悪夢となったエイズは、マサイ族にとっては、まだそこまで深刻な問題ではない。しかし、いずれそうなりかねないことが、サンティアンにはわかっていた。かつてマサイ族は、ウシを連れ、槍を携え、サバンナからサバンナへと渡り歩いていただけだった。いまでは、街に行って娼婦と寝ては、戻ってきてエイズを蔓延させる輩もいる。さらにひどいのは、週二回、ピックアップ・トラック、スクーター、トラクターのガソリンを運んでやってくるトラックの運転手だ。割礼が済んでいない、いたいけな少女にまで感染が広がっているのである。

非マサイ地域――たとえば、セレンゲティ平原の動物が毎年北上していくヴィクトリア湖周辺――には、エイズが進行して木の手入れができなくなったコーヒーの栽培家たちがいる。彼らはコーヒーを諦め、バナナなどの育てやすい作物をつくったり、木を切って木炭をつくったりしてきた。すでに野生化したコーヒーの茂みは五メートル近くに育っており、元には戻せない。サンティアンは、人びとがこんな話をするのを耳にしてきた。こうなったらやけくそだ。どうせ治らないんだ。それなら、どんどん子供をつくろうじゃないか。こうして、大人がほとんど死に絶えた村々で、いまでは孤児たちが親ではなくウイルスと一緒に暮らしているのだ。

生き残っている者のいない家は、崩壊しつつある。泥と小枝でできた、糞の屋根を持つ小屋は崩れ去り、あとに残るのはレンガとセメントづくりの完成半ばの家だけだ。商人がトラックを走らせて稼いだ金で建てはじめたものである。彼らはその後で病に倒れ、あり金を薬草商に渡して自分と恋人を治してもらおうとした。だが、誰もよくならず、家の建築が再開されることはなかった。薬草商は丸儲けだが、やがて彼自身も病を得た。結局、商人が死に、恋人が死に、薬草商が死に、金は消えてなくなった。残ったのは屋根のない家だけだ。家の真ん中でアカシアが茂っている。病気にかかった子供たちは生きるために体を売り、やがて早々とこの世を去る。

「未来のリーダーとなる世代が消え去ろうとしています」その日の午後、サンティアンはクーニィにそう答えた。だが、動物が支配権を取り戻せば、未来のリーダーなどどうでもいい話ではないかと、そのマサイ族の古老は思った。

太陽がセレンゲティ平原に沿って進み、空を玉虫色に染める。太陽が平原の向こうに沈むと、サバンナを青い夕闇が包む。まだ残っている昼間のぬくもりがキレレオニの丘の斜面を昇り、薄暮のなかに消えていく。すると今度は、ひんやりした上昇気流がヒヒの金切り声を運んでくる。サンティアンは、赤と黄色のタータンチェックのシュカを、さらに堅く体に巻きつける。

エイズは動物の最後の復讐なのだろうか？　そうだとすれば、中央アフリカの中心部に生息する人間のきょうだい、パン・トログロダイトことチンパンジーは、人類破滅のもとをつくった共犯者である。ほとんどの人間に感染するヒト免疫不全ウイルスは、チンパンジーが発病しないまま保有しているサル特有のあるウイルスにきわめて近い（感染例が少ないHIVII型は、タンザニアで見つかった希少種のマンガベイというサルが保有するウイルスに似ている）。野生動物の肉を食べることを通じて、人間への感染が広がっていったのだろう。このウイルスは、最も近い霊長類の親戚と私たちを分けるたった四パーセントの遺伝子に遭遇するや、突然変異して致死性となったのだ。

サバンナへの移住によって、どういうわけか私たちの生化学的な弱点が拡大してしまったのだろうか？　サンティアンは、この土地の生態系に含まれるあらゆる哺乳類、鳥類、爬虫類、木、クモ、またほとんどの花、目に見える昆虫、薬草を見分けられる。しかし、微妙な遺伝的相違までは、さすがの彼にもわからない——エイズワクチンを探し求めるすべての人間にも。答えは私たちの脳にあるのかもしれない。人間がチンパンジーやボノボとはっきり違うのは、脳の大きさだからである。

ヒヒの群れが発する金切り声が、下のほうからまた聞こえてくる。あのインパラの肉を枝に吊るしたヒョウにちょっかいを出しているのだろう。興味深いのは、ボスの座を争っているオスのヒヒがいかにして、ヒョウを追い払うために協力するあいだ休戦を維持するようになったかである。ヒヒはまた、霊長類のなかでホモ・サピエンスに次いで大きな脳を持っている。さらに、ホモ・サピエンス以外で唯一、森林の生息地が縮小するのに伴いサバンナでの生活に適応した霊長類でもある。

サバンナの優占的な有蹄類であるウシがいなくなったら、ヌーが勢力を拡大して後釜に座るだろう。人間がいなくなったら、ヒヒが私たちに取って代わるのだろうか？　完新世のあいだヒヒの頭蓋容量が抑えられたままだったのは、私たちが彼らに先んじて最初に森を抜け出したからだろうか？　邪魔な私たちが消えれば、ヒヒの知的潜在能力は状況にふさわしく向上するだろうか？　ヒヒは突如として急激な進化期を迎え、人間が明け渡した生態的地位のあらゆる隙間を埋めるだろうか？

サンティアンは立ち上がって伸びをする。新月が赤道直下の地平線に向かって進んでいく。月の両端は上に向かってカーブを描き、輝く金星の受け皿のようだ。南十字星と天の川がいつものように夜空を飾っている。空気はスミレの香りがする。頭上では、アフリカヒナフクロウの鳴き声がする。子供の頃、ボマを囲む森が小麦畑になる前に聞いたのと同じ声だ。人間がつくった畑が森と草原のモザイクに戻り、ヒヒが私たちに代わってキーストーン種になったら、彼らは純粋な自然美のなかで暮らすことで満足するだろうか？

それとも、好奇心に衝き動かされ、ますます強大になるおのれの力に酔いしれ、ヒヒもまた自分の身と地球を存亡の危機に立たせることになるのだろうか？

# 第2部

# 7　崩れゆくもの

一九七六年の夏、アラン・カヴィンダーは思いがけない電話を受けた。ヴァロシャのコンスタンシア・ホテルが、二年近い休業ののち名前を変えて営業を再開するにつき、かなりの電気工事が必要になるので引き受けてくれないかというのだ。

驚きだった。地中海に浮かぶキプロス島東岸のリゾート、ヴァロシャは、二年前の内戦によって国家が分断されて以来、一切の立ち入りが禁止されていた。実際にはわずか一カ月の戦闘のあと、国連が介入してトルコ系とギリシャ系の住民のあいだに休戦協定が結ばれたが、これが泥沼のはじまりだった。停戦の時点で双方の部隊が相対していた場所のすべてに、グリーンラインと呼ばれる緩衝地帯が設けられた。首都ニコシアでは、弾痕の残る通りや家々のあいだに、まるで酔っぱらいが描いたような曲がりくねったグリーンラインができあがった。向かい合わせのバルコニー越しに敵同士が銃を突きつけ合って接戦を繰り広げた狭い通りでは、グリーンラインの幅はわずか三メートルしかなかった。これが、地方では幅八キロに広がった。現在、国連がパトロールする草だらけの緩衝地帯にはノウサギやヤマウズラが逃げ込み、その北にトルコ系住民が、南にギリシャ系住民が住んでいる。

一九七四年に内戦が勃発したとき、ヴァロシャの大半の建物は完成後二年ほどしか経っていなかった。ギリシャ系キプロス人がキプロスのリヴィエラとして開発したヴァロシャ地区は、紀元前二〇〇〇年以来の歴史を誇る城塞都市ファマグスタの水深のある港の南側の砂州に、細長く広がっている。一九七二年には、金色の砂浜に三キロにわたって高層ホテルが連なり、その背後に、商店、レストラン、映画館、小別荘、従業員用住宅といった建物が立ち並んでいた。この場所が選ばれたのは、島の東側には風が吹きつけず、波が穏やかで海水温も高めだからだ。唯一の問題は、浜辺の高層ホテルのほとんどが、できるだけ海岸近くに建てるという選択をしたことだった。正午に太陽が一番高く昇ったあと、立ち並ぶホテル群に日光を遮られ、ビーチが日陰になってしまうと気づいたときには、もう遅かった。

だが、それを気に病んでいる暇はなかった。一九七四年の夏には紛争に火がついた。そして、一カ月後の停戦の時点で、ヴァロシャのギリシャ系キプロス人の壮大な投資物件は、グリーンラインの向こうのトルコ側に入ってしまったのだ。こうしたキプロス人を含め、ヴァロシャの全住民は南のギリシャ側へと逃げざるをえなかった。

コネチカット州ほどの面積で山がちなキプロス島は、アクアマリン色の穏やかな海に浮かんでいる。島を取り囲む数カ国では、遺伝的に複雑な関係にあるいくつかの民族がしばしば憎み合ってきた。ギリシャ人はおよそ四〇〇〇年前にキプロス島にやってきて以来、アッシリア、フェニキア、ペルシア、ローマ、アラビア、ビザンティン帝国、イギリス十字軍、フランス、ヴェネチアに次々と征服されながらも、島に住みつづけた。一五七〇年に、オスマン帝国という新たな征服者がやってきた。それ以来トルコ人が住みつき、二〇世紀には島の人口の五分の一弱を占めるにいたった。

オスマン帝国が第一次大戦に敗北して滅亡すると、キプロス島はイギリスの植民地となった。ギリシャ系の正教徒はそれまでたびたびオスマン帝国のトルコ人に対して反乱を起こしてきたが、支配者がイギリスに代わったのも気に入らず、ギリシャとの統一を強く求めた。少数派であるイスラム教徒のトルコ系島民はこれに反発した。一触即発の緊張状態が何十年もつづき、一九五〇年代には数回の激しい衝突が起こった。歩み寄りの結果、一九六〇年にキプロス共和国が独立を果たし、ギリシャ系とトルコ系が権力を分け合った。

だが、民族間の憎み合いはもはや習性と化していた。ギリシャ系住民がトルコ系住民の家族を虐殺し、トルコ系住民は激しく報復した。ギリシャで軍事政権が支配権を掌握したのをきっかけに、キプロスでクーデターが勃発した。ギリシャに反共産主義の支配者が誕生したのを祝ってそれを支援したのが、アメリカのＣＩＡだった。その結果、一九七四年七月、トルコは軍を派遣し、キプロスがギリシャに併合されるのを阻止してトルコ系キプロス人を保護しようとした。短い戦闘のあいだ、双方とも敵側の市民に残虐行為をはたらいたとして非難を浴びた。ヴァロシャの海浜リゾートの高層ホテルの屋上にギリシャ側が高射砲を配備すると、トルコ側はアメリカ製ジェット機から爆弾を落とし、ヴァロシャのギリシャ人たちは命からがら逃げ出した。

イギリス人電気技師のアラン・カヴィンダーが島にやってきたのは、それより二年前の一九七二年のことだった。ロンドンの会社から中東各地に派遣されていたのだが、キプロスを見て、ここに定住しようと決めたのだ。灼熱の七月と八月を除けば、島の気候はたいがい穏やかで申し分なかった。彼が居を構えたのは北部の海岸近くの山のふもとだった。山腹には石灰岩でできた家々の集落が点在し、人びとは収穫したオリーブとイナゴマメを彼の住むキレニアの小さな港から輸出し、生計を立てていた。

内戦が勃発したとき、彼はこの地に留まって様子を見ることにした。戦闘が終われば電気技師の技術が必要になるという計算は正しかった。だが、このホテルから電話がくるとは思いもしなかった。ギリシャ系住民がヴァロシャから脱出したあと、トルコ系キプロス人は、恒久的和解に向けた交渉がはじまればこの高級リゾートが有利な切り札になると判断し、不法占拠者が住み着かないようにした。周囲に金網のフェンスをめぐらし、ビーチに有刺鉄線を張り、トルコ系兵士を警備に当たらせ、関係者以外立ち入り禁止の警告札を立てた。

ところが二年後、ヴァロシャ北東部のこのホテルを含む不動産の所有者であるトルコの古い財団が、ホテルの改装と再開の許可を求めたのだ。賢明な考えであることはカヴィンダーにもわかった。パーム・ビーチと改名された四階建てのホテルは、湾曲した海岸線よりかな

キプロス島ヴァロシャの見捨てられたホテル
撮影：ピーター・イエーツ／写真配信：ソール・スタジオ

り内側に建てられ、テラスも、ビーチも、午後のあいだずっと日が当たる。隣に立つホテルのタワーには短期間ギリシャの機関銃が配備されていたが、トルコの爆撃を受けて倒壊していた。だが、アラン・カヴィンダーがこの地区に最初に足を踏み入れたとき、瓦礫が転がっていることを除けばすべてが元のままであるように見えた。

　不気味なまでに元のままだった。人びとがあっというまにこの場から立ち去ったことを知り、カヴィンダーは愕然とした。ホテルの宿泊者名簿は、営業が突然停止された一九七四年八月のページが開かれたままだった。客室の鍵はフロントデスクの上に放り出されている。海側の窓は開けっぱなしで、ロビーにいくつもの小さな砂の山ができていた。花瓶の花は干からびている。ネズミがきれいになめてしまったトルココーヒー用のデミタスカップと朝食の皿が、テーブルクロスの上に並んだままになっていた。

カヴィンダーの仕事はエアコンの修理だった。ところが、やり慣れたこの仕事が難しいことがわかってきた。島の南のギリシャ側は、国連によって正当なキプロス政府が統治するものと認められていた。一方、共和国から分離した北部のトルコ人国家は、トルコの承認しか得ていなかった。修理用の部品を調達できないため、カヴィンダーはヴァロシャを警備するトルコ部隊と申し合わせ、空いたままになっているほかのホテルから使える部品をこっそり取り外す許可を得た。

カヴィンダーはゴーストタウンを歩き回った。かつてヴァロシャに在住、在勤する人びとは二万人を数えた。アスファルトも石畳もひび割れていた。無人の道路に雑草が生い茂っているのを見ても驚かなかったが、もう木が生えているとは思いも寄らなかった。ホテルで造園によく使われるアカシア属の生長の速い植物、ワトルが道の真ん中から生え、高さ一メートル近くになっている。ホテルの庭から観賞用の蔓植物が這い出し、道路を横切って木の幹をよじ登っている。店先にはいまだに土産物や日焼けローションが並んでいる。トヨタの販売代理店には一九七四年型のカローラとセリカが展示されている。トルコ空軍の爆撃を受けて、ショーウィンドウの板ガラスは飛び散っていた。店内のマネキンは、着ていた輸入品の衣服が裂けてはためき、半裸の状態だ。背後の棚は洋服がぎっしりと詰まってはいたが、ほこりに厚く覆われている。乳母車のキャンバス地も同じように裂けていた。こんなにたくさんのものが放置されているとは予想していなかった。自転車もある。

　無人のホテルのファサードにはハチの巣状の弾痕がある。海を望むバルコニーに面したガラス戸は一階から一〇階まで砕け散り、いまでは風雨にさらされている。こうした場所が、ハトの巨大なねぐらと化していた。あらゆるものをハトの糞が覆いつくしている。ホテルの客室にはネズミが巣をつくり、ジャッファオレンジとレモンを食い荒らしていた。それらの実がなる柑橘類の木立は、ヴァロシャの風景に飲み込まれてしまっている。ギリシャ正教の教会の鐘楼は、ぶら下がったコウモリの血と糞にまみれていた。

　通りの向こうから砂が吹き込み、床一面を覆っている。彼が最初に驚いたのは、あたり一帯はにおいがしないのに、ホテルのプールだけが得体の知れない悪臭を発していることだった。大半のプールはなぜか排水されていたにもかかわらず、まるで死体であふれているかのような強烈なにおいが放たれていた。プールの周囲にはテーブルや椅子がひっくり返り、ビーチパラソルが破れ、グラス類が転がっている。すべてが、お楽しみの最中にひどい邪魔が入ったことを物語っていた。全部片づけるにはかなりの費用がかかるだろう。

　六カ月かかってエアコン、業務用洗濯機と乾燥機、厨房にぎっしりと並ぶオーブン、グリル、冷蔵庫、冷凍庫をすっかり分解、修理するあいだ、沈黙がカヴィンダーを打ちのめした。実際、耳が痛くなったよと、彼は妻に語った。紛争の前年には街の南側にあるイギリス海軍基地で仕事をする機会が多く、そんなときはよく妻をホテルに残して海辺の一日を楽しませてあげたものだった。仕事を終えて妻を迎えに行くと、ドイツ人やイギリス人の観光客を相手にダンスバンドが演奏をしていた。いまやバンドの姿はなく、絶え間なく海がうねるだけだが、それももはや気持ちを和ませはしなかった。開けっ放しの窓から聞こえるそよ風の音が、すすり泣きのように聞こえた。ハトのクークー鳴く声が、耳をつんざくばかりに大きくなる。壁に反響する人間の声がしないだけで不安に陥った。トルコ兵がいないかとつねに耳をそばだてていた。兵士は泥棒を見つけたら射殺せよと命じられているからだ。巡回する兵士のなかに、カヴィンダーが法に則ってそこにいるのだと知っている者や、それを証明するチャンスを与えてくれる者がどれくらいいるか、定かではなかった。

やがて、そんなことは問題でないことがわかった。警備兵をめったに見かけなかったのだ。彼らがこんな墓場に入ろうとしないのももっともだと、カヴィンダーには思えた。

アラン・カヴィンダーが施設再生の仕事を終えて四年後、メティン・ミュニールがヴァロシャを目にしたとき、家々の屋根は崩れ、なかから樹木が天に向かって伸びていた。トルコの著名な新聞コラムニストであるミュニールはトルコ系キプロス人で、取材のためイスタンブールを訪れていたのだが、紛争がはじまると戦闘に参加するため帰国した。ところが、紛争がいつまでも終わらなかったため、トルコに戻っていた。一九八〇年、彼はジャーナリストとしてはじめて、数時間のあいだヴァロシャ地区に入ることを許された。

最初に目に留まったのは、物干ロープにかかったままボロボロになった洗濯物だった。だが、最も驚いたのは、生物が不在であるどころか旺盛な生命力を発揮していたことだ。ヴァロシャを築いた人間が去ると、自然が一心不乱にこの土地を取り戻そうとしていたのだ。シリアとレバノンから一〇〇キロしか離れていないヴァロシャは、気候が温暖なため凍結‐融解サイクルが起こらない。それにもかかわらず、舗装はぼろぼろに崩れていた。ミュニールが目を見張ったのは、破壊行為の犯人が樹木だけでなく草花でもあったことだ。野生のシクラメン・シプリウムのちっぽけな種が割れ目に入り込み、発芽して、セメントの敷石をまるごと持ち上げていた。道路にはいまや白いシクラメンが咲き誇り、斑入りのきれいな葉とともに風に揺れていた。

ミュニールはトルコに戻ると、読者に向けてこんなことを書いている。「道教で言うところの『柔よく剛を制す』の意味がよくわかる」

さらに二〇年が過ぎた。新たな千年期がはじまり、ずっとつづいている。かつてトルコ系キプロス人は、ヴァロシャは失うには惜しい土地であり、切り札にすればギリシャ側を必ず交渉のテーブルに着かせられると信じていた。三〇年余を経ても北キプロス・トルコ共和国が存続し、ギリシャ系キプロス共和国から分断されているのみならず、トルコ以外のすべての国から依然としてのけ者国家扱いされているとは、双方とも夢にも思わなかった。国連平和維持軍ですら、一九七四年当時とまったく同じ場所に駐留し、さしたる緊張感もなくグリーンラインのパトロールをつづけ、ときどき、新車のまま足止めを食った二台のトヨタ車にワックスをかけている。

情勢がなにも変わらないなか、ヴァロシャだけがさらなる腐朽の段階に入っている。周囲のフェンスと有刺鉄線は一様に錆びているが、守るべきものはもはや幽霊だけだ。店の戸口に掲げられたコカコーラのキャンペーン用看板やナイトクラブの席料を載せた広告は、三〇年以上客の目に触れていないし、いまとなっては二度と触れることはないだろう。開けっぱなしの観音開きの窓は、枠が穴だらけでガラスは残っていない。石灰岩の化粧レンガが粉々になって落ちている。建物の厚い壁が崩れ落ちてなかが丸見えになった部屋は、どういうわけかずっと前に家具が消え失せ、空っぽだ。ペンキは色褪せ、その下の漆喰が残る部分は古ぼけて黄ばんでいる。漆喰が残っていない部分にはレンガの形に隙間が空いているので、モルタルが崩れてしまった場所がわかる。

行ったり来たりするハトのほかに動くものは、一基だけ止まらずにきしんだ音を立てつづける風車の羽だけだ。かつてカンヌやアカプルコと並ぶ保養地を目指したこの地にいまでも立ち並ぶホテル群は静まりかえり、窓もない。いくつかの建物では、バルコニーが滝のように落ちて下にあるものを破壊した。いま現在、関係者は全員一致して、救えるものはなに一つないと考えている。本当になにも。いつかもう一度ヴァロシャに旅行客を呼び寄せようと思えば、すべてをブルドーザーでならして一からやり直さなければならないだろう。

一方で、自然は修復作業をつづけている。野生化したゼラニウムやフィロデンドロンが、跡形もなくなった屋根から這い出し、外壁に垂れ下がっている。ホウオウボクやセンダン、それに、ハイビスカス、セイヨウキョウチクトウ、ライラックの茂みが、もはや屋内とも屋外ともつかない一画で生長している。家々は赤紫色のブーゲンビリアの茂みに覆われて見えなくなり、そこここに生える野生のアスパラガス、ウチワサボテン、人の背丈より高く生い茂った雑草のあいだを、トカゲやムチヘビがすり抜けていく。下草のレモングラスが増えて広がり、芳香を放つ。夜の暗い浜辺は、月明かりの下で散歩する人の姿もなく、巣づくりに来たアカウミガメやアオウミガメが這っている。

◆◆◆

キプロス島はシチュー鍋のような形をしており、長い柄がシリア沿岸へ向かって伸びている。鍋の部分は東西に走る二本の山脈を持ち、広大な中央盆地によって――またグリーンラインによって――二分されている。山脈はその双方に一本ずつ横たわっている。かつて、山山はアレッポマツやコルシカマツ、オーク、キプロススギで覆われていた。二本の山脈のあいだに広がる中央平原全体が、イトスギとネズの森だった。オリーブ、アーモンド、イナゴマメの木が海に面した乾いた斜面に生えていた。更新世末期には、ウシほどしかない小型のゾウと家畜のブタくらいのコビトカバが、こうした木々のあいだを歩き回っていた。キプロス島はそもそも海から隆起した島で、取り囲む三大陸とはつながっていなかったため、どちらの種も泳いで渡ってきたと見られる。つづいて、一万年ほど前に人類がやってきた。少なくとも一カ所の発掘現場から、最後のコビトカバがホモ・サピエンスの狩人に殺されて料理された痕跡が見つかっている。

キプロス島の樹木は、アッシリア、フェニキア、ローマの船大工に珍重された。十字軍の時代に、そのほとんどがリチャード獅子心王の軍艦に使い果たされた。その頃にはヤギの数が増え、中央平原からも樹木がなくなった。二〇世紀になって、かつての春を再現しようとカサマツが植林された。しかし、一九九五年に、長い旱魃のあとで落雷による大規模な山火事が起き、人工林のほとんどすべてと北部山岳地帯に残っていた原生林が焼き尽くされてしまった。

ジャーナリストのメティン・ミュニールは、灰に埋もれた故郷の島を目の当たりにするのが忍びなく、イスタンブールから帰ろうとしなかった。だが、トルコ系キプロス人の園芸家ヒクメット・ウルチャンに、島の現状を見るべきだと説き伏せられて戻ってきた。そしてまたもや、花がキプロス島の景観を一新しているのを発見したのだ。焼けた山腹は深紅のケシで覆われていた。ウルチャンによれば、ケシの種のなかには一〇〇〇年以上も生きつづけ、山火事が樹木を一掃してくれるのを待って開花するものもあるという。

北側の海岸線をはるかに見下ろすラプタ村で、ヒクメット・ウルチャンはイチジク、シクラメン、サボテン、ブドウを育て、キプロス島で最も樹齢の高いシダレグワを大切に世話している。父がブドウ畑を所有し、ヒツジ、アーモンド、オリーブ、レモンを育てていた南の土地を若いときに追われて以来、彼の口ひげも、ファンダイク風のあごひげも、残っている髪の毛の房も白くなった。無意味な争いが島を引き裂くまで、ギリシャ系とトルコ系の住民は二〇世代にわたり苦難の時代を共に生きてきた。そのあとで、身近な人びとが殴り殺されたのだ。年配のトルコ系女性の殴打された遺体が見つかったとき、家畜に草を食べさせていた彼女の手首には、ヤギが結びつけられたままメーメーと鳴いていた。野蛮な行為だったが、トルコ系住民もまたギリシャ系住民を虐殺していた。たがいの民族に向けられた殺意をはらむ憎悪は、チンパンジーの大量虐殺の衝動と同様、説明も理解もできないものだ――私たち人間は、うぬぼれているのかごまかしているのかはともかく、この自然の事実を文明の規範によって乗り越えたふりをしているのだ。

ヒクメットの庭園からはキレニア港が見下ろせる。港を守る城塞は七世紀に、すでにあったローマ時代の砦の上にビザンティン帝国が建設したものだ。やがて十字軍とヴェネチアが占領し、のちにはオスマン帝国の、さらにイギリスの所有となり、いまはまたトルコの手にある。現在は博物館になって、完全な形を保ったギリシャ時代の貿易船という世界でも類を見ない遺物が保存されている。この船は一九六五年にキレニアの沖一・六キロの海底に沈んでいるのを発見された。沈没したとき、船倉には石臼や、ワイン、オリーブ、アーモンドを詰めた何百個もの壺がいっぱいに積まれていた。積み荷が重かったため海底にはまり込み、海流が運んできた泥で埋めつくされたのだ。船に積むほんの数日前にキプロス島で摘まれたと見られるアーモンドを放射性炭素年代測定法で調べた結果、沈没したのはおよそ二三〇〇年前であることがわかった。

酸素から遮断されていたため、アレッポマツの船体も肋材も無傷のままだったが、ひとたび空気にさらされると、崩壊を防ぐためにポリエチレン樹脂を注入しなければならなかった。船大工は銅の釘を使っていた。銅もかつてキプロスで豊富に産出し、錆を寄せつけない利点があった。同じように良好な状態で保存されていたのが釣り用の鉛の錘と陶製の壺で、壺の様々な様式から、それらが船積みされたエーゲ海の港がいくつも明らかになった。

船が展示されている城塞の厚さ三メートルあまりの城壁と丸みを帯びた塔は、周囲の崖から切り出された石灰岩でつくられており、そのなかにはキプロス島が地中海の底にあった頃の小さな化石が埋まっている。だが、島が分断されてからは、城塞も、キレニア港の海沿いに並ぶ古い石造りの立派なイナゴマメ倉庫も、林立する醜悪なカジノホテルの陰にほとんど隠れてしまっている。ギャンブルと甘い通貨法が、のけ者国家に許される数少ない経済振興策だからだ。

ヒクメット・ウルチャンの運転する車が、キプロス島の北の海岸線を東へ走っていく。地元産の石灰岩で建てられた別の三つの城を通り過ぎる。これらの城がそびえるのは、狭い道路と平行に連なるぎざぎざの山々の上だ。ブルートパーズ色の地中海を望む岬や崖の周辺に、石造りの村の遺跡が点在している。なかには六〇〇〇年前のものもある。最近まで、こうした家々のテラス、半ば土に埋もれた壁、桟橋なども見られたものだった。ところが、二〇〇三年以来、またもや外国の侵略によって島の輪郭が傷つけられていた。「唯一の慰めは、この侵略が長つづきするはずはないということです」と、ウルチャンは嘆く。

今回やってきたのは十字軍ではなく、熟年世代のイギリス人だった。中産階級の年金で買える最も温暖な隠遁地を探しにきたのだ。こうした人びとを率いているのが、狂乱状態にある開発業者だった。彼らは、準国家の北キプロスに、リビア以北に残された安価で手つかずの最後の臨海地を発見した。しかも、したがうべき土地利用規制は融通の利くものだった。突然、ブルドーザーが樹齢五〇〇年のオリーブの木々をなぎ倒し、丘の中腹に道をつけはじめた。やがて、赤い瓦の屋根のうねりが風景を埋め尽くした。その下には、コンクリートを流し込んでつくられたまったく同じ間取りの建物が軒を連ねていた。支払いの現金が津波のように開発業者に押し寄せると、彼らは英語の看板にまたがり波に乗って海岸へ繰り出した。「エステート」「ヒルサイド・ヴィラ」「シーサイド・ヴィラ」「ラグジュアリー・ヴィラ」といった言葉が、看板のなかで古来の地中海の地名に添えられていた。

四万ポンドから一〇万ポンド（米ドルで七万五〇〇〇ドルから一八万五〇〇〇ドル）という価格が土地ブームに火をつけ、土地の大半の所有権をいまだに主張するギリシャ系住民の訴えなどは些細な問題としてないがしろにされた。北キプロスの環境保護トラストは新たなゴルフ場の建設に反対し、世間に対してこんな警鐘を鳴らした。建設すればトルコから水を巨大なビニール袋で輸入しなければならない、地元のゴミ捨て場は満杯である、下水処理施設がまったくないため、澄んだ海に流す汚水の量が五倍になる、と。だが、それも徒労に終わった。

月を追うごとに数を増すショベルカーが、飢えたブロントサウルスさながらに海岸線をむさぼり、拡幅された舗装道路の脇にオリーブとイナゴマメの木を吐き出していく。この道路はすでにキレニアの東約五〇キロのところまで来ており、止まる気配はない。海岸沿いに英語の看板が現われると、つづいて目を覆いたくなるような建物が建ちはじめる。次から次に現われる看板が、いかにも信頼できそうなイギリス風の名前をつけた最新の分譲地を宣伝している。海辺の別荘ですら、趣味の悪いものが増えた。化粧漆喰ではなくペンキを塗ったコンクリート、安っぽいプラスチックでできた模造の陶製屋根瓦、印刷された偽物の石細工で縁取りされた軒蛇腹(のきじゃばら)と窓。骨組みが完成して壁ができるのを待つ家の前に、昔ながらの黄色いタイルが積まれているのを見て、ヒクメット・ウルチャンは、何者かが村の橋から化粧レンガをはぎ取って業者に売っているのだと知った。

家の骨組みの下に置かれた石灰石の床張りには、どこか見覚えがあった。しばらくして気づいた。「ヴァロシャに似ている」半ばまでできた建物が建設用のレンガや石に囲まれながら完成していく様子は、半ば廃墟と化したヴァロシャが崩壊していくさまを思い起こさせた。もっとも、建造物の質はさらに下がっていた。北キプロスの陽光に恵まれた夢の新築住宅を売り込む看板には、どれもいちばん下に、建築の保証期間に関する注意書きがある。保証期間は一〇年だ。コンクリート用に掘る砂に付着している海の塩を業者が洗おうともしないという噂からして、一〇年がいいところなのかもしれない。

新しくできたゴルフ場を通り過ぎると、道はまた狭くなる。石灰岩の化粧レンガをはぎ取られた一車線だけの橋を渡り、ギンバイカやピンク色のランでいっぱいの小さな谷間を過ぎると、カルパス半島に入る。東のレヴァントのほうへ巻きひげのように細長く伸びる半島だ。道路沿いのギリシャ正教の教会は内部が全焼して空っぽであるにもかかわらずそのまま残り、石造建築の頑強さを証明している。石造建築は、狩猟採集をする非定住民と定住民とを区別する最初の要素の一つだ。非定住民が泥と木の枝でつくるその場しのぎの小屋は、季節の草ほどの寿命しかない。石の建造物は、人間がいなくなったあと、最後まで残るものの一つだろう。耐久性のない近代建築の素材が分解していくにつれ、世界は人間の歩みを逆戻りして石器時代にまでさかのぼり、それと同時に人類が存在したあらゆる記憶が徐々に消えていく。半島をさらに進むと、聖書を彷彿（ほうふつ）とさせる景色が広がっている。古い壁は土台の土が重力で引っ張られ、山側に傾いているのがあちこちに見える。島の突端は、海浜性の低木林とピスタチオの木々に覆われた砂丘になっている。砂浜は産卵に来た母ウミガメたちの腹できれいにならされていた。

石灰岩の小さな丘の上に一本、枝を広げたカサマツが立っている。岩肌に点在する影は洞窟らしい。近づいてみると、低い入り口がゆるやかな放物線を描いており、人間の掘った穴だとわかった。海の向こうのトルコまで約六〇キロ、シリアまではわずか三〇キロというこの風の強い地の果てで、キプロス島の石器時代ははじまった。人間がここにやってきたのは、いまなお人の住む世界最古の都市エリコに地上最古の建造物として知られる石塔が建てられたのと同時期だ。その石塔にくらべ、キプロス島のこの洞穴がいかに原始的な住居であろうとも、ここには重要な一歩が表われている。それより四万年も前に、岸も見えない水平線の向こうへと勇躍漕ぎだし、別の岸を発見してオーストラリアに到達した東南アジア人によって、同じ一歩がすでにしるされていたにしても。

洞窟は浅く、奥行きはおそらく六メートルほどで、驚くほど暖かかった。炭で汚れた炉床、二つのベンチ、くぼんだ寝床などが、堆積岩の壁を削ってつくられている。奥の部屋は手前の部屋より狭く、ほとんど正方形で戸口は四角くくり抜かれていた。

南アフリカにアウストラロピテクスが残した遺跡は、人類が少なくとも一〇〇万年前には穴居人だったことを示唆している。フランスのショーヴェ・ポン・ダルク洞窟は川岸の崖にある。三万二〇〇〇年前のクロマニョン人は、この場所に住んだだけでなく、人類最古の美術館をつくった。ヨーロッパの巨大動物類を描いたのは、それを手に入れたかったからだろうか、それともその強さにあやかりたいと願ったからだろうか。

ここにはそのような人工の遺物はない。キプロス島の最初の住民は新天地を開拓するのに必死で、審美的考察に時間を割くようになるのはもっと先だった。それでも、彼らの骨は床の下に埋められていた。人間のつくったすべての建物もエリコの塔の遺跡も、とっくに砂や土に帰したあとでさえ、人類が最初にねぐらとし、壁というものを知り、そして壁には美術が必要だと気づいた洞窟は残るだろう。私たちのいなくなった世界で、次の住人を待ちながら。

# 8　持ちこたえるもの

## (1) 大地と空の振動

大理石とモザイク画で覆われたかつてのギリシャ正教の大聖堂、イスタンブールのハギア・ソフィア。その巨大な円形ドームがいったいなにに支えられているかを知るのは、容易ではない。直径三〇メートルあまりのドームは、ローマのパンテオンを覆うドームよりほんの少し小さいものの、高さは大きく上回る。設計者のひらめきで基部に列柱のようにめぐらされたアーチ型の窓のおかげで、重さが分散されるだけでなく、ドームが浮いているように見える。真っ直ぐ見上げると、金メッキされた丸天井が頭上五六メートルの高さに浮かび、なぜ中空に浮いているか定かではなく思われて、眺める者は半ば奇跡を信じ、半ば幻惑された気分になる。

一〇〇〇年以上にわたり、多くの内壁が重ねられ、半ドーム、飛び梁(はり)、穹隅(きゅうぐう)、重厚な隅柱(すみばしら)が加えられて、ドームの重量はさらに分散された。トルコ人土木技師のメテ・ソゼンによれば、たとえ大地震が起きたとしても、ドームは容易には崩れないはずだという。初代ドームは、五三七年に完成してからわずか二〇年後、まさに地震によって倒壊した。この災難を教訓に、以後、さまざまな補強が行なわれた。それにもかかわらず、(一四五三年にモスクになった)この聖堂はさらに二度、地震による大きな被害を受け、一六世紀にはオスマン帝国で最も偉大な建築家ミマール・シナンによって修復された。オスマン帝国が聖堂の外側につけくわえた繊細な光塔はいつの日か倒れるかもしれないが、人類がいなくなった世界でも、すなわち、ハギア・ソフィアのモルタルの目地を定期的に塗り直す職人がいなくなったあとでさえ、ハギア・ソフィアも、イスタンブールの大昔の石造りの大建築も、大部分は次の地質年代まで残るだろうとソゼンは予想している。

だがそれは、残念ながら、ソゼンの生まれ故郷であるイスタンブールのほかの部分には当てはまらない。この都市は以前とはまったく変わってしまっているのだ。イスタンブールは旧名コンスタンティノープル、その前はビザンティウムといい、歴史を通じて何度も支配者が代わってきた。こうした都市を根本的に変えられるものはなにか、ましてや破壊できるものはなにかを想像するのは難しい。だが、変化はすでに起こっており、人類が存続するにしてもしないにしても、破壊は間近に迫っているとメテ・ソゼンは確信している。人類が消えた世界でなにが変わるかといえば、破壊されたイスタンブールの後片付けをする者がいなくなることだけだ。

インディアナ州のパデュー大学で土木工学の教鞭(きょうべん)をとるソゼン博士は、一九五二年、アメリカの大学院で学ぶためはじめてトルコを離れた。当時のイスタンブールの人口は一〇〇万人。半世紀後、人口は一五〇〇万人になった。これはイスタンブールが経験してきたどんな変化よりはるかに大きなパラダイムシフトだとソゼン博士は説く。この都市の支配者の思想は、ギリシャのデルフォイ信仰からローマ帝国のキリスト教へ、それからビザンティン帝国のギリシャ正教、十字軍のカトリック、最終的にはオスマン帝国とトルコ共和国それぞれの特徴を備えたイスラム教へと変化してきた。

ソゼン博士はこの変化を技師の目で見る。これまでイスタンブールを征服してきたすべての文化は、その足跡を残すため、ハギア・ソフィアや隣接する優美なブルーモスクのように壮麗な建造物を建ててきた。それにひきかえ、こんにちの大都市建築が表現するものは、イスタンブールの狭い通りにひしめき合う一〇〇万棟以上の多層階の建物を見れば明らかであり、それらは寿命をまっとうできない運命にあると博士は指摘する。二〇〇五年、博士が招聘した各国の建築と地震学の専門家のチームは、イスタンブールのすぐ東を通る北アナトリア断層が三〇年以内に再び動くだろうとトルコ政府に注意を促した。断層運動が起これば、少なくとも五万棟の共同住宅が倒壊する。

ソゼンは政府からの回答を待ちつづけているものの、専門家が避けられないと見る事態を阻止するにはなにから手をつけるべきかは、誰もわからないだろうと踏んでいる。一九八五年九月、アメリカ政府はソゼンをメキシコ・シティに急遽（きゅうきょ）派遣し、一〇〇〇棟近くの建物を倒壊させたマグニチュード八・一の地震の際、アメリカ大使館が無事だった理由を分析してもらった。博士がその一年前に点検した大使館はきわめて頑丈につくられており、無傷だった。だが、レフォルマ大通りの端から端まで、また、隣接した通りでも、高層のオフィスビル、共同住宅、ホテルが多数倒壊していたのだ。

ラテンアメリカ史上最悪とも言える地震だった。「しかし、被害は主に市街地に集中していました。メキシコ・シティの被害は、イスタンブールで予測される被害にくらべれば、わずかなものです」

過去と未来の二つの災害に共通するのは、崩壊した、あるいは崩壊するほとんどすべての建物が第二次大戦後に建てられたという点だ。トルコは戦争には巻き込まれなかったが、経済は諸外国と同様の打撃を被った。戦後、ヨーロッパで産業が復興し、好景気が訪れると、何万人もの農民が職を求めて都市という都市へ移り住んだ。イスタンブールがまたぐボスポラス海峡のヨーロッパ側にもアジア側にも、六階から七階建ての鉄筋コンクリートの共同住宅がぎっしりと立ち並んだ。

「しかし、コンクリートの質は、たとえばシカゴで見られるものの一〇分の一です。コンクリートの強度と質は使われるセメントの量に比例します」と、メテ・ソゼンはトルコ政府に報告した。

当時の問題は経済性と物資の調達だった。だが、イスタンブールの人口が増加するにつれ、より多くの人間が住めるように階数が増やされたため、この問題もますます大きくなった。

「コンクリートや石の建築の成功は、一階の上にどれだけの重量を支えなければいけないかにかかっています。階数が増えれば増えるほど、建物は重くなります」と、ソゼンは説明する。危険なのは、一階が店舗や飲食店として使用され、その上に居住階が重なる構造だ。商業用スペースはたいがい一階分以上を支えることを想定していないため、仕切りがなく、屋内の柱も荷重を支える壁もない。

事態をより複雑にしているのは、つけ足された階が隣接した建物と一直線に並ぶのはまれなため、共有の壁に均一でない負荷がかかることだ。さらに悪いのは、通風のため、あるいは資材の節約のため、壁の上部に隙間がある場合だとソゼンは言う。地震で建物が揺れると、壁がない部分に露出した柱が壊れてしまうのだ。トルコでは何百もの学校がそうした設計で建てられている。カリブ海沿岸、ラテンアメリカ、インド、インドネシアなど、熱帯地方で冷房設備をつける余裕がない場所ではどこでも、熱気を外に出して風を入れるためにこうした開口部を設けるのが一般的だ。先進国でも、冷暖房のない構造物、たとえば駐車場などに同様の弱点が見られる。

二一世紀に入り、人類の半数以上が都市に住み、その大部分が貧しいこんにち、鉄筋コンクリートを素材とするさまざまな安価な建物が、日々生まれている。地球全体に山と積まれた安普請の建築物は、人類が消えた世界で崩壊するだろうし、断層近くにある都市ではもっと早く崩壊するだろう。イスタンブールが地震に襲われれば、狭く曲がりくねった通りは倒壊した何万という建物の瓦礫で完全に塞がり、大量破壊のあとを片づけるまでの三〇年のあいだ、街の多くの部分を閉鎖するしかないとソゼンは考えている。

それも、片づける人間がいればの話だ。もし人間がいなければ、そして、もしイスタンブールが冬にはいつも雪が降る街でありつづけるならば、凍結‐融解サイクルによって、地震の残骸は石畳やアスファルトの道路の上で砂と土に還るだろう。地震が来れば必ず火事が起こる。消防士がいなければ、ボスポラス海峡沿いに残るいにしえのオスマン帝国の壮大な木造邸宅は焼け、とうの昔に絶滅した種のレバノンスギ材は灰と化して新たな土の形成に一役買うことになる。

ハギア・ソフィアのようなモスクのドームは当初は生き残るだろうが、地震の揺れで石積みが緩み、凍結‐融解サイクルによってモルタルが劣化し、レンガや石が落下しはじめる。やがて、トルコのエーゲ海岸を二八〇キロ南下した場所にある四〇〇〇年前のトロイ遺跡のように、イスタンブールの寺院から屋根がなくなり、壁だけが立ってはいるが埋まった状態で残るだろう。

## (2) 揺るがぬ大地

イスタンブールが、計画中の地下鉄網の完成まで存続すると仮定しよう。この鉄道網には、ボスポラス海峡の下を貫通してヨーロッパとアジアを結ぶ路線も含まれる。線路は断層をまたがないはずなので、おそらく地上の都市が消滅したあと、忘れられながらもかなりのあいだ残るだろう（一方、サンフランシスコのベイエリア高速鉄道BARTやニューヨークの地下鉄ＭＴＡなど、地中の断層に直接ぶつかる地下鉄の運命は、これとは違うものになりそうだ）。トルコの首都アンカラでは、地下鉄網の中心部から地下ショッピングセンターが広がり、モザイクで飾られた壁、防音の天井、広告用ディスプレイ、いくつもの商店街が、地上のごちゃごちゃした街とは一線を画す整然とした地下都市を形成している。

アンカラの地下商店街だけではない。モスクワの地下鉄は深いトンネルを走り、シャンデリアに照らされた駅は博物館のような趣で、この都市でも指折りのしゃれた場所として有名だ。モントリオールの地下には、商店、遊歩道、オフィス、共同住宅、迷路のような通路が街の縮小版となって広がり、地上の古めかしい建造物につながっている。こうした地下建造物はどれも、人類が消え失せたあとの地球がどうなろうと、あらゆる人工建造物のうちで最も存続の可能性に恵まれている。やがて地下水が浸出し、地表が陥没するにしても、もともと地中に誕生した建造物より、風雨にさらされつづける地上の建物のほうがずっと早く消滅するだろう。

だが、これらの地下建造物が地球最古の遺物となるわけではない。アンカラから南へ三時間、トルコ中央部にカッパドキアという地方がある。その名は「美しい馬の地」を意味するとされているが、それはどうやら間違いらしい。おそらく、古代の言語のどれかにもっとふさわしい名前があり、それが誤った発音で伝わったと思われる。なぜなら、たとえ翼の生えた天馬ペガサスでも、この土地の風景とその地下に広がるものにくらべれば影が薄くなってしまうからだ。

一九六三年、地上最古の風景画と思われるフレスコ画が、ロンドン大学の考古学者ジェームズ・メラートによりトルコで発見された。八〇〇〇年前から九〇〇〇年前、泥レンガに漆喰を塗った壁に描かれたもので、人為的建造物の表面に描かれた絵としても、知られているかぎり最古の作品である。この二・四メートルあまりの壁画は明らかに二次元的で、噴火する火山の二つの峰が平面的に描かれている。周囲の景色を知らずに見れば、なんの絵なのかわからない。湿った石灰の漆喰に黄土色の顔料で描かれた火山の形は、浮き袋か、あるいは体から切り離された二つの乳房に間違われてもおかしくない。特にこの場合、興味深いことに黒い斑点がつけられているので、雌ヒョウの乳首にも見える。また、重なった箱の上に火山が直接載っているようにも見える。

だが、この壁画が発見された見晴らしの良い場所に立てば、絵の意味は間違いようがない。二つ連なる火山の形は、六五キロ東にそびえる標高三二六八メートルのハサン火山が、その長い稜線をトルコ中央部のコンヤ平原という高地へ下ろす形と一致する。重なった箱は、多くの学者が世界最古と考えている都市の原始的な地図なのだ。その都市、チャタル・ヒュユクは、エジプトのピラミッドの二倍も古く、一万人前後の人口を擁し、同時代の都市エリコをはるかにしのぐ規模を誇っていた。

メラートが発掘を開始したとき、この都市の痕跡として残っていたのは、コムギとオオムギの畑から隆起したごく低い丘だけだった。彼が最初に発見したのは、点在する何百もの黒曜石だった。壁画の黒い斑点は、ハサン火山によって形成されたこの石を描いたものかもしれない。ところが、どういうわけかチャタル・ヒュユクは打ち捨てられた。家ほどもある箱の泥レンガの壁は崩れ落ち、空を背景にいくつもの長方形が描く輪郭は浸蝕のせいでゆるやかな放物線と化した。九〇〇〇年後、この放物線がすっかり平らになるのは当然である。

だが、ハサン火山の反対側の斜面では、まったく違うことが起こった。現在カッパドキアと呼ばれる場所に湖が誕生した。火山が頻繁に噴火していた何百万年かのあいだに、湖は何層もの灰でいっぱいになり、さらにその上に灰が積もりつづけて、厚さは優に一〇〇メートルを超えた。火山活動が収まると、灰は凝結し、凝灰岩という注目すべき特性を持つ岩石ができた。

二〇〇万年前の最後の大噴火の際に溶岩が地表を埋めつくし、玄武岩の薄い層が、灰色のもろい凝灰岩を二万六〇〇〇平方キロにわたり覆った。玄武岩が固まる頃、気候も厳しくなった。雨、風、雪の作用と凍結‐融解サイクルにより、玄武岩の舗装にひびや割れ目が生じて水が染み込み、下にある凝灰岩を溶かした。凝灰岩が浸蝕されると、あちこちで地面が崩れた。あとに残ったのは何百本もの白っぽく細い柱で、一本一本がキノコのような黒っぽい玄武岩の傘をかぶっていた。

観光業者はこれらを妖精の煙突というもっともらしい名で呼んでいるが、一目見て妖精を連想するとはかぎらない。それでもそうした神秘的な解釈が主流となっているのは、周囲の凝灰岩の丘が、風や水だけでなく、想像力豊かな人間の手によっても造形されてきたためだ。

トルコ、カッパドキアの地下都市デリンクユ　撮影：ムラト・エルトゥールル・ギュルヤス

カッパドキアの街は地面の上ではなく、下につくられたのである。

凝灰岩は軟らかいので、囚人が意を決すれば、スプーンで地下牢からの脱出トンネルを掘ることもできる。ところが、この岩は空気にさらされると硬化し、化粧漆喰のようになめらかな外殻を形成する。紀元前七〇〇年頃には、鉄器を使用する人間がカッパドキアの斜面に穴を掘ったり、妖精の煙突をくり抜いたりして住み着いた。あたかもプレーリードッグの地下の巣穴を横にしたように、岩の表面はすぐに穴だらけになった。ハトが一羽潜り込めるほどの大きさの穴もあれば、人間が入れるほどの穴や、三階建てのホテルほどの穴もあった。

谷の斜面や円錐形の岩に穿たれた何十万ものアーチ型の穴は、カワラバトをおびき寄せるためにつくられた巣の入り口だ。おびき寄せる理由は、現代の都市に生息するハトを人間が追い払おうとする理由と同じ、つまり、この鳥がふんだんに落としていく糞にある。ハトの鳥糞石は、ブドウ、イモ類、そして特産のアプリコットの肥料として大変に尊ばれたため、多くの巣の入り口に、カッパドキアの岩窟教会にも負けないほど華麗な装飾模様が彫られた。鳥に対する敬意と親しみが表われた巣穴は、人工肥料がこの地に導入される一九五〇年代まで利用されつづけた。だがそれ以降、この地方の人びとはこうした巣穴をつくらなくなった（いまでは教会もつくられない。オスマン帝国がトルコをイスラム教に改宗させる前は、七〇〇以上の教会がカッパドキアの台地や山腹を掘って建設された）。

こんにち、この地で最も高値がつく不動産の多くは、凝灰岩をくり抜いてつくられた豪邸である。どこかの大邸宅のファサードかと見まがう派手な浮き彫りが入り口に施され、その装飾にふさわしい山腹からの眺望が楽しめる。かつての教会はモスクに改められた。夕方の礼拝を呼びかける声がカッパドキアのなめらかな凝灰岩の斜面や塔にこだまし、まるで山々が声を合わせて祈っているかのように聞こえる。

遠い未来のいつか、人間のつくったこうした洞窟も、火山灰でできた凝灰岩よりはるかに硬い天然の洞窟さえも、風化し、消えていくだろう。それでもカッパドキアには、人類のしるした足跡がほかのどんな痕跡よりも長く残る。なぜなら、人間は台地の斜面だけでなく、平野の下にも住み着いたからだ。地中のずっと深いところである。いつの日か、地球の極点がずれて氷河がトルコ中央部まで押し寄せ、途中に立つ人工建造物をことごとくなぎ倒しても、カッパドキアでは表面に傷がつくにすぎない。

カッパドキアの地底にいくつの地下都市が広がっているのかは、誰にもわからない。これまでに八つの都市と多数の小規模な集落が発見されているが、もっとあるのは間違いない。最大の都市デリンクユが見つかったのは、一九六五年になってからだ。洞窟の住民が奥の部屋を掃除しているときに壁を突き破ってしまった。すると、その先に見たこともない部屋がもう一つあり、別の部屋へ、さらに別の部屋へとつながっているのがわかったのだ。やがて考古学者たちが洞窟を探検してみると、迷路のようにつながり合う部屋が少なくとも一八階下まで存在し、地表からの深さは八五メートルあまりに達し、三万人もの人びとが暮らせるほどの広さがあるのがわかった。だが、発掘されていない部分もかなり残っている。ある地下道は三人が並んで通れるほど広く、約一〇キロ先のもう一つの地下都市へとつづいていた。地上も地下も含めたカッパドキア全体が一時は秘密のトンネル網で結ばれていたことが、ほかの通路からもうかがえる。古代の地下通路だったこうしたトンネルを、いまでも多くの住民が貯蔵庫として利用している。

川の峡谷とは違い、ここでは最初につくられた部分が最も地表に近い。最初に住居をつくったのは旧約聖書の時代のヒッタイト人で、フリギア人の襲撃を避けて身を隠すため地下に潜ったと考える人もいる。カッパドキアのネヴシェヒル博物館の考古学者、ムラト・エルトゥールル・ギュルヤスは、ヒッタイト人がここに住んでいたのは確かだが、彼らが最初の住人だったとは思えないと言う。

　上質のトルコ絨毯を思わせる濃い口ひげを生やしたギュルヤスは、生まれ育ったこの地に誇りを抱き、アシクリ・ヒュユクの発掘にも携わった。アシクリ・ヒュユクはカッパドキア地方の小さな丘で、チャタル・ヒュユクよりさらに古い集落の遺跡が埋まっている。出土品のなかには、一万年前の石斧、凝灰岩を切ることのできる黒曜石製の道具などがある。「地下の都市は先史時代からのものです」と、ギュルヤスは断言する。そう考えれば、下方の階が正確な矩形を成しているのにくらべて上層の部屋が粗雑であることも説明がつくという。

「その後ここに現われた人間はみな、下へ下へと掘り進んだようです」

　この地を次々と征服していったどの文明も、この隠された地下世界の利点を知り、掘り進めずにはいられなかったようだ。地下都市の照明には松明や、ギュルヤスの発見によればしばしばアマニ油のランプもともされ、室温を快適に保つだけの熱もそこから得られていた。人間が最初に地下住宅を掘ろうと思いついたのはおそらく温度がきっかけで、冬のねぐらをつくろうとしたのだろう。その後、ヒッタイト、アッシリア、ローマ、ペルシア、ビザンティン、セルジュク・トルコの人びとやキリスト教徒が次々とやってきては、こうした地下のねぐらや共同住宅を発見し、より広く、より深く掘り下げていった。彼らの主な動機はただ一つ、防衛だった。セルジュク・トルコ人とキリスト教徒は、元々の最上層の部屋を拡張して地下に厩までつくったのだ。

カッパドキアに染みついた、粘土に似た凝灰岩のかすかなにおい――メンソール臭の混ざる粘土に似たにおい――は、下に行くほど強くなる。凝灰岩はなんにでも使いやすく、ランプ置き場が必要ならそのための窪みを掘ることができたが、同時に強度も十分だったので、一九九〇年の湾岸戦争が拡大した場合、こうした地下都市を防空壕として使おうとトルコ人は考えていた。

デリンクユの地下都市には、厩の下の階に家畜用飼い葉桶もあった。その下の階は共用の台所で、土のかまどの上、高さ二・七メートルの天井に穴があき、そこから斜めに延びる石の管を通って煙が二キロ先の煙突から排出される仕組みになっている。敵に居場所を悟られないためだ。同じ理由で、通気管も斜めに取りつけられている。

豊富な貯蔵スペースと何千個もの陶製の瓶や壺から、何千人という人びとが何カ月も、この地下で太陽を見ずに暮らしていたことがうかがえる。垂直な通信管を通じてどの階にいる人とも話ができた。地下の井戸で水をまかない、地下の下水設備を活用して洪水を防いだ。水は凝灰岩の導管を通じてワインやビールの地下醸造所にも送られた。凝灰岩でできた醸造用大桶や玄武岩の粉砕機も備えられていた。

人びとは、故意に低く、狭く、曲がりくねった形につくられた階段を通って階から階へと移動したため、閉所恐怖症に陥ることがあった。おそらくそれを和らげるのに、醸造所でつくられた酒が不可欠だったのだろう。階段が狭ければ、侵入者は身を屈めて縦一列に並び、ゆっくりと進まざるをえない。そうやって一人ずつ現われるぶんには、殺すのも容易だ。といっても、そこまで到達できればの話である。階段や傾斜路には一〇メートルごとに踊り場があり、石器時代のポケットドア――床から天井まで届く重さ五〇〇キロの石の車輪――を所定の位置に転がせば、通路をふさぐことができた。前後を二枚の石のドアにふさがれて閉じ込められた侵入者は、頭上にいくつかの穴があるのにすぐに気づくだろう。それらは通気管ではなく、熱した油を注ぐための管なのだ。

この地下要塞のさらに三階下の部屋は、アーチ形天井と、いくつものベンチと向かい合わせの教卓のある学校だ。その下につづくいくつかの階では、地下の通りが数平方キロにわたって枝分かれしたり交差したりしており、通り沿いには居住区が並んでいる。子供連れのために二カ所が窪んだ通りもあるし、真っ暗なトンネルを潜って元の場所に戻る遊び場さえある。

まだ下がある。デリンクユの地下八階では、天井の高い広いスペースが二つ、十字形に交差している。つねに湿気が多いためフレスコ画もほかの絵画も残っていないが、この教会でアンティオキアとパレスチナから移り住んだ七世紀のキリスト教徒が祈りを捧げ、アラブ人の侵略者に見つからないよう身を隠していたのだ。

その下には小さな立方体の部屋がある。危険が去るまで死者を安置した仮の墓所だ。デリンクユをはじめとする地下都市は、手から手へ、一つの文明からほかの文明へと受け継がれていったが、市民はいつも地上に戻って、太陽と雨の恵みを受けて食物が育つ土のなかに愛する者を埋葬してきた。

地表こそ彼らが生き、死んでいくよう定められた場所だが、いつの日か、私たちがとっくにいなくなったあとで人類の記憶を守ってくれるのは、防御のために建造された地下都市だ。隠されてはいても、私たちがかつてこの地に存在した事実を裏づける最後の証拠を示してくれるのは、この場所なのである。

# 9　プラスチックは永遠なり

　イングランド南西部のプリマス港は、いまではもう、イギリス諸島の美しい街のリストには載らないだろう。だが、第二次大戦前ならきっと載っていたはずだ。一九四一年三月から四月にかけて計六回、ナチスドイツ軍の夜間空襲を受け、七万五〇〇〇棟の建物が破壊された史実はプリマス空襲として記憶されている。壊滅状態だった市の中心部が再建された際、曲がりくねった石畳の通りの上に近代的な碁盤の目のコンクリート街路がつくられ、中世の面影は思い出のなかに埋没してしまった。

　だが、プリマスの歴史の中心は街の端に位置する天然港にある。二つの河川、プリム川とテーマー川がここで合流し、イギリス海峡と大西洋に注いでいる。このプリマス港から、ピルグリム・ファーザーズが出航したのである。そして、海を渡ってたどり着いたアメリカの上陸地に、この港への敬意を込めてプリマスと名づけた。キャプテン・クックの三回の太平洋探検航海も、サー・フランシス・ドレークの世界周航も、すべて出発点はプリマス港だった。そして、一八三一年一二月二七日、イギリス海軍の測量船ビーグル号は、二二歳のチャールズ・ダーウィンを乗せてプリマス港を出港した。

プリマス大学の海洋生物学者、リチャード・トンプソンは、この歴史的なプリマスの街はずれを歩き回ることにかなりの時間を割いている。ことに冬、人気(ひとけ)のない港の河口近くの浜をよく歩く。ジーンズにブーツをはき、青いウィンドブレーカーとジッパーをしっかりと閉じたフリースのセーターを着込んだ長身のトンプソンは、はげた頭に帽子もかぶらず、指の長い手に手袋もせずに、身を屈めて砂を探る。トンプソンが博士号を取得した研究の対象は、カサガイ類やタマキビガイ類といった軟体動物が好んで餌とするケイ藻や藍色細菌(らんしょくさいきん)、藻類、海藻に付着する微細な植物などのぬるぬるした生物だった。だが、近年、彼の名は海洋生物に関してよりも、海洋における生物とは呼べないものの増大に関する研究によってよく知られている。

彼のライフワークは、当時は意識していなかったものの、まだ学部生だった一九八〇年代にはじまった。秋のあいだ、週末になると、全国的な海岸清掃活動にリヴァプール分団を率いて参加したのだ。最終学年には、一七〇人の仲間とともに一四〇キロに及ぶ海岸線で何トンものゴミを集めた。明らかに船の落とし物とわかるギリシャ製の塩の箱やイタリア製の油の小樽などを除けば、読み取れるラベルから、ほとんどの漂着物はアイルランドから東方向に流されてきたとわかった。同様に、スウェーデンの海岸がイギリスからのゴミの到達場所となっていた。水面から顔を出せるくらい空気をはらんだ容器類は風の流れに乗るらしく、この緯度では東へと流されるのだ。

だが、もっと小さく目立たない破片状のゴミは海流に乗るようだ。毎年、分団の年次報告書をまとめる際、墨や自動車のタイヤといったありふれたゴミのなかに、もっと小さなものが年々増えていくのにトンプソンは気づいた。そこで、もう一人の学生とともに、海岸線に沿って砂のサンプルを集めはじめた。自然物でないと見れば、どんな小さなものでも選り分け、顕微鏡でその正体を突きとめようと試みた。やってみると、一筋縄ではいかなかった。サンプルはたいてい小さすぎて、元は墨だったのか、おもちゃだったのか、機械だったのか、特定するのは難しかった。

ニューカッスル大学大学院在学中も、トンプソンは毎年、清掃活動をつづけた。博士号を取得してプリマス大学で教えはじめた頃、彼が所属する学部にフーリエ変換赤外分光計が導入された。マイクロビームを物質に透過させ、得られた赤外スペクトルを既知の物質のデータベースと比較する装置である。この装置によって物質を特定できるようになったが、その結果、懸念はますます大きくなった。

「これがなにか、わかりますか？」プリム川が海に注ぐ河口近くの浜に沿って、トンプソンが見学者を案内している。あと数時間もすれば満月が昇る。潮は二〇〇メートル近く引いており、砂が露出した浅瀬にブラダーラックという海藻やザルガイの殻が散らばっている。そよ風が潮だまりにさざ波を立て、水面に映る丘の中腹の団地を揺らす。波打ち際には波頭によって浜辺に打ち寄せられた漂着物が散らばり、トンプソンは身を屈めて見分けのつくものを探す。太いナイロンのロープ、注射器、蓋のとれたプラスチックの食品容器、半分にちぎれた船の救命具、波に洗われて角が丸まったポリスチレン製容器のかけら、多種多様な色と形の壜の蓋。なかでも数が多いのは、さまざまな色のプラスチック製の綿棒の軸だ。そのほかに、どれも寸分違わない形の見慣れない小さな物体が多数あり、トンプソンは会う人ごとに、それがなんだと思うかたずねる。彼が片手ですくった砂のなかには、小枝や海藻の繊維に交じって、長さ二ミリほどの青や緑の円筒形のプラスチックが二〇個以上あった。

「これはナードルといい、プラスチック製品の原料です。これを溶かしてあらゆるものをつくるんですよ」さらに少し歩き、また手で砂をすくう。さっきよりも多くのプラスチックの粒が入っている。水色、緑、赤、肌色。片手ですくった中身のおよそ二〇パーセントがプラスチックで、そのなかに少なくとも三〇個の粒が含まれていた。

「この頃では、ほとんどの浜でこれが見つかります。明らかに、どこかの工場から流れてきたものです」

ところが、この近辺のどこにもプラスチック工場はない。どこからか海流に乗ってかなりの距離を流され、風と波によって同じ大きさのものが集められてこの浜に着いたのだ。

プリマス大学のトンプソンの研究室で、大学院生のマーク・ブラウンがアルミホイルの包みを開けて砂のサンプルを取り出している。国際的ネットワークのメンバーである研究者たちが、ジッパーつきのポリ袋に入れて送ってきたものだ。海塩の濃縮水溶液を入れたガラス製の分液漏斗にサンプルを移し、浮いてくるプラスチックの破片を分離する。どこにでもある綿棒の軸の破片のような、識別できるものは選り分けて顕微鏡で調べる。まるで見慣れないものはすべてフーリエ変換赤外分光計にかける。

一つの物質を特定するのに一時間以上かかる。およそ三分の一は海藻のような自然物の繊維と判明し、三分の一がプラスチック、残り三分の一は不明だ。つまり、研究室が持つ重合体(ポリマー)のデータベースに合致するものがないか、破片が長期間水に浸かっていたために退色したか、もしくはこの分光計には小さすぎるかのいずれかである。この装置では、人間の髪の毛よりほんの少し細い二〇ミクロンまでの破片しか分析できない。

「要するに、見つかるプラスチックの量を少なく見積もりすぎているのです。いったいどのくらいが海に漂っているのかまったくわからないというのが、実際のところです」

わかっているのは、いまだかつてないくらい多いということだ。二〇世紀のはじめ、プリマスの海洋生物学者アリステア・ハーディは、南極探検船で牽引することによって水面下一〇メートルでオキアミのサンプルを採取できる装置を開発した。オキアミはアリほどの大きさで、エビに似た無脊椎(むせきつい)動物である。地球上の食物連鎖の大部分は、この生物に支えられている。一九三〇年代にハーディはこの装置を改良し、より小さなプランクトンも採取できるようにした。新しい装置は羽根車を利用して細長い絹布を回転させるもので、飲食店のトイレなどにある布タオルを繰り出す装置と同じ仕組みだ。開口部を絹布が通るとき、水中のプランクトンをこしとる。一巻の絹布で五〇〇海里（九二六キロメートル）にわたってサンプルを採取できる。ハーディは、北大西洋を通過する商業航路を利用しているイギリスの貿易船にかけ合って、このプランクトン連続記録装置を数十年にわたり牽引してもらい、きわめて貴重なデータベースを集積した。そのおかげで、海洋科学に貢献した功績によってナイト爵位を授けられることになった。

ハーディがイギリス諸島周辺で採取したサンプルは数が非常に多かったため、一つ置きにしか分析されなかった。数十年後、リチャード・トンプソンはこう気づいた。プリマスの空調完備の倉庫で保管されていたこのサンプルの残りは、海洋汚染の進行の記録を閉じこめたタイムカプセルなのだと。彼はスコットランド北部を起点とする、定期的にサンプルが採取されていた二つの航路を選んだ。一つはアイスランド、もう一つはシェトランド諸島行きの航路である。トンプソンのチームは、防腐用の化学薬品のにおいが鼻につく絹布を何巻も精査し、古いプラスチックを探した。第二次大戦以前のものは調べる理由がなかった。当時、プラスチックはまだほとんど存在せず、あるのは電話機やラジオといったきわめて耐久性が高く廃棄物の連鎖にまだ入っていない機器に使用されていたベークライトだけだったからだ。使い捨てのプラスチック容器の類はまだ発明されていなかった。

だが、一九六〇年代には、プラスチックの破片の数も種類もどんどん増えていった。一九九〇年代には、サンプルに交ざるアクリル、ポリエステル、そのほかの合成ポリマー片の量は三〇年前の三倍に達した。特に気になったのが、ハーディのプランクトン記録装置が集めたプラスチックは、すべて水面下一〇メートルの海中を漂っていたものであることだ。プラスチックはたいてい水に浮くので、彼らが見たサンプルは、実際に漂っていたもののごく一部にすぎない。海中のプラスチックは量が増えただけでなく、ますます小さくなり、地球をめぐる海流に乗れるほどの細片になっていった。

　岸にぶつかる波や潮流によって岩が砂になるような緩慢で機械的な作用が、いまやプラスチックにも働いているのをトンプソンの研究チームは知った。波間に浮かぶ最も大きくて目立つ物体も、徐々に小さくなっていく。同時に、どのプラスチックも生分解しそうな兆候はまったくなかった。たとえ、どんなに小さな破片になっても。

「プラスチックがどんどん小さく砕けて、粉と呼べるほどになったのだと思いました。そして、小さくなればなるほど、より大きな問題を引き起こすことに気づいたのです」

　缶ビールの六本パック用のポリエチレン製ホルダーをラッコがのどに詰まらせて窒息したり、ハクチョウやカモメがナイロンの網や釣糸に首を絞められたり、ハワイで死んだアオウミガメの消化器官から、携帯用の櫛、三〇センチのナイロンのロープ、おもちゃのトラックのタイヤが見つかったりといったひどい話を、トンプソンも知っていた。彼自身の経験で最悪だったのは、北海の浜辺に打ち寄せられたフルマカモメの死骸の調査だ。九五パーセントの腹のなかからプラスチックが見つかり、一羽あたり平均四四個も入っていた。体重あたりの含有量を人間の場合に換算してみると、二・三キロ相当になる。

　カモメたちがプラスチックのせいで死んだのかどうか知る術はないが、多くの死骸の腸が消化不能なプラスチックの塊で詰まっていたのは確かだ。大きなプラスチック片が壊れてより小さな破片になれば、より小さな生物が食べることになる、とトンプソンは推論した。そして、水底に棲み有機堆積物を餌とするタマシキゴカイ、水中に浮遊する有機物を濾過して摂取するフジツボやエボシガイ、浜辺の有機堆積物を食べるハマトビムシを使った水槽での実験を考案した。実験では、プラスチックの小片や繊維が各生物の一口サイズに相当する分量で与えられた。どの生物も、すぐにそれらを食べた。

プラスチック片が動物の腸内に引っかかると、恒久的に便秘がつづく。かなり小さい場合は無脊椎動物の消化管を通り抜けても一方の端から排出され、一見、なんの害もなさそうに見える。だからといって、プラスチックは非常に分解しにくいから毒性がないと言い切れるだろうか？　どの時点で、プラスチックは自然に分解しはじめるのだろうか？　分解した場合、遠い将来、生物を危険にさらすような恐ろしい化学物質を放出することになるのだろうか？

リチャード・トンプソンにはわからなかった。ほかの誰にも、わからなかった。プラスチックが誕生してからさほど年数が経っていないため、どのくらい長く残るか、やがてどうなるか、私たちにはまだわからない。海で発見したプラスチックのうち彼のチームがこれまでに特定できたのは、アクリル、ナイロン、ポリエステル、ポリエチレン、ポリプロピレン、ポリ塩化ビニルの範疇（はんちゅう）に入る九種類の物質だった。彼にわかっているのは、近い将来、すべての生物がこうした物質を摂取するようになるということだけだ。

「プラスチックが粉のように小さくなれば、動物プランクトンまでが飲み込むことでしょう」

微小なプラスチック片の元となる物体で、以前はトンプソンの頭に浮かばなかったものが二つあった。ポリ袋はあらゆるものを詰まらせる。下水管から、クラゲと間違えて飲み込んだウミガメの食道まで。生分解性と銘(めい)打ったポリ袋も最近は増えている。トンプソンのチームはそれらを調べてみた。たいていはセルロースとポリマーの混合物にすぎなかった。セルロースやデンプンが分解したあとは、透明でほとんど目に見えないプラスチックの粒子が何万と残った。

有機性廃棄物の腐敗によって発生する三八度以上の熱で分解し、堆肥になると宣伝されているポリ袋もある。「それは本当でしょう。ただ、砂浜や塩水のなかではそうはいきません」トンプソンのチームは、食品用のポリ袋をプリマス港の係留装置に結びつけてみて、それを知った。「一年経ったあとでも、まだ食料品を入れて使えました」

博士課程の大学院生マーク・ブラウンは、薬局で買い物をした際、さらに腹立たしいものを発見した。彼が実験室のキャビネットの一番上の引き出しを開けると、なかには女性用の基礎化粧品がぎっしりと詰まっていた。シャワーマッサージクリーム、ボディースクラブ、ハンドソープ。専門店のラベルがついたものもいくつかあった。ネオヴァ・ボディ・スムーザー、スキンシューティカルズ・ボディ・ポリッシュ、DDFストロベリー・アーモンド・ボディ・ポリッシュ。国際的な有名ブランドの製品もあった。ポンズ・フレッシュ・スタート、コルゲート・アイシー・ブラストのチューブ入り練り歯磨き、ニュートロジーナ、クレアラシル。アメリカで買えるものもあれば、イギリスでしか買えないものもあった。だが、一つだけ共通点があった。

「皮膚摩擦材（エクスフォリアント）、つまり、肌を洗いながらマッサージできる小さな顆粒です」彼はセント・アイヴス・アプリコット・スクラブの桃色のチューブを取り出した。ラベルには「天然エクスフォリアント一〇〇パーセント」と表示されている。「この製品は大丈夫。顆粒は本当に、ホホバの種とクルミの殻を砕いたものですから」そのほかの自然化粧品ブランドでは、ブドウの種、アプリコットのへた、ザラメ糖、海塩が使用されている。「それ以外は全部プラスチックを使っているのです」と、彼は手をさっと一振りして言った。

どれを見ても、原材料名のなかに「ポリエチレン微粒子」「ポリエチレン末」「ポリエチレンビーズ」のいずれかがある。あるいは、単にポリエチレンと表示されている場合もある。

「信じられますか?」リチャード・トンプソンは誰にともなくたずねた。だが、声が大きかったため、顕微鏡を覗き込んでいた何人かが顔を上げて彼のほうを見た。「排水口へ、下水へ、川へ、そして海へと直行するプラスチックが売られているのです。小さな海の生き物が一口で飲み込める大きさのプラスチックの粒子が」

船舶や航空機のペンキをこそげ落とす目的でのプラスチック粒子の使用も増えている。トンプソンは身震いしながら言う。「ペンキまみれのプラスチックの粒を、いったいどこに捨てるのか。風の強い日には、簡単に飛んでしまうでしょう。飛ばないようにしておけても、それほど小さな物質をせき止められるフィルターを備えた下水設備など、ありません。当然ながら、結局は自然環境のなかへ垂れ流されるのです」

トンプソンが、フィンランドからのサンプルが載ったブラウンの顕微鏡を覗き込む。植物のものらしき緑色の繊維が一本あり、それと交差して、植物ではなさそうな三本の明るい青色の糸が見える。トンプソンは実験台に腰かけ、ハイキング用ブーツを履いた足を踏み台に載せる。「こう考えてみましょう。明日、人間の営むすべての活動が停止し、突然、プラスチックを生産する者がいなくなるとします。いま現在すでに存在するプラスチックだけが残り、どれほど小さく砕かれていくにしても、生物はこの物質と無期限につきあわなければいけません。おそらくは何千年も。あるいは、もっとかもしれません」

◆◆◆

ある意味では、プラスチックは何百万年も前から存在している。プラスチックは重合体（ポリマー）であり、炭素原子と水素原子が繰り返しつながって鎖を形づくるという単純な分子配列を持つ。クモは石炭紀以前から、絹糸状のポリマー繊維で巣をかけつづけている。その石炭紀に樹木が出現し、やはり天然のポリマーであるセルロースとリグニンをつくりはじめた。綿やゴムもポリマーだし、私たち自身も体内でコラーゲンという形のポリマーをつくっている。コラーゲンは体のいろいろな部分、特に爪を形成する成分だ。

そのほかに、私たちがプラスチックと考えるものにきわめて近い天然の成形ポリマーとして、アジアに生息するカイガラムシの分泌物、シェラックがある。この物質に代わる人工のシェラックの開発に取り組んでいた化学者のレオ・ベークランドは、ある日、ニューヨーク郊外ヨンカーズの自宅車庫で、タール質の石炭酸すなわちフェノールと、ホルムアルデヒドを混ぜ合わせてみた。当時、電線やその接続部の被覆に使用できる素材はシェラックしかなかった。ベークランドがつくったこの成形可能な物質が、ベークライトとなった。ベークランドは巨万の富を築き、世界は大きく変貌した。

まもなく、化学者たちは大忙しで働き出した。原油の炭化水素の長い鎖状の分子を断ち切って短くすると、細分化したそれらの分子を混ぜ合わせ、ベークランドの発明した第一号の人造プラスチックのさまざまな変種をせっせとつくりだした。塩素を加えると、自然界には存在しないような強く頑丈なポリマーができた。この物質はこんにち、ポリ塩化ビニル（PVC）として知られている。別のポリマーの形成の際にガスを吹き込んでできるのが、堅い泡を連結したような物質、ポリスチレンである。これは、商標名であるスタイロフォームの名でよく知られている。そして、人造の絹をつくるためにつづけられた研究が、ナイロンを生み出した。透けるように薄いナイロンストッキングは衣料業界に革命を起こし、そのおかげもあって、プラスチックは現代生活を象徴する偉大な発明品にまつりあげられた。第二次大戦中にナイロンとプラスチックの大半が軍需品に転用された結果、需要はますます高まった。

一九四五年以降、かつてないほど大量の製品が奔流のように供給され、広く使われるようになった。アクリル繊維、プレキシガラス、ポリエチレンのボトル、ポリプロピレンの容器、

「気泡ゴム」とも呼ばれるポリウレタンのおもちゃ。なかでも世界を一変させたのは透明な包装材で、ポリ塩化ビニル製とポリエチレン製の密着性のあるラップフィルムがその代表格だ。包んだ食品が外から見えるし、保存がきくようになった。

それから一〇年もしないうちに、この夢のような物質の欠点が明らかになった。ライフ誌は「使い捨て社会」という新語を生み出したが、ゴミを投棄するという発想はなんら新しいものではない。人類は誕生以来、狩りの獲物の骨や穀物のもみ殻を投棄し、それをほかの生物が利用してきた。工業製品は、ゴミの流通に加わった当初は、悪臭を放つ有機性廃棄物よりも害がないとみなされた。壊れたレンガや陶器は、あとにつづく世代の建築を支える盛り土となった。捨てられた衣類は、古着屋の市場に再びお目見えするか、リサイクルされて新しい布になった。廃品投棄場に積み上げられた壊れた機械類は、部品を利用するために掘り出されるか、新たな発明品に姿を変えた。金属の塊はそのまま溶かされ、まったく違うものに生まれ変わった。第二次大戦の際、特に日本の海軍と航空隊の一部は、文字どおりアメリカの鉄くずからつくられた。

スタンフォード大学の考古学者、ウィリアム・ラスジェはアメリカのゴミの研究を専門とし、処理に関わる役人や一般市民の誤解を解く仕事もしじゅうしている。国中のゴミ埋立地があふれるのはプラスチックのせいだという誤解は、もはや神話と化していると彼は言う。彼が何十年にもわたって取り組んできた「ゴミ・プロジェクト」では、学生たちが何週間分もの家庭ゴミの重さと体積を測定している。一九八〇年代の報告によれば、プラスチックはほかのゴミよりも小さく圧縮できるせいもあって、一般的な思い込みとは異なり、埋め立てられたゴミの容量に占める割合は二〇パーセント以下だったという。生産されるプラスチック製品の割合は当時から増えつづけているものの、ゴミに占める割合は変わらないと彼は予測する。なぜなら、炭酸飲料のボトル一本、あるいは使い捨ての包装材一枚分に使われるプラスチックの量は、生産技術の向上によって減っているからだ。

ラスジェによれば、埋め立てられたゴミの大部分を占めるのは建設廃材と紙製品だ。新聞紙も、一般に考えられているのとは違い、空気と水を遮断して埋められると生分解しないと彼は主張する。「だから、エジプトの三〇〇〇年前のパピルスの巻物が残っているのです。埋めたままにしておけば、一万年経ってもそのままでしょう」埋立地からは、問題なく読める一九三〇年代の新聞が引っ張り出せます。

とはいえ、環境破壊に対する集団的罪悪感をプラスチックが具現化しているという意見には、彼も同意する。プラスチックには、人間を不安にするほど不滅な感じがつきまとう。紙とプラスチックの違いは、埋立地の外での変化に由来するのではないだろうか。新聞はたとえ燃やされなくとも、風にちぎれ、日光で劣化し、雨に溶ける。

一方、プラスチックがどうなるかはゴミが収集されない場合を見ればよくわかる。アリゾナ州北部のホピ・インディアン保留地には、西暦一〇〇〇年頃からずっと人間が住んできた。こんにちのアメリカ合衆国のどこよりも長く人が住む場所だ。ホピ族の主要な村落は、周囲の砂漠を三六〇度見渡せる三カ所のメーサの上にある。何世紀にもわたって、ホピ族は残飯や壊れた陶器のゴミをメーサの周りに、ただ投げ捨ててきた。食べ物のゴミはコヨーテやコンドルが引き受け、土器片は元々の材料だった土に還っていった。

二〇世紀半ばまでは、それでうまくいった。その後、周囲に投げ捨てられたゴミは消滅しなくなった。自然によって分解されない新しい種類のゴミの山が次第に積もり、ホピ族を取り囲んでいくのが、目に見えてわかった。そうしたゴミが消えるのは、砂漠の向こうまで飛ばされるときだけだ。とはいっても、ゴミは砂漠に留まって、ヤマヨモギやメスキートの枝に引っかかるか、サボテンのとげに突き刺さるのが落ちである。

ホピ族のメーサの南にそびえる標高三八〇〇メートルあまりのサンフランシスコ山は、アスペンとダグラスモミの森にホピ族とナバホ族の神々が住む聖なる山だ。毎年、冬になると汚れ（けが）れを清める純白の雪をまとうが、近年、そんな姿は拝めなくなった。雪がめったに降らないからだ。神聖な大地をリフトの機械音と金儲けで汚していると先住民から非難されてきたスキー場の経営者たちは、旱魃がますますひどくなり、気温が上昇する昨今、新たな訴訟を起こされている。排水を利用してゲレンデに人工雪を降らせるのは、神の顔に排泄物を浴びせるようなもので、さらなる冒瀆（ぼうとく）だと先住民が訴えているのだ。

サンフランシスコ山の東にはより標高の高いロッキー山脈、西にはさらに高い火山が連なるシエラ・マドレ山脈がある。私たちには想像もつかないが、こうした雄大な山々のあらゆる部分が、岩も、露頭も、鞍部も、山頂も、峡谷の斜面も、いつの日かすべて浸蝕されて海へ流されてしまうのだ。巨大な隆起のどれもこれもが粉々に崩れ去り、ミネラル分が溶け出して海の塩分を保つとともに、海中に漂う土の栄養分が新世代の海洋生物を育む――いまいる海洋生物が堆積する土砂のなかに消えてしまうとしても。

だが、それよりもだいぶ早く、そうした堆積物に先立って降り積もる物質がある。軽さでは石にも、シルトの粒にさえも勝り、簡単に海へと運ばれる物質だ。

カリフォルニア州ロングビーチのチャールズ・ムーア大佐がそれを知ったのは、一九九七年のある日のことだ。ホノルルを出港すると、アルミニウム製の二連小船の舵を操り、それまでずっと避けていた西太平洋のある海域へと向かった。ハワイとカリフォルニアのあいだに広がるテキサス州ほどの面積のその海域は、亜熱帯無風帯とも呼ばれ、ヨット乗りが近づくことはめったにない。赤道付近の暖かい空気の高気圧の渦が絶えずゆっくりと回り、風を吸い込んで二度と吐き出さないためだ。高気圧の下で、海水は時計回りの渦を描き、その中心のくぼみに向かって流れていく。

この海域の正式名は北太平洋亜熱帯環流だが、海洋学者は別の名で呼ぶことをムーアはすぐに知った。「太平洋巨大ゴミ海域」という名だ。ムーア大佐は、環太平洋地域の半分から海に吹き飛ばされたものがほとんどたどり着く集水孔へ入り込んだ。らせんを描きながら、拡大をつづける醜悪な工業排出物の吹きだまりへと近づいていった。一週間にわたって、ムーアと乗組員は、浮遊するゴミに覆われた小さな大陸ほどもある海域を横断した。南極探検船が砕氷塊をかき分けて進むのに似ていなくもなかったが、周囲に浮かぶのは恐ろしいほどの数のカップ、壜の蓋、もつれた漁網とモノフィラメントの釣糸、ポリスチレン包装材のかけら、六本パック用ホルダー、しぼんだ風船、透明なサンドイッチ用包装材、そして、数えきれないほどのぐにゃりとしたポリ袋だった。

ちょうど二年前、ムーアは木製家具の仕上げ塗装の事業から手を引いたところだった。子供時代からサーフィンを楽しみ、まだ白髪もない彼は、みずから船をつくり、刺激に満ちた若々しい引退生活を送ろうと新たなスタートを切った。やはり海の男だった父に育てられ、アメリカ沿岸警備隊で大佐に任命された経歴を活かして、ボランティアの海洋環境監視グループを設立したのだ。太平洋の真ん中でこの太平洋巨大ゴミ海域との最悪の出会いをしてから、グループは拡大し、いまではアルジータ海洋研究財団として半世紀分の漂流物の処理に取り組んでいる。半世紀分というのは、彼が目にしたゴミの九〇パーセントがプラスチックだったからだ。

チャールズ・ムーアが最も驚いたのは、ゴミがどこから来たのか知ったときだ。一九七五年、アメリカ科学アカデミーは、世界の海を航行する全船舶を合わせると、年間三六〇〇トンあまりのプラスチックが投棄されていると見積もった。より新しい研究では、世界の貿易船だけにかぎっても、毎日、約六三万九〇〇〇個のプラスチック容器が恥知らずにも投棄されているという。だが、ムーアの発見によれば、商業用船舶と軍用艦が投棄するすべてのゴミを合わせても、岸から流れ込むゴミの量にくらべれば、大洋のなかのポリマーくずにすぎない。

世界のゴミ埋立地がプラスチックであふれない本当の理由は、プラスチックのほとんどが海のゴミ捨て場にたどり着くからだ。ムーアは北太平洋環流で数年のサンプリング調査をした結果、大洋の真ん中で見つかる漂流物の八〇パーセントは元々は陸で投棄されたという結論に達した。ゴミ収集車や埋立地から吹き飛ばされるか、鉄道輸送コンテナからあふれるかして、排水管を流れ、川を下り、風に乗って、この拡大しつづける環流へと到達する。

「川を下って海へ流されたあらゆるものが最後にたどり着くのが、ここなのです」と、ムーア大佐は乗客に説明する。このせりふは、地質学がはじまって以来、地質学者が学生に語ってきた浸蝕という避けられないプロセスについての説明と同じだ。浸蝕によって、山は削られ、塩類とごく小さな粒子に分解されて海へと流され、そこに堆積して層を成し、遠い将来、岩石となる。だが、ムーアが言っているのは、五〇億年におよぶ地質年代のなかで地球がいまだかつて経験したことがなく、おそらくこれから経験する流出と堆積のことなのだ。

ムーアが最初にこの環流を一六〇〇キロにわたって横断したとき、海面一〇〇平方メートルあたりに約二三〇グラムのゴミがあると仮定して計算したところ、プラスチックの総量は三〇〇万トンに達した。この見積もり量はアメリカ海軍の試算でも裏づけられることがわかった。これが、彼がその後出会う多くの驚くべき数字の一つ目だった。しかも、この数字で表わされるのは目に見えるプラスチックだけであり、藻やフジツボが付着し、重くなって沈

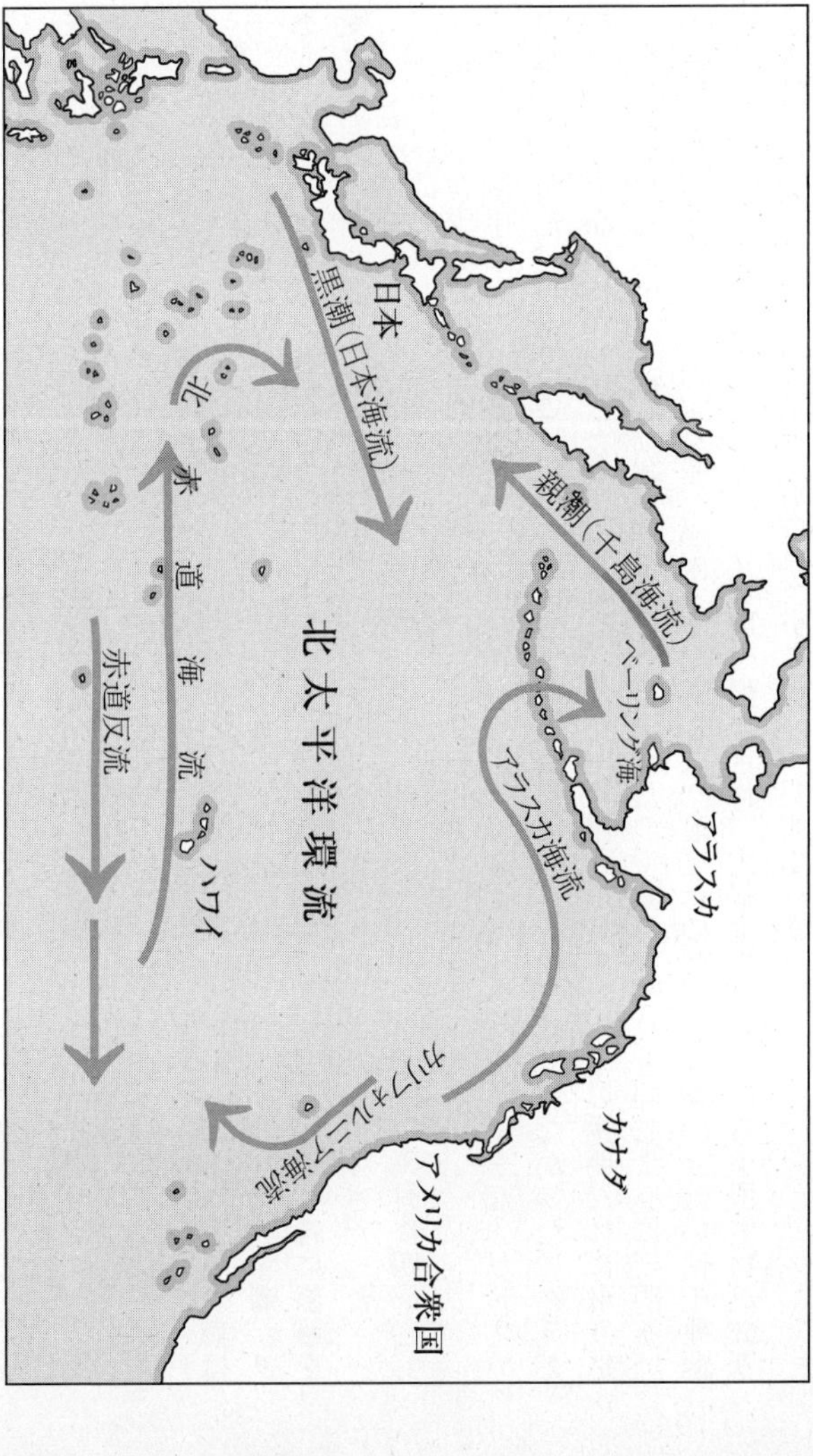


北太平洋環流の地図　地図作成：ヴァージニア・ノーレイ

んだ大きめのプラスチック片の量は計り知れない。一九九八年、ムーアは、サー・アリステア・ハーディがオキアミのサンプル採取に使用したのと同種のトロール装置を携えて、もう一度この環流へ赴いた。そして、信じられないことに、プランクトンを上回る重量のプラスチックが海の表層に漂っているのを発見した。

じつのところ、それはプランクトンの比ではなかった。なんと六倍もあったのだ。

ロサンゼルスを流れる小川が太平洋に注ぐ河口付近でサンプルを採取したところ、数値は一〇〇倍に跳ね上がり、年々、増えつづけた。ムーアは、プリマス大学の海洋生物学者、リチャード・トンプソンとデータを比較するようになった。トンプソンと同じく、特に衝撃を受けたのは、ポリ袋と至るところで見つかるプラスチック原料の小さな粒の多さだった。インドだけでも五〇〇〇カ所の工場でポリ袋が生産されていた。ケニアでは一カ月に四〇〇〇トンものポリ袋が粗製濫造され、リサイクル能力はゼロだった。

ナードルと呼ばれる小さな粒は、年間五五〇〇兆個、重量にして約一億一三五〇万トンが生産されていた。ムーアはこの粒をどこででも見つけたが、それだけではなかった。クラゲやサルパ——海中にきわめて多く生息し広く分布する濾過摂食生物——の透明な体に取り込まれたこのプラスチック樹脂の粒をはっきり目にしたのである。海鳥と同じように、明るい色の粒を魚卵と取り違え、肌色の粒をオキアミと取り違えたのだ。いまやいったい何千兆個のプラスチック片が、ボディースクラブ剤に配合され、大型生物の餌となる小型生物が飲み込みやすい大きさとなって海へ流されているのか、見当もつかない。

海と、生態系と、未来にとって、それはどんな意味を持つのだろうか？ あらゆるプラスチックは誕生してから五〇年あまりしか経っていない。化学的な成分や添加物、たとえば金属銅などの着色剤は、食物連鎖の上位に移るにつれて濃縮し、進化の過程を変えてしまうのだろうか？ 化石に記録されるほど長く残るだろうか？ 何百万年も先の地質学者は、海底の堆積物中に形成された礫岩（れきがん）にバービー人形の残骸が埋まっているのを見つけるだろうか？

その残骸は、恐竜の骨のように復元できるほど原形を留めているだろうか？ それとも、分解して炭化水素を放出するのだろうか？ その炭化水素は、海中の広大なプラスチックの墓場から何十億年にもわたって漏れ出しつづけるのだろうか？ そして、バービーとケンの形のくぼみが化石化して石のように固くなり、さらに何十億年も残るのだろうか？

ムーアとトンプソンは素材の専門家の意見を求めはじめた。東京農工大学の地球化学者で、「性転換」を引き起こす内分泌攪乱（ないぶんぴつかくらん）科学物質（EDC）の専門家である高田秀重は、東南アジア全域のゴミ捨て場から垂れ流される有毒物を実地検証するという不快きわまりない仕事を担ってきた。現在は日本海と東京湾から引き揚げられたプラスチックの調査をしている。彼の報告によれば、海中で、ナードルなどのプラスチック片は、しぶとい毒性をもつDDTやPCBに対して磁石とスポンジの働きをするという。

プラスチックに柔軟性を与える目的で毒性の強いポリ塩化ビフェニル（PCB）を使用するのは、一九七〇年代から禁止されている。PCBにはさまざまな危険性があるが、なかでも、両性具有の魚やホッキョクグマに見られるホルモン異常を引き起こすことがよく知られている。あたかも徐々に成分を出すカプセルのように、一九七〇年以前のプラスチック漂流物から、何世紀にもわたって少しずつPCBが海に溶け出すはずだ。だが、もう一つ高田が発見したのは、多種多様な投棄物から流れ出して浮遊する毒素が、浮遊するプラスチックにすぐに付着することだ。毒素を出す投棄物は、たとえば、コピー用紙、自動車のグリース、冷却液、古い蛍光灯、ゼネラル・エレクトリック社とモンサント社の工場が大小の川に直接流していた悪名高い排出物などだ。

ある研究によれば、ツノメドリの脂肪組織内のPCBと、飲み込んだプラスチックとのあいだに直接の相関関係が認められた。驚かされるのはその量だ。高田と同僚によれば、ツノメドリが飲み込んだプラスチック粒に含まれる毒素は、通常海水に存在するときの一〇〇万倍の濃度に濃縮されていたという。

ムーアによれば、二〇〇五年の時点で、太平洋で渦を巻くゴミ捨て場は二六〇〇万平方キロというアフリカ大陸並みの面積に達している。ゴミ捨て場はここだけではない。地球上にはこのほかに六カ所、大きな熱帯海洋環流があり、そのすべてで、醜悪な廃棄物が渦巻いているという。まるで、第二次大戦後に一粒の小さな種から生まれたプラスチックがビッグ・バンのように大爆発し、現在も世界中に拡大しつづけているかのようだ。たとえ、あらゆるプラスチックの生産が突然停止したとしても、驚異的な量の、驚異的耐久性を持つ物質がすでに存在する。ムーアによれば、プラスチックの廃棄物はいまや世界の海面で最も普通に見られる物体になっている。プラスチックはいつまで持つのだろう？　世界がこれ以上プラスチックに覆われるのを防ぐために文明社会が転換できるような、もっと環境に優しく分解しやすい物質はなかったのだろうか？

その秋、ムーア、トンプソン、高田は、ロサンゼルスで開催された海洋プラスチックサミットで、アンソニー・アンドラディ博士と同席した。博士はノースカロライナ州のリサーチトライアングル研究所の上級研究員で、東南アジアの一大ゴム産出国、スリランカの出身だ。大学院で高分子化学を研究していた彼は、台頭してきたプラスチック産業に興味を引かれ、ゴムの研究から方向転換した。のちにまとめた『環境におけるプラスチック（*Plastics in the Environment*）』という八〇〇ページの大著により、産業界からも環境問題専門家からも、この分野の預言者と称賛されている。

プラスチックに関する長期的予測はまさに長期にわたると、アンドラディは出席した海洋科学者たちに語った。プラスチックが海を恒久的に汚したのは当然のなりゆきだと、彼は説明する。プラスチックの弾力と伸縮性、多用性（沈むようにも浮くようにもできる）、水中ではほとんど透明なこと、耐久性、強度に優れている点などを理由に、漁網と釣糸のメーカーは天然繊維に見切りをつけ、ナイロンやポリエチレンのような合成物質へと乗り換えた。天然繊維は時間とともに分解するが、合成物質はたとえ破れて行方不明になっても、「ゴースト・フィッシング（投棄された網に魚介がかかること）」をつづける。その結果、クジラも含めてすべての海洋生物種が、海に放置されたナイロン糸がもつれてできた巨大な塊にからめとられるおそれがある。

アンドラディは、あらゆる炭化水素と同様、プラスチックも「必ず生分解するはずですが、その速度が非常に遅いので、実質的な結果はほとんどわかりません。しかし、光分解なら現実的な時間枠のなかで起こりえます」と言う。

彼の説明によれば、炭化水素が生分解すると、ポリマー分子はばらばらになって、元の構成要素すなわち二酸化炭素と水に戻る。炭化水素が光分解するときは、太陽紫外線が長い鎖状のポリマー分子を断ち切って短く分割し、プラスチックの張力を弱くする。プラスチックの強度はからみ合うポリマー鎖の長さによって決まるから、紫外線がその鎖を断ち切れば、プラスチックは分解しはじめる。

ポリエチレンやそのほかのプラスチックが日光にさらされて黄ばみ、劣化して崩れ出すのは誰でも見たことがあるだろう。プラスチックにはしばしば、紫外線に対する強度を増すために添加剤が加えられる。別の添加剤を使えば、紫外線に弱いプラスチックができる。後者を六本パック用ホルダーに使用すれば、海の生物を多数救えるはずだとアンドラディは提案する。

だが、問題が二つある。一つは、水中ではより光分解に時間がかかることだ。陸上では、プラスチックは日なたに放置されると赤外線の熱を吸収し、すぐに周囲の空気より温度が高くなる。海中では、水で冷やされるだけでなく、付着する藻が太陽光をさえぎってしまう。

もう一つの障害は、光分解されるプラスチック製の漁網であれば、たとえ海に流されてもイルカを溺死させる前に分解するかもしれないが、化学的性質そのものは何百年も、ことによると何千年ものあいだ変わらないことだ。

「プラスチックは、しょせんプラスチックです。物質としてはポリマーのままなのです。ポリエチレンは、現実的な時間枠のなかでは生分解されません。それほど長い分子を生分解するメカニズムは海洋環境に備わっていないのです」光分解される漁網が海洋哺乳類を生かしておくのに一役買うにしても、粉のようになった漁網の残留物は海に留まり、濾過摂食生物の目にとまることになるだろう。

「燃えて灰になったわずかな量を除けば、この五〇年ほどのあいだに世界で製造されたプラスチックのほぼすべてが、まだそのまま残っています。環境のどこかに存在しているのです」と、預言者アンソニー・アンドラディは語る。

過去半世紀のプラスチックの総生産量はすでに一〇億トンを超えている。性質の異なる何百種類ものプラスチックが、数えきれないほどの可塑剤、乳白剤、色素、充塡剤、強化剤、光安定剤を添加してつくられてきた。個々の寿命の長さには大きな幅がある。これまで完全に消滅したものはない。ポリエチレンが生分解されるのにどのくらい時間がかかるかを知るため、研究者たちは培養したバクテリアのなかにサンプルを保存してみた。一年後に消滅していたのは一パーセント未満だった。

「実験室の最も整った条件下でこれだけなのです。現実にはこうはいきません」と、アンソニー・アンドラディは言う。「プラスチックは登場してから日が浅いため、微生物が分解酵素を新たに生み出すところまではいっていません。その結果、微生物が生分解できるのはプラスチックのなかでも分子量のきわめて小さい部分だけなのです」つまり、ごく小さい、すでに断ち切られたポリマー鎖だけが生分解されるのだ。植物に含まれる糖質を原料とする本当の生分解性プラスチックや、細菌を原料とする生分解性ポリエステルも登場してはいるが、石油を主原料とする元来のプラスチックにそれらが取って代わる可能性はあまり大きくない。
「包装というのは食物を細菌から守るために考えられたのですから、微生物が食べるようにつくられたプラスチックで残り物を包むのは、あまり賢明ではないかもしれませんね」と、アンドラディは言う。

だが、たとえそうした新しい物質が普及するとしても、あるいは、人類が消え去ってナードルがまったくつくられなくなるとしても、すでに生産された大量のプラスチックは残る。いったい、いつまで残るのだろうか?

「エジプトのピラミッドには穀物、種子、そして髪の毛のような人体の一部まで保存されていました。日光を遮られ、酸素や湿気もほとんどない状態だったからです」アンドラディは穏やかで几帳面な印象の男性で、顔の幅が広く、はっきりとした声でわかりやすく話す。「現代のゴミ捨て場も似たようなものです。水も日光も酸素もほとんどない場所に埋められたプラスチックは長いこと無傷のまま残ります。海に沈んで堆積物に覆われた場合も同じです。海底に酸素はありませんし、温度はとても低いのです」

彼はほんの少し笑ってからつけ加えた。「もちろん、そうした深海の微生物の生態についてはあまり知られていません。もしかしたら、嫌気性の生物がプラスチックを生分解するかもしれません。考えられないことではありませんよ。しかし、潜水艇で海に潜って調べた人がいるわけではありませんからね。私たちの観察によれば、可能性はあまりなさそうです。ですから、海底での分解はもっとゆっくり進むと予測しています。何倍もの時間がかかるでしょう。一桁多い年数かもしれませんね」

一桁多い年数ならば一〇倍だが、なんの一〇倍なのだろう？　一〇〇〇年？　一万年？

答えは誰にもわからない。自然な死を迎えたプラスチックはまだないからだ。炭化水素を基本的構成要素にまで分解するこんにちの微生物が、リグニンとセルロースを分解できるようになるには、植物が出現してから長い時間がかかった。その後、微生物は油さえ分解できるようになった。プラスチックを消化できる微生物がまだいないのは、五〇年では短すぎて、必要な生化学的組成を持つところまで進化していないからだ。

「でも、一〇万年経ったとしましょう」と、楽観主義者のアンドラディは言う。彼が故郷のスリランカに滞在していた二〇〇四年のクリスマスに同国は津波に襲われたが、世界の終わりを思わせるほどの大波のあとでさえ、人びとは希望を持つ理由を見いだしていた。「このじつに有益な分解能力が遺伝子に組み込まれた微生物種が、きっとたくさん見つかり、さらに増えて繁殖するでしょう。こんにち存在する量のプラスチックが消滅するには何十万年もかかるでしょうが、それでも、いつかはすべてが生分解されます。リグニンははるかに複雑な構造にもかかわらず、生分解するのですから。私たちがつくりだす物質に進化が追いつくまで待てばいいのです」

さらに、生物学的時間が尽きてもなお一部のプラスチックは残るかもしれないが、地質学的時間は存在しつづける。

「隆起と圧迫によって、プラスチックは別のものに変化するでしょう。大昔、樹木が沼地に埋まって、生分解ではなく地質学的過程を経て油や炭に変化したのと同じことです。プラスチックが著しく集中した場合にそのような物質に変わるかもしれません。時が経てば、変化するのです。変化こそ自然の特質です。変わらないものなど、なに一つありません」

# 10　世界最大の石油化学工業地帯

人間がいなくなると、その不在によって直接の恩恵を被るものの一つが蚊だ。人間中心の世界観では、人間の血は蚊の生存に不可欠だと考えたくなるが、実際には蚊は融通のきく美食家で、ほとんどの温血の哺乳類、冷血の爬虫類、そして鳥からさえ血が吸える。私たちがいなくなれば、おそらく自然界の野生生物は大挙してその空白を埋めようとし、人間が放置した場所に棲みつくだろう。交通事故で命を落とすこともなくなるため、動物の数は増えるがままだ。著名な生物学者のE・O・ウィルソンは、人間の生物量の総計はグランドキャニオンを満たすほどもないと見積もったが、それが消えてなくなったことを悲しんでもらえる期間はそう長くなさそうだ。

一方、私たちの消滅に心を痛める蚊がいたとしても、二つの形見が慰めてくれるはずだ。まず、人間による蚊の殺戮がやむ。人間は殺虫剤が発明されるはるか前から、蚊を標的にし、繁殖場所となる池、河口、水たまりの表面に油を撒いてきた。蚊の幼虫への酸素の供給を断ち切るこの幼虫駆除剤はいまでも広く用いられるし、ほかにもいろいろな化学物質が蚊を撲（ぼく）滅（めっ）する戦いに使われている。幼虫が成虫になるのを妨げるホルモンから、空中散布されるD

DTまでさまざまな物質がある。特にDDTはマラリアの多い熱帯地方で使われており、使用が禁止されているのは世界中のごく一部の地域にすぎない。人間がいなくなれば、以前なら幼虫のうちに死んでいた何十億匹ものうるさい羽虫たちが生き延び、蚊の卵と幼虫を食物連鎖の大きな環とする多くの淡水魚も二次的に恩恵を被る。そのほかに恩恵を受けるのは、花だ。血を吸わないとき、蚊は花の蜜を吸う。花蜜はすべての雄の蚊の主食だが、血が大好きな雌の蚊も吸う。そのため、蚊は受粉媒介者となり、私たちのいない世界ではより多くの花が咲き乱れることだろう。

蚊が受けとるもう一つの贈り物は、父祖の地の回復である——もっとも、この場合は父祖の水であるが。アメリカだけでも、一七七六年の建国以来、蚊の主な繁殖地である湿地帯の失われた面積は、カリフォルニア州の二倍に相当する。それだけの土地を元の沼地に戻せばどうなるか、想像がつくだろう（蚊の総数の増加については、蚊を餌とする魚、ヒキガエル、カエルもそれに応じて増えることを念頭に考えるべきである。ただし、ヒキガエルとカエルに関しては、蚊はまたもや人間のおかげで一息つくかもしれない。どれくらいの両生類がツボカビ症の猛威をやり過ごせるか、わからないからだ。ツボカビは実験用のカエルを国際的に売買したせいで逸出し、広がった菌だ。気温の上昇が引き金となり、世界中で何百種もの両生類が絶滅した）。

生息地であろうとなかろうと、沼地を排水して開拓した土地の住人なら誰でも知っているように、コネチカット州の都市近郊にもナイロビのスラムにも、蚊は常に生きる場所を見つける。露が溜まった壜の蓋ですら、いくつかの卵が孵化できる。アスファルトと舗装が完全に崩れ去り、湿地が現われて本来の地上権を取り戻すまで、蚊は水たまりや詰まった下水管でどうにかやっていくだろう。それに、お気に入りの人工孵化場の一つが少なくとも一世紀は維持され、その後何世紀にもわたってときどき姿を現わすのは間違いないから安心だ。その孵化場とは、廃棄された自動車のゴムタイヤである。

ゴムは、エラストマーというポリマーの一種である。アマゾンのパラゴムノキから抽出される乳白色のラテックスのような天然ゴムは、理論上は生分解性である。天然ラテックスは高温ではべたつき、低温では硬くなってときには割れてしまうという性質を持つため、用途はかぎられていた。ところが、一八三九年のこと、マサチューセッツ州に住むある金物セールスマンが、天然ラテックスに硫黄を混ぜてみた。ストーブの上に偶然落としたそのゴムが溶けないのを見て、チャールズ・グッドイヤーはこう悟った。それまで自然が一度もつくろうとしなかったものを自分がつくりだしたのだと。

自然はこんにちまで、この物質を分解する微生物を生み出していない。グッドイヤーが発見した加硫というプロセスは、ゴムのポリマーの長い鎖に硫黄原子の短い鎖を結びつけ、実質的に一つの巨大な分子のように変える。ゴムを加熱し、硫黄を加え、トラックのタイヤなどの型に入れるという加硫のプロセスをいったん経ると、できあがった巨大な分子は型どおりの形になり、決して崩れない。

単一分子であるため、タイヤは溶かしてほかのものに転用することができない。丸い形が崩れるのは物理的に切り裂くか、一〇万キロメートルの走行による摩擦で摩耗したときだが、いずれにしても多大なエネルギーを要する。タイヤはゴミ埋立地の管理者の頭痛の種だ。埋めると、浮き上がろうとする気泡をドーナツ形にくるんでしまうからだ。大半のゴミ集積場はすでにタイヤを受け入れていないが、昔埋められたタイヤが数百年後、忘れられた集積場の地表に顔を出すことは避けられない。そこに雨水が溜まれば、またしても蚊の孵化がはじまるのだ。

アメリカでは、平均して国民一人当たり年間一本のタイヤが廃棄される。たった一年で三億本だ。世界のほかの国がこれに加わる。現在、約七億台の自動車が利用されているが、すでに捨てられたものはそれ以上の数に上るから、私たちが消えたあとに残る古タイヤは一兆には届かないにしても、何十億本に達するに違いない。タイヤがいつまで残るかは、どれだけ直射日光にさらされるかによる。硫黄味の炭化水素を好む微生物が進化によって誕生しないかぎり、加硫された硫黄の化学結合を断ち切れるものは二つしかない。一つはオゾンによる腐蝕性酸化だが、地上のオゾンは鼻腔（びこう）を冒す汚染物質である。もう一つは、破壊の進む成層圏のオゾン層を通して降り注ぐ紫外線という宇宙の力だ。このため、自動車のタイヤには紫外線劣化防止剤と「オゾン劣化防止剤」が、補強と着色のためのカーボンブラックなどの添加剤とともに混ぜられている。

タイヤにはかなりの炭素が含まれるため、燃やすこともできるが、著しいエネルギーを放出するので消火が容易でないうえ、驚くべき量の油煙を出す。この油煙に含まれる有害成分は、第二次大戦中に急遽つくりだされたものだ。日本は東南アジアへの侵攻後、世界へ供給されるゴムのほぼすべてを手中に収めた。ドイツとアメリカは、革のガスケットと木の車輪を使った兵器では勝ち目がないと悟り、産業界のトップ企業に天然ゴムの代替品を見つけるよう命じた。

こんにち、世界最大の合成ゴム工場はテキサス州にある。研究者が製法を発見してまもない一九四二年に建設された、ザ・グッドイヤー・タイヤ・アンド・ラバー・カンパニーの工場だ。生きている熱帯の木の代わりに使われたのは、死んだ海の植物、すなわち三億年前から三億五〇〇〇万年前に死んで海底に沈んだ植物プランクトンだった。仮説の上では、死んで沈んだ植物プランクトンはやがて大量の堆積物に覆われて強く押しつぶされ、粘性のある液体に変化したとされるが、このプロセスはほとんど解明されておらず、異論もある。こうしてできた原油からいくつかの有用な炭化水素を精製する方法を、科学者たちはすでに発見していた。そのうち、スタイロフォームの原料物質であるスチレンと、爆発性があり発がん性の高い液体炭化水素のブタジエンという二つの物質を化合させて、合成ゴムが生まれた。

六〇年を経たいまも、グッドイヤー・ラバー社は同じ合成ゴムを、同じ場所で、同じ設備を使って量産し、NASCARで使われるレース用タイヤからチューインガムまで、あらゆるもののベースとしている。大規模な工場ではあるが、人間が地球の表面に据えた最大級の構造物に囲まれているため、それらとくらべるとちっぽけに見える。この巨大工業地帯は、ヒューストンの東側から八〇キロ先のメキシコ湾まで途切れずにつづき、製油所、石油化学メーカー、石油貯蔵施設が地球上で最も集中している場所なのだ。

たとえば、グッドイヤーの工場から幹線道路を挟んで向かい側には、鋭いとげのついた蛇腹形鉄条網に囲まれた石油貯蔵地区がある。円筒形の原油貯蔵タンクが集まっており、一つ一つの直径はフットボール場と同じくらいあるため、その幅の広さゆえにずんぐりして見える。至るところを走るパイプラインがタンク同士を結び、あらゆる方向へ、上下にまで延びている。白、青、黄、緑のパイプは太いものでは直径一・二メートルにもなる。グッドイヤーのような工場では、パイプラインは高いアーチ状になっており、その下をトラックが通り抜けられる。

パイプラインは目に見えるものだけではない。人工衛星に搭載したCTスキャナーでヒューストン上空から眺めれば、地中約一メートルに埋まる炭素鋼のパイプがからまり合う巨大な循環系が見えるだろう。先進国のどんな都市もそうであるように、あらゆる通りの中心に細い毛細管が走り、家の一軒一軒に枝分かれしている。これらはガス管で、相当な量の鉄鋼を含むため、コンパスの針が地面を指さないのが不思議なくらいだ。だが、ヒューストンではガス管はアクセントにすぎず、さほど目立たない。製油所のパイプラインが籠(かご)を編んだようにびっしりと市の周囲を囲んでいるからだ。原油から蒸留あるいは接触分解された軽質留分と呼ばれる物質がそのなかを通り、ヒューストン市内の何百という化学工場へと送られる。その一つであるテキサス・ペトロケミカルは、隣接するグッドイヤー工場にブタジエンを供給する一方、ラップフィルムに密着性を持たせる関連物質を調合している。また、ポリエチレン製とポリプロピレン製のナードル粒の原料となるブタンもつくっている。

そのほかにも何百本ものパイプが、精製されたばかりのガソリン、家庭用灯油、ディーゼル油、ジェット燃料を、パイプラインの親玉とも言えるコロニアル・パイプラインへと運んでいる。直径七六センチ、全長八八八二キロに及ぶこのパイプラインの本管は、ヒューストン郊外のパサデナを起点とする。ルイジアナ州、ミシシッピ州、アラバマ州でも製品を取り込み、東海岸を北上し、あるときは地上を、あるときは地下を通る。コロニアル・パイプラインは通常、多様な等級の燃料をポンプによって時速約六・五キロで輸送し、ニューヨーク港のすぐ南、ニュージャージー州リンデンの石油ターミナルに吐き出す。運転停止やハリケーンがなければ、およそ二〇日間の行程だ。

未来の考古学者が、このパイプのあいだをかき分けるように調査をしていると想像してみよう。テキサス・ペトロケミカルの背後のずんぐりした古い鋼鉄のボイラーと何本もの煙突がなんだか、彼らにわかるだろうか？（もっとも、もし人間があと数年間生き延びれば、許容誤差をはじき出すコンピュータがなかった時代にあまりに頑丈につくられた設備はみな、解体されて中国に売られるだろう。中国はアメリカの鉄くずを一手に購入しているが、第二次大戦を研究する歴史学者のなかにはその目的について警鐘を鳴らす人びともいる）

考古学者たちがパイプに沿って一〇〇メートルほど行けば、かつて人間がつくったなかでも屈指の寿命を持つ人工遺物に出会うだろう。テキサス湾の海岸線の下には岩塩ドームが五〇〇ほどある。地下八〇〇〇メートルの岩塩層から浮力のある岩塩が堆積層を突き破って上昇し、形成されたドームだ。ヒューストンの真下にも数個ある。弾丸のような形で、直径一・五キロ以上に達するものもある。岩塩ドームにドリルで穴をあけてポンプで水を注入すると、内部が溶けて貯蔵庫として使用できる。

ヒューストンの地下岩塩ドーム内の貯蔵庫には、直径一八〇メートル、高さ八〇〇メートル以上で、容量がヒューストン・アストロドームの二倍に匹敵するものもいくつかある。塩の結晶でできた壁は不浸透性とされるため、種々のガスの貯蔵に利用されるが、そのなかにはエチレンなどのきわめて爆発しやすいガスもある。エチレンは地下の岩塩ドームの層に直接パイプで送られ、六八〇キログラムの圧力のもと、プラスチックに変えられるまで保存される。非常に爆発しやすいため、エチレンは急速に分解して、パイプを地上まで吹き飛ばしかねない。未来の考古学者たちは岩塩の洞窟をそのままにしておくほうが得策だろう。さもないと、はるか昔に死に絶えた文明の遺物が目の前で爆発することになる。とはいえ、どうして彼らにそんなことがわかるだろうか？

地上に戻ろう。イスタンブールのボスポラス海峡の両岸を彩るモスクやミナレットのロボット・バージョンとでもいった風情(ふぜい)で、ドーム型の白いタンクと銀色の分留塔という石油基地の風景(アース)がヒューストン水路の土手に広がっている。液体燃料を大気温で貯蔵する平らなタンクが接地されているのは、雷雨の際、屋根の下のスペースに集まる蒸気が発火しないようにするためだ。人間のいない世界では、二重構造のタンクを点検し、塗装し、二〇年の寿命がくれば交換する者はいない。タンクの底が腐蝕して中身が地面にこぼれて染み込むか、アースのコネクターがはがれ落ちるか、どちらかが先に起こるだろう。後者の場合、爆発によって残っている金属の劣化が早まることになる。

貯蔵する液体の上に可動式の屋根を浮かべて蒸気の蓄積を防ぐ仕組みのタンクは、もっと早く崩壊するかもしれない。柔軟なシール材に漏れ口ができはじめるからだ。そうなると中身が蒸発し、人間が抽出した炭素の最後の残りが大気中に放出される。圧縮ガスや、フェノールのように引火性の高い化学物質は、球形タンクに貯蔵されている。外殻が地面に接していないため、こちらのほうが長持ちするはずだ。だが、こうしたタンクは気密構造のため、火花防止装置が錆びて落ちるともっと派手に爆発する。

こうしたすべての設備の下には、なにが横たわっているのだろうか？　またそれが、前世紀の石油化学産業の発展によって加えられた、金属的・化学的ショックからやがて立ち直れる見込みはどれくらいだろうか？　地球上で最も不自然なこの風景が、火を燃やしつづけ、燃料を流しつづける人間に見捨てられたとしたら、このテキサスの大石油地帯を浄化し、さらに分解するには自然はなにをすればいいのだろうか？

◆
◆
◆

一六〇〇平方キロ近い面積を誇るヒューストンは、ウシクサとグラーマグラスがかつてウマの腹ほどの丈に生い茂っていた大草原(プレーリー)と、ブラゾス川の原始のデルタの一部だった――いまでも一部である――松樹林の低湿地との境目に広がっている。赤土色に濁(にご)ったブラゾス川は、州境のはるか向こうに源を発し、一六〇〇キロ彼方のニューメキシコ州の山々から水を集め、テキサスの丘陵地帯を削りながら通り抜け、やがて、アメリカ大陸でもめったにない量のシルトをメキシコ湾に吐き出す。氷河期には、大氷原を渡る風が温かいメキシコ湾の空気とぶつかって激しい雨を降らせた。ブラゾス川は大量の堆積物を貯め込んだためにせき止められてしまい、その結果、何百キロもの幅があるデルタをあちこちに蛇行した。現在、ブラゾス川は街のすぐ南を流れている。ヒューストンは、この川のかつての流れの一つに沿って、厚さ一・二キロあまりの堆積粘土の上に広がっている。

一八三〇年代のこと、このモクレンに縁取られた水路、バッファロー・バイユーが起業家たちの注目を集めた。彼らは、この水路を使えば、ガルヴェストン湾からプレーリーの端まで船で行けると気づいたのだ。当初、その地につくられた新しい街からは綿花が出荷され、内陸の水路を八〇キロあまり下って、当時はテキサス最大の都市だったガルヴェストンの港へ運ばれた。一九〇〇年代に入り、アメリカ史上最大の被害を出したハリケーンがガルヴェストンを襲って八〇〇〇人の命を奪うと、バッファロー・バイユーが拡幅・浚渫されてヒューストン水路となり、ヒューストンは港町となった。こんにち、貨物量ではアメリカ最大級の港であり、ヒューストン自体の面積も、クリーヴランド、ボルティモア、ボストン、ピッツツバーグ、デンヴァー、ワシントンDCの合計を上回る広さとなっている。

ガルヴェストンの不幸は、テキサス湾岸における原油の発見と自動車の出現とともにはじまった。ダイオウショウの森も、低いデルタ地帯を覆う広葉樹林も、岸に沿って広がるプレーリーも、すぐにヒューストン水路の両側に連なる油田掘削装置と数十ヵ所の製油所に取って代わられた。次に化学工場ができ、第二次大戦時にはゴム工場ができ、そしてついに、すばらしき戦後プラスチック産業がやってきた。テキサスの原油生産の最盛期は一九七〇年代で、その後は急速に落ち込んだが、ヒューストンの巨大なインフラのおかげで世界の原油は相変わらずここに運ばれて精製された。

中東諸国、メキシコ、ベネズエラの国旗をつけたタンカーが、ガルヴェストン湾の水路脇の街、テキサス・シティの港に接岸する。人口約五万人のテキサス・シティでは、住宅や企業と同じだけの面積を製油所が占めている。スターリング・ケミカル、マラソン、バレロ・エナジー、BP、ISPテクノロジーズ、ダウといった企業の巨大な建造物とくらべると、近隣の簡素な平屋建ての民家はどこにあるのかわからなくなるほどだ。住民のほとんどは、黒人とヒスパニック系である。景観の大部分を占めるのは石油化学企業の幾何学的な形の建造物で、円形、球形もあれば、円筒形ですらりと高いもの、平べったく低いもの、幅が広く丸みを帯びたものもある。

爆発しやすいのは高い建造物だ。

どれも似たような外見だが、すべてが爆発しやすいわけではない。湿式排ガス処理塔では、ブラゾス川の水を利用して、排出ガスと高温の固形物を冷やすため、白い水蒸気が煙突からもくもくと出ている。分留塔では、原油に底から熱を加えて蒸留する。原油に含まれる炭化水素はタールからガソリン、天然ガスまでさまざまで、沸点はそれぞれ異なる。加熱されると分離して、円柱形の塔のなかで配置が変わり、最も軽い成分が一番上にくる。膨張するガスが放出されて圧力が緩み、熱が下がるかぎりは十分に安全な方法である。

危険が伴うのは、ほかの化学物質を加えて石油を新たな物質に転換する方法だ。製油所の接触分解塔では、重質炭化水素が粉末状のケイ酸アルミニウムの触媒によっておよそ六五〇度まで熱せられている。それによって大きなポリマー鎖が、プロパンガスやガソリンのようなより小さく軽いポリマー鎖へと文字どおり分解される。その過程で水素を注入するとジェット燃料やディーゼル油ができる。こうしたプロセスのすべてで、高温になったり水素が加わったりすれば特に、非常に爆発が起きやすい。

これに関連する異性化という処置では、プラチナを触媒とし、さらに高温で炭化水素分子の原子配列を組み直して、オクタン価の高いガソリンや、プラスチックに使用される物質がつくられる。異性化の過程で極端に爆発が起きやすくなることがある。分解塔と異性化施設で活躍するのがフレア［余剰ガスを燃やす炎］だ。いずれかのプロセスが不安定になったり、温度が上がりすぎたりすると、圧力を減じるためにフレアが燃え上がるのだ。なにかが過剰になると、放出バルブによって余剰ガス燃焼煙突へ送り込まれ、点火の信号が発せられる。

ときには、煙を出さずきれいに燃えるよう、水蒸気が注入されることもある。
どこかで不具合が生じると、残念ながら、劇的な大事故につながることがある。一九九八年、スターリング・ケミカルの施設からベンゼンのさまざまな異性体と塩酸が煙として排出され、数百人が病院に収容された。その四年前には一三〇〇キログラムあまりのアンモニアが漏れ、人身傷害訴訟が九〇〇〇件起こされている。二〇〇五年三月には、BPの異性化装置の煙突から液化炭化水素が噴出した。空気に触れるやいなや引火し、一五人が死亡した。同年七月、同じ施設で水素パイプが爆発した。八月にはガス漏れによって腐敗した卵のような悪臭が漂い、有毒な硫化水素と見られたため、BPのプラント全体が一時的に操業を停止した。その数日後、二五キロほど南のチョコレート・バイユーにあるBPの子会社のプラスチックメーカーで爆発があり、一五メートルもの高さの炎が上がった。施設が燃えつきるまで火災を放置するしかなかったのだが、それには三日がかかった。

テキサス・シティで最も古い製油所は、一九〇八年、ヴァージニア州の農業協同組合によりトラクターの燃料生産のために創業され、現在はバレロ・エナジーが所有している。施設の近代化を進め、アメリカの製油所のなかでも指折りの安全性を持つとの評価を得ているが、それでも、天然の原油をより爆発しやすい形に変えてエネルギーを引き出す目的で設計された施設であることに変わりはない。バルブ、計器、熱交換器、ポンプ、吸収装置、分離器、加熱炉、焼却炉、フランジ、階段をらせん状に巡らせたタンク、曲がりくねったループ状の赤、黄、緑、銀色のパイプ（銀色のパイプには断熱材が巻かれているので、中身が熱くて断熱材なしでは危険なのだとわかる）。こうした機器が迷路のように入り組んだこの製油所には、絶えず低い運転音が響き、エネルギーが封じ込められているという感じはほとんどしない。頭上を覆うのは二〇基の分留塔と、二〇本の排気煙突だ。コークスショベルは基本的にはクレーンにバケツをつけたような形で、前後に行ったり来たりして、アスファルトのにおいのするスラッジ、すなわち分留設備の底に残された原油中の重質留分をすくってはコンベヤーに載せる。コンベヤーの先には接触分解装置があり、スラッジからさらにディーゼル油を搾(しぼ)りとる。

こうした装置すべての上にあるのがフレアで、白っぽい空にV字型の炎が燃え、あらゆる監視用計器を使っても調整が間に合わないほど急激に上がる圧力を燃焼によって緩和し、有機化学反応の平衡を保っている。熱い腐蝕性流動体がぶつかる鋼鉄製のパイプの直角部分の厚みを測り、破損時期を予測する計器もある。どんな容器でも、内部を高温の液体が高速で移動すれば応力亀裂を生じる可能性がある。その液体が管の内壁を腐蝕させる金属や硫黄を含む重質原油であれば、なおさらだ。

この設備はすべてコンピュータで管理されている。ただし、コンピュータが修正しきれない事態が起これば、話は別だ。そのときはフレアの出番である。だが、こう考えてみよう。あるシステムで発生する圧力が許容範囲を超えた――あるいは、過負荷に気づく人間が誰もいないと。普通なら、二四時間必ず誰かがいるはずだ。だが、製油所の運転中に人間が突然消えてしまったらどうなるだろうか？

「容器のどこかが破損するでしょう」と、バレロの広報担当者、フレッド・ニューハウスは言う。小柄で愛想のいい、白髪まじりで浅黒い肌の男性だ。「そして、おそらく火災が起きます」だが、その時点で故障箇所の上流と下流とで二重安全装置が自動的に作動するはずだとニューハウスはつけ加えた。「圧力、流量、温度はつねに測定されています。なにか変化があれば、問題を特定し、その部分から隣に火が回らない仕組みになっています」

だが、火を消す人間が残っていなければ、どうだろう？　そして、もし電気が完全に止まったとしたら？　なにしろ、石炭、ガス、原子力の発電所を動かす人間もいなければ、カリフォルニア州からテネシー州までのあらゆる水力発電ダムを管理する人間もいないのだ。それらの発電所から集められた電気がヒューストンの配電網を通じて届くおかげで、テキサス・シティで電気が使えるのだ。自動的に作動する非常用発電機のディーゼル燃料が尽き、停止バルブを作動させる信号が出なかったら？

ニューハウスは分解塔の陰に移動し、考える。エクソンで二六年の経験を積んだ彼は、バレロの仕事をとても気に入っている。汚染物とは無縁の歴史を誇りに思っているのだ。道路をはさんで向かい合うＢＰの工場が、二〇〇六年にアメリカ環境保護庁により全米で最も汚染物を排出する施設と名指しされたのとは対照的だ。この比類のない設備がすべて制御不能になり、発火して燃え盛るのを想像し、彼は思わず顔をしかめる。

「そうですね。工場内の炭化水素がなくなるまで、あらゆるものが燃えるでしょう」いったん言葉を切ったあと、力を込めて彼は言った。「しかし、火が敷地外まで燃え広がるとは、とても思えません。テキサス・シティの製油所をつなぐパイプにはすべて、一つ一つが独立するよう逆止弁がついています。ですから、もしこの工場が爆発したとしても」と言いながら、彼は道路の向こうを指さした。「隣の工場は被害を受けません。たとえ大火災になっても、絶対安全な（フェールセーフ）システムがありますから」

化学工場と製油所の調査官であるE・Cは、そこまで確信を持てない。「正常に操業している日でも、石油化学工場は時限爆弾のようなものです」と、彼は言う。職業柄、爆発しやすい軽質油留分が、二次的な石油化学製品となる過程で興味深い振る舞いをするのを見てきたからだ。エチレンやアクリロニトリル――アクリルの前駆物質で非常に引火しやすく、人間の神経系に害を及ぼす液体――といった軽量の化学物質は、圧力が高まると通気管をすり抜け、隣の機器や製油所にまで入り込むことがある。

彼によれば、明日人間がいなくなった場合の製油所と化学工場の運命は、その前に誰かがスイッチを切ってくれるかどうかにかかっている。

「正常に停止するだけの時間があると仮定しましょう。高い圧力は下がって低圧になります。ボイラーは停止するので、温度は問題になりません。分留塔では、底にたまった重い物質が固まってべたつく固体になります。そういった物質の容器は、内側が鋼鉄の層で、スタイロフォームかグラスファイバーの断熱材にくるまれ、外側は板金で覆われています。そうした層のあいだに、普通は鋼鉄か銅の通水管があって温度を調整する仕組みになっています。ですから、容器の中身はなんであれ、一定の状態が保てます。軟水による腐蝕がはじまらないかぎりは」

彼は机の引き出しをかき回してなにかを探し、そして閉める。「火も爆発もなければ、軽量のガスは空気中に消散するでしょう。残った硫黄の副生成物はすべて、やがては雨に溶けて酸性雨を降らせます。メキシコの製油所をご覧になったことは？　硫黄が山と積まれていますよ。アメリカが厄介払いした硫黄です。それはさておき、製油所には大型の水素タンクもあります。水素は非常に爆発しやすいのですが、漏れれば空気中を漂っていってしまいます。その前に雷で爆発しなければね」

彼は首のうしろで両手の指を組み、白髪まじりの茶色いくせ毛の頭をそらせて、オフィスの椅子の背にもたれかかる。「そうなったら、その場にあるセメントの構造物はごっそりなくなるでしょう」

それでは、工場を停止する間もなく人類が天上かほかの銀河へと召され、すべてが稼働したまま残されたとしたら？

彼は体を前に揺する。「まず、非常用発電装置が作動します。たいていはディーゼル油を使っています。燃料が尽きるまでは、正常な状態が保てるでしょう。燃料がなくなると、高圧、高温になります。制御装置もコンピュータも監視する人がいないため、いくつかの反応の抑制が不可能になり、あとはドッカーンです。火災が起きて、ドミノ倒しのように飛び火しますよ。止めるものがありませんから。たとえ非常用モーターがあっても、スプリンクラーも作動しないでしょう。スイッチを押す人がいませんからね。排気弁が作動して通気されるかもしれませんが、火災の場合、空気が入れば炎の勢いが増すだけです」

E・Cは椅子に座ったままぐるりと一回転する。マラソンランナーでもある彼は、ジョギングパンツに袖なしTシャツという出で立ちだ。「パイプはすべて火の導管と化すでしょう。ガスが一つの区域からほかの区域へと移動します。ふつうなら非常時には接続を切りますが、それができませんからね。いろいろな物質が一つの施設から別の施設へ広がるがままとなり、火は何週間も燃えつづけ、大気中に化学物質が排出されます」

今度は反時計回りに一回転して言う。「世界のあらゆる工場がそうなったら、どれだけの量の汚染物質が排出されるか、想像してみてください。イラクの油田火災を思い出して。あの何倍もの火が、至るところで燃え盛るのです」

イラクの油田火災は、サダム・フセインが何百基もの油井の坑口装置を爆破して起きたが、破壊行為がなくても火災は起こる。天然ガス井や、多くの石油をくみ上げるため窒素注入により圧力を高めた油井では、パイプ内を流れる流動体の静電気だけでも発火の恐れがある。E・Cの目の前の大きな平面スクリーンでは、リスト上で点滅する一つのデータ項目がこんなことを示している。テキサス州のチョコレート・バイユーでアクリロニトリルを生産するある工場が、二〇〇二年にアメリカで最も多くの発がん物質を放出したのだと。

「もし人間が一人もいなくなったら、ガス井の火災は、ガスポケットが枯渇するまでつづくでしょう。普通、発火源は電気配線かポンプです。もはや電気は通じていないはずですが、静電気は残っているし、落雷の可能性もあります。油井の火災は、燃焼に空気が必要なため地表で燃えますが、火を押し止めて坑口をふさぐ人間はいないのです。メキシコ湾やクウェートの巨大なガスポケットなら、永遠に燃えつづけるかもしれません。石油化学工場一ヵ所だけなら、燃えるものの量が少ないので、それほど長くは燃えないでしょう。それでも、火災の起きた工場で制御不能な反応が起き、シアン化水素のような猛毒が噴き出して雲のように広がったと想像してみてください。テキサスからルイジアナに至る化学工業地帯の大気は大量の毒で汚染されるでしょう。貿易風の流れを考えれば、どんなことになるか、見当がつくでしょう」

大気中の大量の微粒子によって、化学物質を原因とする短い「核の冬」が訪れるのではないかと、彼は考えている。「燃えるプラスチックから、ダイオキシンやフランのような塩素化合物が放出されるでしょう。さらに、鉛、クロム、水銀がすすに付着してしまいます。製油所と化学工場が集中しているヨーロッパと北米が最も汚染されるでしょうね。しかし、雲は世界中に拡散します。死を免れた次の世代の植物や動物は、進化につながるような突然変異を必要とするかもしれません」

◆　◆　◆

テキサス・シティの北端、約八平方キロのくさび形の土地に、ISPテクノロジーズの化学工場が午後の長い影を落としている。背の高い草が自生するこの土地は、エクソン・モービルの寄贈を受けて自然保護協会が管理している。石油が運ばれてくる前、海岸沿いに広がっていた二万四〇〇〇平方キロのプレーリーの最後の名残だ。現在、このテキサス・シティ・プレーリー保護区に、生息が確認されているわずか四〇羽のテキサスソウゲンライチョウのうちの半数が暮らしている。絶滅したと見られていたハシジロキツツキが一羽、二〇〇五年にアーカンソー州で目撃されたという情報が不確かながら伝えられるまで、テキサスソウゲンライチョウは北米で最も絶滅が危惧される鳥だった。

雄のテキサスソウゲンライチョウは求愛の際、首の両側の鮮やかな金色の嚢を風船のようにふくらませる。心を奪われた雌はお返しにたくさんの卵を産む。けれども、人間のいない世界では、この鳥が絶滅を免れるかどうか疑問だ。この鳥の生息地に広まったのは石油業界の機械だけではないからである。かつてはルイジアナ州までずっと、樹木のほとんどない草原が広がり、地平線に見える最も背の高いものといえばところどころで草を食むバッファローだった。景色が一変したのは、一九〇〇年頃に石油とナンキンハゼが同時に到来したためだった。

原産地の中国では寒冷地種だったこの木の種は、冬の寒さから身を守るため、収穫できるほど多量の木蠟で覆われていた。だが、農作物として温暖なアメリカ南部に持ち込まれるや、その必要はなくなった。突然の進化的適応の典型例を示すかのように、ナンキンハゼは気候から身を守るための木蠟づくりをやめ、より多くの種の生産にエネルギーを注ぐようになった。

現在では、ヒューストン水路沿いで石油化学工場の煙突がないところには、必ずナンキンハゼが生えている。ヒューストンのダイオウショウをとうの昔に駆逐（くちく）したこの中国からの侵入者は、毎年、秋になると寒い広東を思い出して先祖返りし、長菱形（ちょうりょうけい）の葉をルビーのように真っ赤に色づかせる。この木がプレーリーのウシクサとヒマワリを日陰に追いやり駆逐してしまうのを防ぐため、自然保護協会がとれる唯一の方法は、毎年細心の注意を払って野焼きをし、ソウゲンライチョウの交尾する草原を本来の姿に維持することだ。こうした人工自然を管理する人間がいなくなれば、アジアから侵略する植物を撃退できるのは、ときおり爆発する古い石油タンクだけになる。

石油人類（ホモ・サピエンス・ペトロレルス）がいなくなった直後、テキサスの石油化学工業地帯のタンクやタワーが大音響とともにいっせいに爆発すれば、油煙が晴れたあとには、溶けた道路、ねじれたパイプ、崩れた壁、粉々になったコンクリートが残ることだろう。白熱光を受けた金属くずは急速に腐蝕しはじめており、潮風がさらに追い打ちをかけるだろう。同じように、炭化水素の残留物のなかのポリマー鎖も、いっそう小さく分解しやすい長さに砕けており、生分解が速まるはずだ。毒素が吐き出されたにもかかわらず、土壌は燃えた炭素によって肥沃にもなっているため、一年間雨が降ったあとにはスイッチグラスが生えてくる。何種類かの耐寒性の野草も芽吹くはずだ。生き物は徐々に復活することだろう。

一方、バレロ・エナジーのフレッド・ニューハウスの安全装置に寄せる信頼が正しければ――あるいは、消えゆく製油所員の最後の立派な行為が分解塔の減圧とボイラーの埋め火だとすれば――テキサスが誇る世界一の製油施設の消滅は、もっとゆっくりになるだろう。最初の数年間で、腐蝕を遅らせるペンキがはがれる。その後二〇年で、すべての貯蔵タンクの寿命が尽きる。土壌の水分、雨、塩分、テキサスの風でタンクはがたがたになり、中身が漏れだすだろう。重質原油はその頃には固まっているため、雨風にさらされてひび割れ、やがて虫の餌となる。

蒸発しきらずに残っていた液体燃料は地面に染み込んでいく。地下水面に達すると、油は水より軽いため、表面に浮く。それを微生物が発見し、この油もかつては植物だったと気づいて、徐々に順応して餌とするようになる。アルマジロは、腐蝕が進む埋設パイプの残骸をよけて、浄化された土の巣穴に戻るだろう。

放置された石油ドラム缶、ポンプ、パイプ、タワー、バルブ、ボルトは、最も弱い箇所である継ぎ目から劣化する。「製油所にはフランジやリベットが数えきれないほど使われています」と、フレッド・ニューハウスは言う。それらが腐蝕して金属の壁が崩れる頃には、すでにハトが製油所のタワーの上に喜々として巣をかけている。そこから落ちる糞のせいで、炭素鋼の腐蝕はさらに速まる。ハトの巣の下の空の構造物のなかには、ガラガラヘビが巣をつくっている。ガルヴェストン湾に細々と流れ込む小川にビーバーがダムを築くせいで、洪水が起こる地域も出てくる。ヒューストンは全般的に温暖なため凍結‐融解サイクルは起こらないが、デルタの粘土質土壌は、雨が降ったりやんだりするたびに大幅な膨張と縮小を繰り返す。都心のビルは、土台を補修して割れ目をふさがなければ、一世紀も経たないうちに傾きはじめるだろう。

その間にヒューストン水路はシルトで埋まり、元のバッファロー・バイユーに戻る。次の千年期のあいだに、この水路のほかブラゾス川のかつての水路はすべて、繰り返し満水になっては氾濫し、ショッピングモール、自動車販売代理店、ビル入り口のスロープを削り取る。そして、ビルが次々に崩れていき、空を背景としたヒューストンの輪郭は低くなる。

ブラゾス川そのものはどうなるだろうか。現在、テキサス・シティから海岸を三〇キロあまり南下した、ガルヴェストン島の南、チョコレート・バイユーから立ちのぼる有毒な煙がようやく途切れるあたりを、ブラソス・デ・ディオス（スペイン語で「神の腕」の意）は流れている。国定の鳥獣保護区である二つの湿地をくねくねと進み、島が一つできるほどのシルトを落としながら、メキシコ湾に注ぎ込む。ブラゾス川は数千年にわたり、コロラド川やサンバーナード川とデルタばかりかときには河口も共有してきた。それぞれの水路はしばしば交錯するため、どれがどの川の水路なのかと問われても、せいぜい一時的な正解しか出せなかった。

海抜〇・九メートルしかない周囲の土地の大半は、密生したトウの茂みと、低地に昔から生えていたカシ、トネリコ、ニレ、在来種のペカンの木立からなる森だ。かつてサトウキビのプランテーションでウシの日よけとして残されたものである。「昔」と言っても、たかだか一世紀か二世紀前の話だ。粘土質の土壌には根が張りにくく、生長した樹木は傾きがちで、ハリケーンが来たらなぎ倒されてしまうからである。野生のブドウの蔓とサルオガセモドキの細い茎が垂れ下がる森を訪れる人間はほとんどいない。ツタウルシにクロムチヘビ、人間の手と同じくらい大きく、木の幹と幹のあいだに小さなトランポリンほどもあるねばねばした巣をかけるコガネグモに恐れをなすからだ。あまりに蚊が多いので、進化した微生物が世界中の廃タイヤの山脈を崩壊させたら、この虫の生存も危うくなるなどとはとうてい思えない。

その結果、人間が見向きもしないこれらの森は、カッコウやキツツキのほか、トキ、カナダヅル、ベニヘラサギといった渉禽類(しょうきんるい)にとって居心地のいい住処となっている。ワタオウサギやヒメヌマチウサギを狙うメンフクロウやハクトウワシも姿を見せる。毎年春になると、美しい生殖羽をもつアカフウキンチョウやナツフウキンチョウをはじめ、何万羽ものスズメ目の鳥たちが戻ってきて、木立に止まってはるばる湾の向こうから飛んできたあとの翼を休める。

鳥たちの止まり木の下の深い粘土層は、ブラゾス川の氾濫によって堆積したものだ。一〇を超えるダムや排水路と二本の運河によって、ガルヴェストンとテキサス・シティに水が移される以前のことである。だが、ブラゾス川は再び氾濫するだろう。手入れされないダムにはたちまちシルトが溜まる。人間がいなくなれば、一世紀以内に、ブラゾス川はすべてのダムを次々に飲み込んでいくだろう。

こうした事態が起きるのは、それほど先ではないかもしれない。外海よりさらに温かいメキシコ湾の海水が内陸へ這い上がっているばかりか、過去一世紀のあいだにテキサス沿岸の土地が低くなり、海に沈んできているからだ。油、ガス、地下水が地中からくみ上げられると、地盤が下がり、資源がふさいでいたスペースを埋める。ガルヴェストンには地盤沈下によって地面が三メートルも下がった地域がある。テキサス・シティの北のベイタウンにある高級分譲地は地盤沈下が著しく、一九八三年にハリケーン「アリシア」がやってきた際に浸水し、いまでは自然保護区の湿地になっている。メキシコ湾岸には海抜〇・九メートル以上の土地はほとんどなく、ヒューストンには海抜〇メートル以下の場所さえある。

土地が低くなり、海の水位が上がり、中型でカテゴリー3のアリシアよりはるかに強大なハリケーンが襲来すれば、ダムが決壊すらしないうちにブラゾス川は八万年前と同じ振る舞いに及ぶだろう。東を流れる姉のミシシッピ川と同じように、プレーリーの端からデルタ全域に氾濫するのだ。石油によって築かれた巨大都市を、海際まですっかり水浸しにする。サンバーナード川を飲み込み、コロラド川と一体化し、何百キロにも及ぶ海岸線の土地を扇形に浸水させる。ガルヴェストン島の五・二メートルの堤防もあまり役には立たないだろう。ヒューストン水路沿いの石油タンクは水没する。フレアを噴き出していた塔も、接触分解器も、分留塔も、ヒューストン中心部のビル群と同じように塩を含んだ水から顔を出し、洪水が引くのを待ちながら土台を腐らせていく。

ブラゾス川はまたしても様相を変え、新たな経路を選んで海へ流れ込む。海が近くなるため、その経路は以前より短い。新しい低地が形成され、隆起し、やがて広葉樹が新たに生えてくる（水に強い種のおかげで永住すると見られるナンキンハゼが、川岸の土地を分けてくれればの話だが）。テキサス・シティはもうどこにあるかわからない。水に沈んだ石油化学工場から染み出した炭化水素は、流れに揉まれてどこかに消えてしまう。重質原油の残留物は油の粒となって新たにできた内陸の川岸に散乱し、やがて分解される。

水面下では、化学工業地帯の酸化した金属が、ガルヴェストンのカキのとりつく場となる。シルトとカキの殻によって工場の残骸はゆっくりと埋まっていき、やがてシルトや貝殻も埋まっていくだろう。数百万年すれば、積もった層の重みで貝が押しつぶされ、石灰岩に変わる。こうして、ところどころが錆びた奇妙な金属層ができあがる。そこでは、ニッケル、モリブデン、ニオブ、クロムの痕跡がまだら状にきらきらと輝いている。それから数百万年後、誰かあるいはなにかが、ステンレス鋼の存在を認識する知識と手段を手にするかもしれない。だが、それが元々はテキサスと呼ばれた土地にそびえ、空に炎を噴き上げていたことを示すものは、なに一つ残っていないだろう。

# 11　農地が消えた世界

## （1）森林

私たちが文明を考えるとき、普通は都市を頭に描く。それも無理はない。エリコの遺跡のような塔や神殿を建てはじめて以来ずっと、人間は高い建物にぽかんと見とれてきた。建築物が空に向かって伸び、外へ向かって拡張するにつれ、かつてこの地球上では見たこともないようなものとなった。人間の都市ほど過密で複雑なものは、規模ははるかに小さいとはいえ、ミツバチの巣とアリの塚くらいだろう。人間は突如として、鳥やビーバーのように木切れと泥で間に合わせのねぐらをこしらえる遊牧民ではなくなった。長持ちする家を建てるようになったが、それは一ヵ所に留まるようになったということだ。文明を意味するcivilizationという言葉自体、「街に住む人」を意味するラテン語*civis*に由来する。

とはいえ、都市を生み出したのは、農地である。作物を栽培し家畜を飼うこと——じつはほかの生物を支配する行為——への途方もない飛躍は、人間の卓越した狩猟技術よりもさらに大きく世界を揺るがした。食べる直前に植物を採集し動物を殺すだけでなく、いまやそうした生き物の命をつかさどり、より確実に豊富に育つよう仕向けるようになったのだ。

　少数の農民がいれば多数の人間が食べていけるようになり、食糧の生産が増えると同時に出生数も増えたため、食物の採集と栽培以外のことが自由にできる人間が突如として出現した。農業がはじまるまでは、人間にとって食糧の確保がこの地球上で唯一の仕事だった。例外があったとすれば、才能ゆえに厚遇されてほかの仕事を免除されたかもしれないクロマニョン人の洞窟芸術家くらいだろう。

　農業のおかげで人間は定住し、定住が都市化につながった。とはいえ、空を背景とした都市の輪郭も壮観だが、規模では農地が勝っている。世界の土地のおよそ一二パーセントが耕作されているのにくらべ、街や都市はわずか三パーセントほどを占めるにすぎない。放牧地を含めれば、人類の食糧の生産に充てられている地球上の土地は、世界の地表面積の三分の一以上を占めている。

　人間が耕耘（こううん）、植えつけ、施肥（せひ）、消毒、収穫を突然やめたとしよう。食用のヤギ、ヒツジ、ウシ、ブタ、ニワトリ、ウサギ、ペルーテンジクネズミ、イグアナ、アリゲーターを太らせるのもやめたとする。使われていた土地は農業や牧畜以前の状態に戻るだろうか？　そもそも、私たちはその状態を知っているだろうか？

　人間が搾り取ってきた土地が回復できるのかどうか、まず、二つのイングランドから考察をはじめよう。一つは新世界の、もう一つは旧世界のイングランドだ。

メイン州の亜寒帯針葉樹林より南のニューイングランドの森を歩けば、五分もしないうちにそれが目に入る。森林監督官や生態学者といった専門家の目があれば、大きなストローブマツの木立が見つかっただけでそれに気づく。それらの木立が、開墾されたことのある土地ならではの均一な密度で生えているからだ。あるいは、樹齢の揃ったブナ、カエデ、オークなどの広葉樹が群生しているのが見つかる。ストローブマツの木陰に芽生え、そのマツが伐採されるかハリケーンになぎ倒されるかして、ぽっかり開けた空に林冠を広げた広葉樹だ。

だが、たとえカバノキとブナの区別がつかない人でも、落ち葉や地衣類にカムフラージュされたり緑のイバラに覆われたりした、ひざほどの高さのそれを見逃すはずはない。ここに誰かがいたのだ。メイン州、ヴァーモント州、ニューハンプシャー州、マサチューセッツ州、コネチカット州、ニューヨーク州北部の森を縦横に走る低い石垣から、かつて人間がこの森で境界を定めたことがわかる。コネチカット大学の地質学者、ロバート・ソーソンの記述によれば、一八七一年に石垣の一斉調査が行なわれ、少なくとも三九万キロメートルの手積みの石垣がハドソン川の東にあると判明した。これは月まで達する長さである。

更新世最後の氷河が前進した際に花崗岩の露出部分からはがれた石は、氷河が解けると地面に落ちた。地表に留まったものもあれば、砕けて下層土に埋まり、ときどき霜で持ち上げられたものもあった。ヨーロッパから渡ってきた農民が新世界で一からやり直すには、そうした石はすべて、木とともに取り除かなければならなかった。動かした石や岩が畑の境界線となり、動物を囲う柵となった。

大きな市場からはあまりにも遠かったため、肉牛の飼育は商売にはならなかったものの、ニューイングランドの農民は自給自足できるほどの肉牛、ブタ、乳牛を飼い、土地のほとんどを牧草地と干し草用の畑にした。残りはライムギ、オオムギ、早生種（わせしゅ）のコムギ、エンバク、トウモロコシ、ホップの畑だった。彼らが切り倒し、切り株を引き抜いた木々は、さまざまな広葉樹、マツ、トウヒの雑木林を形づくっていた。そうした林は、私たちがこんにちニューイングランドに抱くイメージそのものだ。昔と同じ木々が見られるのは、森が再生したからである。

地球上のほかの地域と違い、ニューイングランドの温帯林は増えつづけており、いまでは一七七六年のアメリカ合衆国建国当時をはるかにしのいでいる。アメリカが独立してから五〇年のあいだにニューヨーク州を横断するエリー運河が掘られ、オハイオ領土の開拓がはじまった。ニューイングランドで苦労していた農夫たちは、冬が短く土地も肥沃なこの領土に魅力を感じ、移住していった。南北戦争のあとには、さらに何万人もの農民が帰農せずに工場やニューイングランドの川を利用した製材所、紡績工場などに職を求め、あるいは西部へと向かった。中西部の森が伐採されはじめると同時に、ニューイングランドの森は復活しはじめた。

三世紀にわたり農民が築いたモルタルなしの石垣は、季節による土の膨張と収縮に応じて伸縮する。あと数世紀は風景の一部として残るだろうが、やがて、腐葉土と化した落葉落枝に埋めつくされる。だが、周囲に育つ森林は、ヨーロッパ人やそれ以前にインディアンがやってくる前と、どのくらい似ているのだろうか？　そして、人の手が入らなければどうなるのだろうか？

地理学者のウィリアム・クロノンは、一九八〇年の著書『変貌する大地――インディアンと植民者の環境史（*Changes in the Land*）』で、歴史家たちが描く次のような見解に疑問を投げかけた。すなわち、はじめて新世界に到着したヨーロッパ人が出会ったのは手つかずの原始林で、まったく途切れることなく森がつづいていたため、ケープコッド半島からミシシッピ川までリスが一度も地面に降りずに樹上を渡っていけたとするものだ。それまで、アメリカ先住民は森に暮らし森で食糧を調達する原始人で、リスほどにも森に負担をかけなかったとされていた。農耕の手ほどきをしてくれた先住民と感謝祭を祝ったというピルグリム・ファーザーズの逸話から、アメリカ・インディアンは、トウモロコシ、豆類、カボチャをかぎられた農法でささやかに耕作していたとされた。

こんにちでは、太古のままとうたわれた南北アメリカの風景の多くが、じつは人為的につくられたものであり、巨大動物類の大虐殺をはじめとして人間が引き起こした大きな変化の産物であることが知られている。アメリカに最初に定住した人間は少なくとも一年に二度、狩猟を容易にするために森の下生えを燃やした。野焼きはたいてい小規模で、イバラと害獣の駆除が目的だったが、ときには、特定の木立全体に火を放って森の形を変え、野生動物を追い込むわなや袋小路とすることもあった。

東海岸からミシシッピ川まで樹上を渡ることができたのは、おそらく鳥だけだ。木がまばらになった草地や残らず伐採された土地を横断するには翼が必要で、モモンガやムササビでも無理だっただろう。落雷によって燃えて開けた土地に育つ植物の観察から、古アメリカ・インディアンはベリー類の畑とハーブの草地をつくって、シカ、ウズラ、シチメンチョウをおびき寄せることを覚えた。のちにやってくるヨーロッパ人とその子孫が大規模に実践することが、火のおかげでついに開始されたのだ。すなわち、農耕である。

だが、一カ所だけ例外があった。入植者がはじめて到着し、住み着いた場所の一つ、ニューイングランドだ。大陸全体が処女地だったという誤った概念が広がった一因はここにあるかもしれない。

「いまではこう理解されています。植民地以前のアメリカ東部には、農業を生活の基盤とし、トウモロコシを主食とするかなりの数の人間が定住村落をつくり、土地を開墾していたとね。その通りです。ただ、北部のこのあたりは違ったのです」と、ハーヴァード大学の生態学者、デイヴィッド・フォスターは言う。

気持ちのいい九月の朝、マサチューセッツ州の森の深い中央部、ニューハンプシャー州との州境のすぐ南でのこと。フォスターは、背の高いストローブマツの林のなかで立ち止まった。一世紀前には耕されたコムギ畑だった場所である。日陰になった低木層には広葉樹の若芽が顔を出している。フォスターによれば、ニューイングランドの農民が南西の土地を目指して去ったあと、伐採するばかりのマツ林を期待してやってきた木こりたちは、こうした広葉樹の若芽に手を焼いたのだという。

「彼らは歯がゆい思いをしながら数十年を費やし、ストローブマツを再生産しようとしました。森林を伐採すると、日陰の低木層が新しい森となって現われることを知らなかったのです。ヘンリー・デイヴィッド・ソローを読んだことがなかったのでしょう」

ここはピーターシャム村の郊外に広がる「ハーヴァードの森」で、一九〇七年に森林調査基地とされたが、いまでは人間が使わなくなった土地の状態を調査する研究林となっている。林長のデイヴィッド・フォスターは研究生活の大半を教室ではなく自然のなかで送ってきた。五〇歳だが、一〇歳は若く見える。細身の体は健康そうで、額にかかる髪もまだ黒々としている。彼が飛び越えた小川は、ここで農業を営んでいた家族の四世代のうち誰かが拡張し、農業用水に転用したものだ。両岸に生えるトネリコは再生した森の先駆種である。ストローブマツと同じく、同種の木の陰では次世代が育たないため、一世紀後には、下に生えている小さなサトウカエデに取って代わられるだろう。とはいえ、どう見ても、ここはすでに森である。さわやかな香り、腐葉土のあいだから頭を出すキノコ、金色に輝く緑の木漏れ日、キツツキが木を穿つ音。

ここでは、かつての農地の最も工業化された部分でさえ、森が早くも蘇っている。煙突が崩れて石の小山となり、その近くには苔むした石臼がある。農民がこの場所でツガやクリの樹皮をひき、牛皮をなめしたのだろう。水車用貯水池はいまでは黒い堆積物で埋まっている。散らばった耐火レンガと金属とガラスのかけらだけが、ここに農家があったことを物語る。むき出しになった地下蔵の穴にはシダがこんもりと茂っている。かつて樹木のない広い野原を区切っていた石垣が、いまは高さ三〇メートルにまで育った針葉樹のあいだを縫って延びている。

二世紀以上にわたり、ヨーロッパ出身の農民とその子孫は、この地を含め、ニューイングランドの森の四分の三を切り開いた。三〇〇年たてば、木の幹は再び化け物じみた太さに育ち、初期のニューイングランド移民が船の梁や教会の建設に使った直径三メートルのオーク、その二倍の太さのプラタナス、高さ七五メートルものストローブマツのようになるだろう。初期の入植者が手つかずの巨大な樹木をニューイングランドで見つけたのは、植民地以前の北米のほかの地域と違って、この北米大陸の寒い片隅には人間がまばらにしか住んでいなかったからだと、フォスターは言う。

「ここにも人間はいました。それでも人口密度は低く、狩猟採集で糧を得ていたことを示す証拠があります。土地の外観から、野焼きをしていたとは考えられません。ニューイングランド全域に二万五〇〇〇人ほどが住んでいたと思われますが、どの地域にも長期間の定住はしなかったようです。建造物の柱穴の直径はわずか五センチから一〇センチです。こうした狩猟採集民なら、一夜にして村を解体して引っ越せたはずです」

フォスターによれば、ミシシッピ川下流域に定住性の先住民の大規模集落がひしめいていコシの総量は、コーヒーカップ一杯にも満たないでしょう」集落の大半は川の流域と海岸沿いにあった。川の流域ではついに農業がはじまったが、海岸沿いでは海洋狩猟採集民が、手づかみできるほど豊富なニシン、シャッド、二枚貝、カニ、ロブスター、タラをとって生活していた。内陸の野営地は主に、冬が厳しい海岸からの避寒地だった。

「それ以外は森でした」と、フォスターは言う。「無人の大自然でしたが、やがてヨーロッパ人が父祖の地にちなんだ名をこの土地につけて入植し、開墾をはじめました。ピルグリム・ファーザーズが見つけた森林地帯は最終氷河期が去ったあとに形成されたものです。いまや、当時の植生がよみがえろうとしています。主要な樹種がすべて復活しつつあるのです」

動物も同じだ。ヘラジカのようにみずからやってきたものもいる。ビーバーのようにかつての生息地に戻り、繁殖したものもいる。そうした動物たちを邪魔する人間がこの世から消え失せれば、ニューイングランドは、カナダからメキシコ北部に至る北米大陸がかつて持っていた姿に戻るかもしれない。小川という小川には一定の間隔でビーバーのダムが築かれ、大粒の真珠を連ねたように川沿いに湿地ができ、カモ、マスクラット、ハジロオオシギ、サンショウウオであふれるようになるだろう。生態系に新しく加わりそうなのがコヨーテで、現在、空白になっているオオカミの生態的地位を埋めようとしている。ただし、新たな亜種が誕生するかもしれない。

「この地で私たちが目にするコヨーテは、西部のそれよりかなり大型です。頭もあごも大きいのです」と言って、フォスターは長い両手で立派なイヌ科の頭蓋を描いてみせる。「西部のコヨーテより大型の獲物、たとえばシカなどをとります。おそらく、突然の適応ではないでしょう。西部のコヨーテがミネソタ州を通って北上し、カナダを横断する際にオオカミと交配し、そしてこの近辺に出没するようになったことを示す遺伝学的証拠があります」

外来植物がアメリカに押し寄せる前に農民がニューイングランドから去ったのは幸いだったと、フォスターはつけ加える。外国から来た樹木に覆いつくされる前に、在来植生がかつての農地に再び根を張った。ここでは、土壌にはいかなる化学物質も鋤き込まれなかったし、いかなる雑草、昆虫、菌類も、ほかの植物の生育を助けるために毒されたことがない。耕作された土地を自然が元の姿に戻すやりかたの指標とも言える例なのだ。たとえば、旧世界のイングランドとくらべる指標にもなる。

## (2) 農地

イギリスの幹線道路の大半と同様、ロンドンから北に延びる自動車道M1はローマ人がつくった道である。ハートフォードシャーに入り、ヘンプステッドから少し行くと、ローマ時代にはかなり大きな街だったセントオールバンズに至り、さらに進むと、ハーペンデン村に着く。ローマ時代以来、二〇世紀に五〇キロ離れたロンドンのベッドタウンになるまで、セントオールバンズは地域の商業の中心地であり、ハーペンデンは平坦な農地だった。その一面の穀物畑の単調さを破るのは、自生する灌木を利用した生け垣だけである。

ローマ人が紀元一世紀に現われるはるか前に、イギリス諸島の鬱蒼とした森は切り倒されはじめた。人類は七〇万年前の氷河期に、いまは絶滅したオーロクスというユーラシアの野牛を追い、当時は陸橋だったイギリス海峡を渡ってはじめてここに到達したと見られる。だが、定住は長くはつづかなかった。イギリスの優れた森林植物学者オリヴァー・ラッカムによれば、最終氷河期のあと、イングランド南東部はシナノキにオークが交じる広大な林と、石器時代の採集民が好んだであろう豊富なハシバミに覆われていた。

その風景が変わったのは、紀元前四五〇〇年前後のことだった。すでに大陸から隔てられていたイギリスに、人間が作物と家畜を携えて海峡を渡ってきたからだ。この移住者たちが、「イギリスとアイルランドを、農業発祥の地である近東の乾燥して木の生えていないステップのようにしてしまったのです」と、ラッカムは嘆く。

こんにち、原生林の面積はイギリス全土の一〇〇分の一以下で、アイルランドでは実質的にゼロである。森林地帯の大部分は、はっきり境界を区切られた土地になっている。何世紀にもわたって人間が木を刈り込んで慎重に間引きし、建材や燃料用の木を切り株から再生させてきた跡がうかがえる。ローマ人が去り、サクソン人の小作農と農奴制がそれに取って代わり、さらに中世に入っても、森のこうしたあり方は変わらなかった。

ハーペンデンには、低いストーンサークルと支柱が並ぶローマ時代の神殿の遺跡がある。

その近くに、一三世紀前半、ある荘園領主の屋敷ができた。レンガと木材で建てられ、堀と一・二平方キロあまりの敷地に囲まれたロザムステッド・マナーは、何世紀も経るあいだに五回持ち主を変え、部屋数を増やしていった。やがて一八一四年、ジョン・ベネット・ローズという少年がこの屋敷を相続した。ローズはイートン校からオックスフォード大学へ進んだ。大学では地質学と化学を学び、立派な頬ひげを生やすようになったが、学位は取得しなかった。その代わり、ロザムステッドに戻り、亡き父から種を蒔くよう託された土地を活用することにした。そこで彼がしたことが、農業の方向と、地表の大きな部分を変化させることになる。人類が消えたあとまで影響を残すその変化がどのくらいつづくのか、農産業や環境問題の専門家は大いに議論している。だが、先見の明を備えたジョン・ベネット・ローズその人が、親切にも多くの手がかりを残してくれている。

彼の物語は骨からはじまった。いや、最初は白亜（チョーク）だったと言うべきかもしれない。ハートフォードシャーの農民は何世紀ものあいだ、粘土質土壌の下から古代の海洋生物の遺骸であるチョークを掘り出し、畝（うね）のあいだに撒いていた。そうすることで、カブや穀物がよく育つからだ。オックスフォード大学で講義を聴いたローズは、畑に石灰を撒くのは植物に栄養を与えるというより土壌の酸性度を弱めるためだと知っていた。だが、それならば、作物に栄養を与える物質はあるのだろうか？

ドイツ人化学者のユストゥス・フォン・リービヒはその頃、骨粉で土壌に活力を取り戻せることに気づいていた。骨粉をあらかじめ希硫酸に浸しておくとより吸収されやすいと彼は記している。ローズはカブ畑で試してみた。そして、見事な成果に感嘆する。

ユストゥス・フォン・リービヒは肥料工業の父として記憶されるが、本人はおそらく、その名誉をジョン・ベネット・ローズの大成功と喜んで交換しただろう。発見した製法で特許を取ろうという考えは、フォン・リービヒの頭には浮かばなかった。多忙な農民にとって、骨を買い、煮て、砕き、ロンドンのガス工場から硫酸を持ってきて顆粒状になった骨を処理し、それから硬くなった骨粉をもう一度ひくのがどれほど大変な手間かに気づいたローズは、みずからその役を買って出た。製造特許を手にし、一八四一年、世界最初の人造肥料工場をロザムステッドに建てたのだ。じきに近所のすべての農家に「過リン酸石灰」を販売するようになった。

おそらく、レンガづくりの広大な邸宅にいまだに住みつづけていた母に説得されたのだろう。彼の肥料工場はまもなく、テムズ川に面したグリニッジ近郊のより広い土地に移転した。化学的土壌添加剤の普及につれてローズの工場は数を増やし、製品の種類も増えた。粉砕した骨とリン鉱石ばかりでなく、二種類の窒素肥料すなわち硝酸ナトリウムとリン酸アンモニウムも製造した（いずれものちに、こんにちよく使われる硝酸アンモニウムに取って代わられた）。不運なフォン・リービヒはまたもや、窒素が植物に不可欠なアミノ酸や核酸の主要な成分であることをつきとめながら、その発見から利益を得ることができなかった。フォン

・リービヒは発見を本に著し、ローズは硝酸塩混合液の製造特許を取得した。より効果の高い物質を知ろうと、一八四三年にローズはひと続きの試験用区画で実験を開始し、実験はこんにちまでつづけられている。ロザムステッド研究所は世界最古の農業試験場であるとともに、世界で最も長く農業試験がつづけられている場所でもある。六〇年にわたるパートナーとなり、ともにリービヒから目の敵にされた化学者ジョン・ヘンリー・ギルバートと力を合わせ、ローズは二つの畑で試験をはじめた。一方にはカブを、もう一方にはコムギを植えた。それぞれを細長く二四区画に分け、その一つ一つに異なる処置を施した。

そうした処置は、以下の要素を組み合わせて行なわれた。大量の窒素肥料、少量の窒素肥料、窒素肥料なし。生骨粉、特許を取得した過リン酸石灰、リン酸なし。カリ、マグネシウム、カリウム、硫黄、ナトリウムなどのミネラル類。生の天然堆肥、加熱済み天然堆肥。地元産のチョークを散布する区画と散布しない区画もつくった。その後何年か、いくつかの区画ではオオムギ、マメ類、エンバク、アカツメクサ、ジャガイモを輪作した。定期的に休閑させる区画と、連作する区画をつくった。対照のためいっさいなにも加えない区画もあった。

一八五〇年までには、窒素とリン酸塩の両方を加えると収量が上がること、微量のミネラル類によって生育が速まる作物と遅れる作物があることが明らかになった。パートナーのギルバートがせっせとサンプルを採取して結果を記録し、ローズは植物の生長を助けるとされる理論なら、科学的なものであれ、民間伝承であれ、とっぴなものであれ、なんでも試そうと意欲満々だった。ローズの伝記の著者ジョージ・ヴォーン・ダイクによれば、試験のなかには、象牙粉末から製造した過リン酸石灰を使ったり、作物にべったりと蜂蜜を塗ったりする方法まであったという。こんにちまでつづくある試験は、作物にはまったく関係がなく、牧草が対象だ。ロザムステッド・マナーのすぐ下に広がるかつてのヒツジの放牧地を細長い区画に分け、さまざまな無機性窒素化合物とミネラル類が試された。その後、ローズとギルバートは、魚粉と、異なる餌を与えた家畜から得た堆肥も加えた。二〇世紀になり、酸性雨が増加するにつれて区画はさらに細分化され、さまざまな水素イオン濃度（pH）での生育を試すため、半数の区画にチョークが加えられた。

この牧草地での試験から、干し草にする草は無機性窒素肥料を与えると腰の高さまで育つが、生物多様性が損なわれることに二人は気づいた。施肥しない区画では五〇種もの牧草、雑草、マメ科植物、ハーブが育つが、窒素肥料を加えた隣接部分ではわずか二、三種類しか育たない。植えた植物がほかの種子と生育を競うのを嫌う農民にとっては好都合だが、自然にとっては問題かもしれない。

逆説的だが、ローズにとっても問題だった。一八七〇年にはすでに財をなし、肥料会社は売却したが、ローズは飽くことなく実験をつづけた。彼の関心事の一つが、土地のやせていく過程だった。伝記の著者によれば、「数キログラムの化学肥料で、数トンの厩肥（きゅうひ）を使うのと同じくらい立派な作物ができる」と思っている農民はだまされていると公言していた。また、畑や家庭菜園に野菜を植える人に、自分なら「天然堆肥が安くたっぷり手に入る土地を選ぶ」と助言していたという。

だが、急速に拡大する都市工業社会の食糧需要をまかなうのに忙しい農村では、必要とされる大量の有機堆肥をつくるのに十分な数のウシやブタを育てる余裕がなかった。人口が密集していた一九世紀後半のヨーロッパ全域で、農民は穀物や野菜に与える栄養分を手に入れようと躍起(やっき)になっていた。南太平洋の島々からは何世紀もかけて堆積したグアノがはぎとられた。厩からは糞がきれいにぬぐいさられた。上品に「夜の土」と呼ばれる人の糞尿さえ畑に撒かれた。フォン・リービヒによれば、ワーテルローの戦いに倒れた馬と人間の骨も粉砕され、作物の栽培に利用されたという。

二〇世紀に入り、農地にかかる重圧がますます高まるにつれ、ロザムステッド研究所には除草剤、殺虫・殺菌剤、下水汚泥の試験区画が加わった。古めかしい邸宅に向かって蛇行する道の両脇に、化学生態学、昆虫分子生物学、農薬化学の大規模な研究所がずらりと並んだ。いずれも、ローズとギルバートがヴィクトリア女王からナイト爵位を賜ったあとで設立した法人、ローズ農業トラストが運営している。ロザムステッド・マナーは世界中から集まる客員研究者の宿舎となった。だが、そうしたきらびやかな施設の陰に隠れた、窓がほこりまみれの築三〇〇年の納屋に、ロザムステッドの最も価値ある遺産が眠っている。

その遺産とは、人間が植物を利用するために一六〇年以上にわたってなしてきた努力の跡が詰まった資料庫だ。何万本もの五リットル壜に、ありとあらゆるものの標本が密閉されている。試験区画のそれぞれから、ギルバートとローズは、収穫した穀物、その茎と葉、育った土のサンプルを採取した。毎年、使われた肥料を堆肥も含めて保存した。のちには後継者たちが、ロザムステッドの試験区画に散布された下水汚泥まで壜詰めにしてきた。

五メートル近い金属製の棚に年代順に並んだ壜には、一八四三年の最初のコムギ畑以降のサンプルが収められている。初期のサンプルにかびが発生したため、一八六五年以降、コルク栓で封をするようになり、その後はパラフィン、そして鉛が使われるようになった。戦争中、壜が不足していたときは、コーヒー、粉ミルク、シロップの空き缶にサンプルが詰められた。

何千人もの研究者が、はしごを登っては時を経て黄ばんだラベルの文字に目をこらしてきた――たとえば、「一八七一年四月、ロザムステッドのギースクロフトの地中二二センチで採取された土」などと記されたサンプルを取り出して。それでも、一度も開封されないままの壜も多い。それらは有機物質とともに時代の空気も保存している。私たちが突如として消え失せても、いまだかつてないほどの大地震で何万本ものガラス壜が床にたたきつけられないかぎり、この比類のない遺産は人間のいない世界で無傷のまま長く残ると推測していいだろう。もちろん、一世紀もしないうちに、耐久性のあるスレート葺きの屋根も雨や害獣によって傷みはじめるだろうし、きわめて知能の高いネズミが、壜をコンクリートにぶつけて壊せば、なかにまだ食べられる餌が入っていることを学習するかもしれない。

だが、そうした無秩序な破壊行為が起こる前に、貪欲だが興味深い人類が消えて、もはや静まり返った地球に、たまたま異星人の科学者たちが降り立ち、このコレクションを発見し

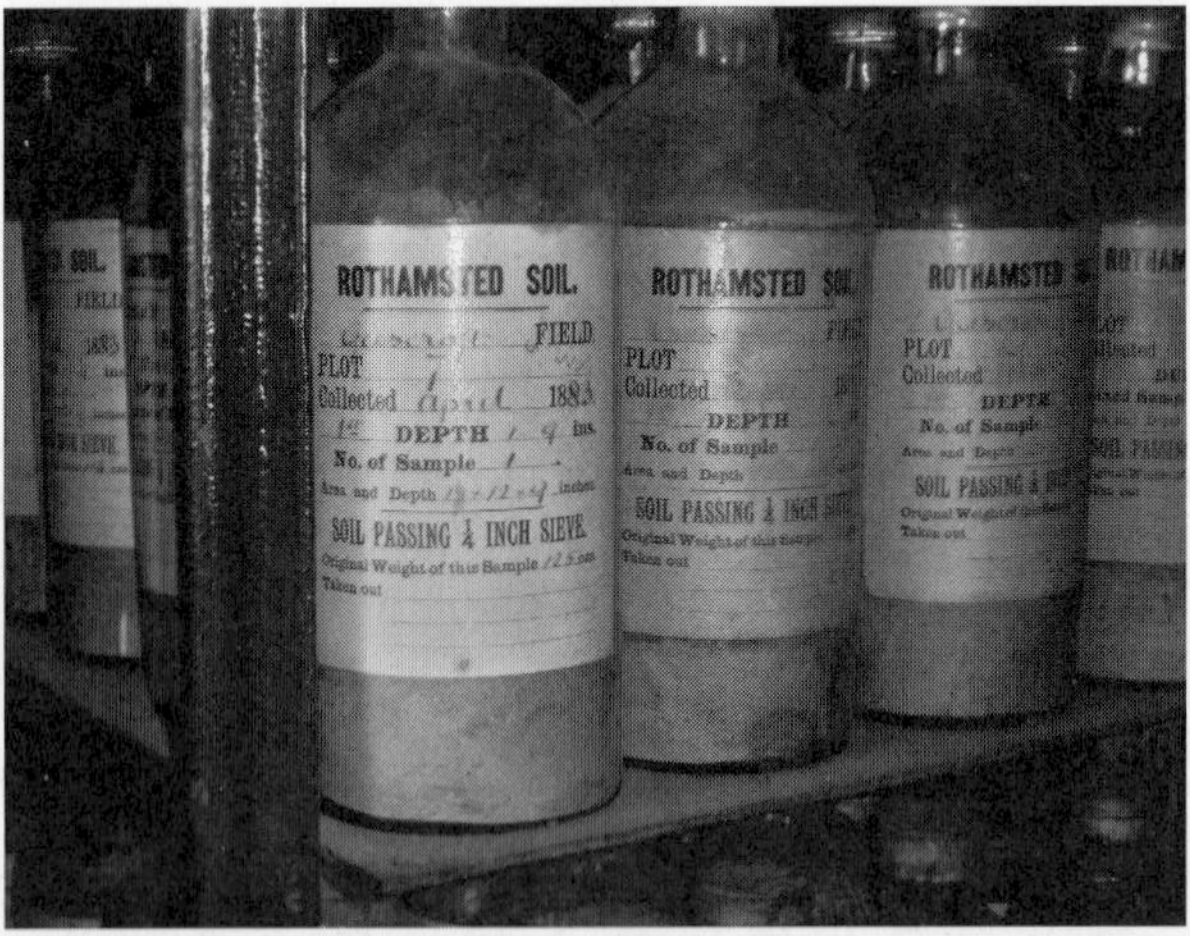


ロザムステッド研究所の資料庫　撮影：アラン・ワイズマン

たとしよう。三〇万個以上の標本が分厚いガラスの壜と缶に保管されているロザムステッドの資料庫を発見したと仮定するのだ。地球に至る道を見つけたほど賢明な彼らは、ラベルに書かれた端正な輪や符号が番号体系を表わす記号だとすぐに理解するに違いない。壜の中身が土と保存用に処理された植物の一部だと認識できれば、人類の歴史の最後の一世紀半を低速度撮影したともいえる記録が手に入ったのだと悟るだろう。

　最も古い壜から調べはじめれば、最初はほぼ中性だった土が、ほどなく、イギリスの産業の急速な発展とともに変化していくのがわかるはずだ。二〇世紀前半には、電気が登場して石炭火力発電所ができ、工場のある都市だけでなく地方にまで汚染を広めたため、pH値がさらに下がって強い酸性に傾いたのがわかる。窒素と二酸化硫黄がだんだん増えていくが、一九八〇年代前半には煙突が改良され、硫黄の排出が激減した。そのため異星人は、粉末硫黄が混ざったサンプルを見つけて戸惑うかもしれない。これは、農民が肥料として加えなければならなかったものである。

一九五〇年代前半にはじめてロザムステッドの牧草試験区で見つかった物質は、異星人にもなんだかわからないかもしれない。プルトニウムは自然界にはほとんど存在しない鉱物であり、ハートフォードシャーにも、もちろん存在しない。ブドウの出来がその年の天候を表わすように、ネヴァダ州の砂漠や、のちにはロシアで行なわれた核実験による放射性降下物が、遠く離れたロザムステッドの土壌に放射能の痕跡を残しているのだ。

二〇世紀後半に詰められた壜を開栓すれば、またもや、それまで地球上では知られていなかった（そして、運が良ければ彼らの星には存在しない）新奇な物質が見つかるだろう。プラスチックの製造から生み出されたポリ塩化ビフェニル（ＰＣＢ）などだ。このサンプルは、人間が裸眼で見ればなんの害もなさそうに見える。一〇〇年前の標本として壜詰めされた片手一杯ほどのさまざまな土と同じように。だが、異星人の視力なら、私たちがガスクロマトグラフやレーザー分光計といった装置でしか見抜けない脅威を識別できるかもしれない。

そうだとしたら、彼らは多環芳香族炭化水素（ＰＡＨ）のくっきりした蛍光性の痕跡に目を留めるかもしれない。火山や森林火災によって自然に放出されるＰＡＨとダイオキシンという二つの物質が、何十年かのうちに土壌や作物中の化学物質のなかで突出して増え、端役から舞台の真ん中へ躍り出たことに驚くことだろう。

彼らが私たちと同じく主に炭素からできている生命体であれば、飛び退くか、少なくとも後ずさりするのではないだろうか。PAHもダイオキシンも、神経系やそのほかの器官に重大な害を及ぼすからだ。PAHは自動車と石炭発電所の出す排気に乗って、二〇世紀の世界に舞い降りた。新しいアスファルトの刺激臭にも、この二つの物質のにおいが含まれる。あらゆる農地と同様、ロザムステッドでも、除草剤や農薬として意図的に使われた。

一方、ダイオキシンは意図されずに入り込んだ。ダイオキシンは炭化水素が塩素と結びつくときにできる副産物で、悲惨な結果をしつこく引き起こす。いまでは使用が禁止されているこの物質は性を転換させる内分泌攪乱物質としても有名だが、それ以外で最も悪名高いのが「オレンジ剤」への利用だ。オレンジ剤とは、反米ヴェトナム人の隠れ場所をなくそうという目的で、熱帯雨林を丸裸にした枯葉剤である。一九六四年から一九七一年までに、アメリカはヴェトナムに四五〇〇万リットルを超えるオレンジ剤を浴びせた。四〇年が経っても、大量の薬品が撒かれた森林の植物はいまだに元のようには生えてこない。代わりに生えてきたのがチガヤという世界でも指折りのやっかいな雑草だ。定期的に野焼きをしても次から次へと生えてくるため、タケ、パイナップル、バナナ、チークといった植物に植え替えようとする試みも成功していない。

ダイオキシンは堆積物内で濃縮されるため、ロザムステッドの下水汚泥サンプルからも検出されている（下水汚泥は一九九〇年以降、毒性の強さから北海への投棄が禁じられ、代わりに肥料としてヨーロッパの農地に散布されている。だが、オランダだけは例外だ。一九九

○年代から、オランダは有機農業こそ愛国心の表われとみなすかのような報奨制度を実施するのみならず、ほかのEU加盟国に対し、土地に使用された物質はすべて、いずれ海に流されることを懸命に説いている）。

ロザムステッドのすばらしい資料庫を発見した未来の訪問者たちは、私たちが集団自殺しようとしていたと思うだろうか？　一九七〇年代から、土壌中の鉛の蓄積が激減しはじめた事実に気づき、彼らも希望を見いだすかもしれない。だが同時に、ほかの金属の含有量が増えていく。ことに保存されている汚泥中に、鉛、カドミウム、銅、水銀、ニッケル、コバルト、バナジウム、ヒ素といったやっかいな重金属がすべて見つかるはずだし、亜鉛やアルミニウムのような軽金属も発見されるだろう。

## （3）化学

スティーヴン・マグラス博士は、部屋の隅のコンピュータの前にかがみこんだ。よく光る頭の下の眉間にしわを寄せ、落ちくぼんだ目で長方形の老眼鏡を通して見つめるのは、イギリスの地図と、色分けされた表だ。理想的な惑星、つまり一からやり直すチャンスのある惑星の上であれば、動物が好んで食べる植物には含まれないはずの物質が示されている。博士は黄色い部分を指して言う。

「たとえば、これが一八四三年以来の亜鉛の正味蓄積量です。こうした推移がわかるのはここだけです。なぜなら、私たちのサンプルは、世界で最も長い試験の資料ですからね」と、少し胸を張ってマグラスは言う。

ロザムステッドでも最も古い農地の一つ、ブロードボークと呼ばれる冬コムギ畑で採取された密封されていたサンプルから、土壌中の濃度が当初三五ppmだった亜鉛が二倍近くに増えていることがわかった。「大気から入ってきたものです。対照試験区にはなにも添加していませんから。化学肥料も、堆肥も、汚泥も使っていません。それでも濃度が二五ppm増しているのです」

だが、やはり当初三五ppmだった試験区で濃度が九一ppmに達している。産業に由来する大気中の降下物二五ppmのほかに、なんらかの物質によってさらに三一ppmが加わったのだ。

「天然堆肥ですよ。ウシやヒツジは、健康を保つため飼料に加えられた亜鉛と銅を摂取していますから。一六〇年以上のあいだに、そのせいで土壌中の亜鉛がほぼ倍増したのです」

人類が消滅すれば、亜鉛の交ざった工場の排煙がなくなり、家畜にミネラル類を添加した飼料を与える者もいなくなる。それでもマグラスは、人間のいない世界でさえ、人間が土に混ぜ込んだ金属は長期間残るだろうと予測する。金属類が雨によって溶脱し、土壌が工業化以前の状態に戻るのにどれほど時間がかかるかは、土の組成によると彼は言う。

「粘土には、最大で砂土の七倍長く残ります。水はけが悪いからです」泥炭も水はけが悪いため、鉛、硫黄、ダイオキシンのような有機塩化物の汚染物質が粘土よりさらに長く残る。

マグラスの地図で見ると、イングランドとスコットランドの原野の泥炭で覆われた丘の頂上に、汚染物質が集中する地点がある。

下水汚泥が混入すると、砂土のなかでさえ、やっかいな重金属が結合することがある。汚泥の混ざった土地では化学結合物が形成されるため、金属類の溶脱がその分減り、除去されるのは主に植物の根を通じてとなる。一九四二年以来、ウェスト・ミドルセックス市の下水汚泥を散布されてきたロザムステッドのニンジン、ビーツ、ジャガイモ、リーキ、さらにさまざまな穀類の保存サンプルを使い、マグラスは人間が土壌に添加した金属がどのくらいの期間残るかを、作物が収穫されつづけると仮定して計算した。

彼はファイルの入った引き出しから悪い知らせを伝える表を取り出す。「溶脱がなければ、亜鉛は三七〇〇年間、残留すると思われます」

青銅器時代から現代に至るまでと同じ長さだ。ほかの金属の汚染物質の残存期間とくらべれば、それでも短いことがわかった。人造肥料の不純物であるカドミウムは二倍、すなわち七五〇〇年間残留する。人類がメソポタミアとナイル川流域の灌漑(かんがい)をはじめてからいままでに流れた時間と同じ長さだ。

さらに悪い知らせがつづく。「鉛やクロムのような重金属は作物に容易に吸収されず、溶脱もしません。ただ結合するのみです」人間があまりにも迂闊(うかつ)に表土に加えてきた鉛は、消滅するのに亜鉛の一〇倍近い時間がかかる。つまり、向こう三万五〇〇〇年だ。三万五〇〇〇年前といえば、氷河期をいくつかさかのぼる。

化学的な理由ははっきりしないが、なかでもクロムが最も頑固で、マグラスの見積もりでは消滅に七万年かかるという。粘膜に付着しても体内摂取しても有毒なクロムは、おもに製革業を通じて私たちの生活に入ってきた。老朽化したクロムメッキの蛇口、自動車のブレーキライニング、触媒式排気ガス浄化装置からも少量がはがれ落ちる。だが、鉛にくらべれば、クロムはまだましだ。

人類は早くから鉛を発見していたが、神経系、学習・習得機能、聴覚、脳機能全般にどれだけ害を及ぼすかがわかったのは、近年になってからのことである。腎臓病やがんも引き起こす。イギリスでは、ローマ人が鉱山から鉛を掘って製錬し、導管や杯をつくった。有毒な素材を選択したせいで、多数の人びとが亡くなったり認知症になったりしたと思われる。鉛管の使用は産業革命後までつづいた。ロザムステッド・マナーの装飾的家紋をあしらった由緒ある雨水管も、いまだに鉛製だ。

だが、昔の鉛管や鉛の製錬は、地球の生態系にわずか数パーセントの鉛を加えたにすぎない。向こう三万五〇〇〇年間のいずれかの時点で地球にやってくる訪問者たちは、ありとあらゆるところに検知される鉛が、乗り物の燃料、工場の排気、石炭発電所に由来すると見当をつけられるだろうか？　人間がいなくなれば、金属がたっぷり混ざった畑に育つものがなんであれ収穫する者はいないので、植物は金属を吸収しつづけ、それから枯れて腐るという循環が延々とつづくだろうと、マグラスは推測している。

遺伝子操作によって、タバコとシロイヌナズナという草花が形質転換され、最も恐ろしい有毒重金属の一つである水銀を吸い込み、吐き出すようになった。残念ながら植物は、金属をもともと埋まっていた地中深くまで戻してくれるわけではない。水銀は空気中に吐き出され、それが雨に混じって至るところに降り注ぐ。スティーヴ・マグラスによれば、これはPCB（ポリ塩化ビフェニル）に起こっていることと似ているという。PCBはかつて、プラスチック、農薬、溶剤、コピー用紙、作動液などに使われていた。一九三〇年に発明されたが、免疫機構、運動神経、記憶を破壊し、性別を攪乱するため、一九七七年に使用が禁止された。

当初、PCBの使用禁止は功を奏したように見えた。ロザムステッドの資料を見ると、一九八〇年代と九〇年代を通じて土壌中のPCBは明らかに減少し、二〇〇〇年にはほぼ工業化前のレベルに戻っている。ところが残念ながら、PCBは使用されていた温帯地域から空気に乗って移動したにすぎなかった。それが北極と南極で寒気団とぶつかると、化学物質の石のように地上に落下したのだ。

その結果、イヌイット族とラップランド人の母親の母乳や、アザラシ、アシカ、魚の脂肪組織のなかのPCB濃度が高まった。ポリ臭化ジフェニルエーテル（PBDE）の難燃剤など、極地へと向かうそのほかのPOP（残留性有機汚染物質）とともに、PCBも両性具有のホッキョクグマの増加の原因ではないかと疑われている。PCBもPBDEも、人間が合成するまでは存在しなかった。いずれも、ハロゲン元素として知られる塩素や臭素のような、きわめて反応性の高い元素と結びついた炭化水素からなっている。

　ＰＯＰという頭字語に陽気な響きがあるのは残念である。こうした物質はみな、実用性を重視し、きわめて安定した組成でつくられている。ＰＣＢは潤滑剤として働きつづける液体だった。ＰＢＤＥはプラスチックが溶けるのを防ぐ断熱材だった。ＤＤＴは効果の持続する殺虫剤だった。このように、破壊されにくい物質なのだ。ＰＣＢのように、生分解する兆し（きざし）をほとんど、あるいはまったく見せないものもある。

　未来の植物は、人類の撒き散らした金属とＰＯＰを今後数千年にわたって循環させつづける。そのため、そうした物質に耐性のある植物はそれとわかるだろうし、土壌中の金属の味に慣れる植物もあるだろう――アメリカのイエローストーン国立公園で間欠泉（かんけつせん）の周囲に生育する植物が（数千年をかけてではあるが）そうしたように。だがそれ以外は、鉛、セレン、水銀などに中毒して、人間と同じように命を落とすだろう。そのなかには、水銀やＤＤＴへの耐性といった新たな形質を身につけて強くなった種の、弱い個体もあるだろう。また、完全に淘汰されて絶滅する種もあるはずだ。

　ジョン・ローズが売り出して以来ずっと畝のあいだに撒かれてきた種々の肥料が、人類の消滅後、どのように効果を持続させるかは一概には言えない。長年のあいだに硝酸塩が薄まって硝酸となり、ｐＨ値が低くなっている土壌は、数十年で元通りになるかもしれない。一方、自然に存在するアルミニウムが濃縮されて有毒な割合に達している土壌では、落葉落枝と微生物が一から土壌をつくりなおすまで、なにも育たないだろう。

だが、リン酸塩と硝酸塩の最悪の影響が現われるのは、畑ではなく、それらが排出される場所である。はるか下流に位置する湖や河川のデルタが、肥料を吸収しすぎた水草の下で酸欠状態に陥ってしまうのだ。池の浮きかすにすぎなかったものが水の華とも呼ばれる何トンもの藻類に変身し、淡水中の酸素を大量に摂取するため、水中生物はことごとく死んでしまう。藻類が死んで腐敗すると、このプロセスはさらに加速する。澄みきった池が硫黄混じりの泥穴と化す。富栄養化した河川の河口域は、広大な酸欠海域（デッドゾーン）へと拡大する。メキシコ湾に広がるミシシッピ川河口――この川ははるばるミネソタから肥料まみれの堆積物を運んでくる――は、いまやニュージャージー州より広大なのだ。

人間のいない世界で、農地の人為的肥沃化がぴたりと止まると、地球上で最も豊かな生物相を持つ領域――自然の栄養素を運ぶ役目を担う大河が海に注ぐ場所――から、巨大な化学的重圧があっというまに取り除かれる。ミシシッピ川からサクラメント川、メコン川、長江、オリノコ川、ナイル川に至るまでのデルタ地帯に存在する死の帯は、作物の生育期が一度も終わらないうちに縮小しはじめるだろう。化学処理式トイレの水を繰り返し流せば、水は徐々に透明になる。ミシシッピ・デルタの漁師がほんの一〇年後に死からよみがえれば、目に映る光景に驚くに違いない。

## （4）遺伝子

一九九〇年代半ば以降、人類は前例のない一歩を地球の年代記に刻んできた。一つの生態系から別の生態系へ異質な動植物相を移植するだけでは飽き足らず、個々の動植物のオペレーティングシステムに異質な遺伝子を組み込み、まったく同じことを繰り返すように仕向けたのだ。つまり、何世代にもわたって自分自身をコピーさせるようにしたのである。

当初、遺伝子組み換え生物（GMO）は、次のような目的でつくられた。作物にみずから殺虫剤やワクチンをつくりださせる、生育を邪魔する雑草を畑から駆除する化学物質に対して抵抗力をつける、作物や動物の市場価値を高める、など。こうした品種改良によって、収穫後のトマトが長持ちするようになった。北極海の魚のDNAを養殖のサケに組み込むことで、成長ホルモンを一年中分泌するようになった。乳牛は乳をより多く出すようになった。商業利用されるマツ材の木目が美しくなった。縞模様の観賞用熱帯魚にクラゲの蛍光遺伝子を組み込むと、暗闇で光る水槽のペットが生まれた。

人間はますます欲を出し、飼料として家畜に与える植物に抗生物質を出させるようにした。ダイズ、コムギ、コメ、ベニバナ、ナタネ、アルファルファ、サトウキビなどの遺伝子を改造し、血液の抗凝結薬、抗がん剤、さらにはプラスチックまで、あらゆるものの原料とした。健康食品にさえバイオテクノロジーを活用し、ベータカロチンやイチョウのサプリメントをつくった。私たちは、塩耐性の高いコムギや旱魃に強い木材を生産できるし、さまざまな作物の繁殖力を思いのままに調整できるのだ。

アメリカに拠点を置く「憂慮する科学者同盟」だけでなく、イギリスの大半の地方や西ヨーロッパの約半数の州や郡でも、こうした遺伝子操作は厳しく批判されている。反対論者が恐れているのは、たとえば将来、新たな生物がクズのように激増したらどうすべきかという問題だ。モンサントの「ラウンドアップ・レディー」シリーズのトウモロコシ、ダイズ、ナタネのような作物の分子は同社の看板商品の除草剤に抵抗力があるため、近くの雑草はすべて枯れても、作物は影響を受けない。こうした作物こそ二重に危険だと遺伝子操作反対論者は主張する。

彼らによれば、ラウンドアップ――グリホサートという除草剤の商品名――を継続的に雑草に散布することにより、その薬品に耐性のある雑草の系統が生き残り、結果として農家は除草剤を増やす必要に迫られるというのが一つの問題。多くの作物が花粉を撒き散らして繁殖するというのがもう一つの問題だ。メキシコでの研究から、バイオ操作されたトウモロコシが近隣の畑に侵入し、自然種を他家受粉させていることがわかると、食品業界は腹を立て、大学の研究者への資金提供を打ち切ったり圧力をかけたりしている。多額の費用を要する遺伝子研究に資金を提供してきたのは、この業界なのだ。

ゴルフ場の芝として広く栽培されているコヌカグサの組み換えられた遺伝子が、栽培地から何キロも離れたオレゴン州に自生する草のなかに発見された。遺伝子操作のおかげでエネルギーに満ちあふれたサケは囲いのなかで養殖されるため、北米の天然種とは交配しないと水産業界は太鼓判を押していた。だが、チリの河口域でサケが繁殖している事実によって、それが誤りだったことが証明された。ノルウェーから養殖用に持ち込まれるまで、チリにサケはいなかったのだ。

人為的につくられてすでに地球上に放たれた遺伝子が、無数に存在するであろう生態的地位でどんな反応をするかは、たとえスーパーコンピュータでも予測不可能だ。数十億年という進化を経てたくましさを身につけた種との競争で完敗するものもあるだろう。だが、適応する機会をすかさずとらえ、みずから進化していくものも必ずあるに違いない。

## (5) 農地のその後

ロザムステッド研究所の科学者ポール・ポウルトンは、一一月の霧雨のなか、ひざまでのセイヨウヒイラギの茂みに立っている。彼を取り囲む植物は、人間が耕作をやめたあとも残るはずだ。痩身のポウルトンは、ここからほんの数キロ道を登ったところで生まれ、どんな作物にも負けないほどこの土地に根を張っている。学校を出てすぐにこの研究所で働きはじめ、いまでは髪も白くなった。自分が生まれる前にはじまった試験にもう三〇年以上携わり、わが身が骨粉や堆肥と化してからも試験がつづくのを望んでいる。それにもかかわらず、いつの日か、ロザムステッドの試験で意味を持ちつづけるのは生命力旺盛な自生植物だけであることを、彼自身も承知している。彼がいま、太ももまでの泥だらけのゴム長靴で踏んづけている植物である。

ここは管理をいっさい必要としない唯一の区画でもある。一八八二年、ローズとギルバートは、ブロードボークの二〇〇〇平方メートルほどを区切って穀物を収穫せず放置してみようと思いついた。ブロードボークは冬コムギの畑で、無機リン酸塩、窒素、カリウム、マグネシウム、ナトリウムがさまざまな分量で加えられてきた。翌年は、前年の種からコムギが芽を出した。翌々年も同じように生えてきたが、今度はブタクサやシソ科の匍匐植物などが侵入し、コムギと土を奪い合った。

一八八六年になると、生育不全でかろうじてそれとわかるコムギが三本、芽を出しただけだった。コヌカグサがかなりの勢いで侵入するようになったし、あちこちに、ランに似たキバナノレンリソウなどの黄色い野の花が見られた。翌年には、ローマ人が来る前からすでにここで栽培されていた中東原産の丈夫な穀物であるコムギは、こうして再来した土着の植物にすっかり打ち負かされていた。

その頃、ローズとギルバートは、一キロ弱離れた一万二〇〇〇平方メートルあまりのギースクロフトという区画に手を入れるのをやめた。一八四〇年代から一八七〇年代にかけてマメ類が植えられたが、三〇年やってみて、輪作せずにマメを育てつづけるのは、たとえ化学肥料を加えてもうまくいかないとわかった。数シーズンにわたってギースクロフトにはアカツメクサの種が蒔かれた。その後、ブロードボークと同様にフェンスで区切って自然に任せることにした。

ロザムステッドで試験がはじめられる前、少なくとも二世紀にわたり、ブロードボークには地元産のチョークが撒かれてきたが、低地のギースクロフトは排水路を掘らなければ耕作が難しかったため、チョークは撒かれなかったようだ。何十年も放置されるうちに、ギースクロフトの土壌は次第に酸性度を増した。ブロードボークでは長年にわたって散布された多量の石灰が緩衝剤の役割を果たし、pH値はほとんど下がらなかった。ハコベやイラクサのような複雑な構造の植物が生え、一〇年もしないうちにハシバミ、サンザシ、トネリコ、オークの若木が根づき、生長するようになった。

一方、ギースクロフトは主としてイネ科のカモガヤ、オオウシノケグサ、ヒロハノウシノケグサ、コヌカグサ、ヒロハノコメススキが生える草原のままだった。開けた野に樹木が木陰をつくるのは、三〇年先のことだった。その間、ブロードボークには背の高い植物が密生した。一九一五年にはコブカエデ、ニレなど、さらに一〇種の樹木が加わったほか、ブラックベリーのやぶやセイヨウキヅタの濃緑のじゅうたんも見られた。

二〇世紀に入り、年月とともに、二つの区画はそれぞれのやり方で農地から森林への変貌をつづけ、成熟するにつれて農地時代の歴史の違いを反映して差が広がっていった。そして、ブロードボーク原野とギースクロフト原野として広く知られるようになった。合わせて一万五〇〇〇平方メートルにも満たない土地にしては大げさな呼び名のようだが、原生林が一パーセントしか残っていない国にはふさわしいのではないだろうか。

一九三八年にはブロードボークにヤナギが芽を出したが、のちにグーズベリーとセイヨウイチイに取って代わられた。ポール・ポウルトンは色鮮やかな実のなるベリー類の茂みにひ

ブロードボークのコムギ畑と「原野」（左上方の木立）


っかかったレインパーカーをはずしながら言う。「ここギースクロフトには、昔はこんな植物は生えていませんでした。四〇年前に、突然、セイヨウヒイラギが入り込みはじめました。いまではずいぶんはびこっています。理由はわかりません」

セイヨウヒイラギの茂みのなかには、木と言ってもおかしくないほどに育ったものもある。ツタがサンザシの幹という幹にからまって地面にまで伸びているブロードボークと違い、ここにはイバラのほかには下生えはない。ギースクロフトの休閑中の畑に最初に入り込んだ草は、葉の細長いものも幅広いものも、酸性土を好むオークの陰でことごとく消え失せた。窒素を固定するマメ科植物の植えすぎと、窒素肥料と、何十年にもわたる酸性雨のせいで、ギースクロフトは酸性化と溶脱のためにやせた土壌の典型例となり、繁茂する植物はわずか数種しかないのだ。

それでも、オーク、イバラ、セイヨウヒイラギを主とする森は不毛の地ではない。生命が息づき、時とともに豊穣になっていく。

オークが一本しかないブロードボークがギースクロフトと違うのは、二世紀にわたるチョーク石灰の散布によってリン酸塩が保持されてきた点だ。「でも、石灰はいずれ流れ出てしまいます」と、ポウルトンは言う。流れ出ると、もう回復の見込みはない。ひとたびカルシウムの緩衝剤がなくなれば、人間が復活してシャベルで撒かないかぎり、自然に回復することはありえない。ポウルトンはほとんどささやき声で、生涯を捧げた仕事場にほっそりした顔を向けて言う。「いつの日か、この農地もすべて雑木林に還ります。牧草はすべて消えるでしょう」

私たちがいなくなれば、一世紀も経たないうちにそうなるだろう。石灰を洗い流されたブロードボーク原野はギースクロフトの再来となる。樹木のアダムとイヴのごとく、木々の種子が風に乗って行き交い、残された二つの森が一つになり、さらに広がって、ロザムステッドの畑だった土地はすべて、耕作される前の本来の姿に戻るだろう。

二〇世紀半ば、大量生産用のコムギの茎がおよそ半分にまで短縮され、それにもかかわらず、収穫される穀粒の数は倍増した。世界の飢餓を撲滅するため、いわゆる「緑の革命」で開発された人工的な作物だ。収量が著しく増大し、従来なら飢えていた何百万もの人びとが食糧を手に入れ、結果的にインドやメキシコといった国々の人口も増大した。遺伝子組み換え以前の技術である異種交配とアミノ酸の無作為な混合によってできた品種なので、順調に生育し生き残れるかどうかは、肥料、除草剤、殺虫・殺菌剤の配合に左右される。研究室生まれのこうした植物は、それらの物質によって現実の外界に潜む危険から守られる必要があるのだ。

ブロードボーク原野のコムギはローズとギルバートによって自然条件に委ねられたあと、四年持ちこたえた。だが、人間のいない世界では、それだけの期間ですら自然のまま生き延びるものはないだろう。繁殖力のない交配種もあるし、子孫を残したにしても欠陥を抱えている。そのため農家は毎年新しい種を買うことを強いられ、種苗会社は儲けを手にしている。いまや世界のほとんどの穀物畑は、そうした品種が命を終える場となっている。人間がいなければ、窒素と硫黄によって深部まで酸性になったままで放置されることになる。新たな土壌ができあがるまで、著しく溶脱した酸性土壌のままだろう。新しい土壌ができるには、まず酸耐性の木が根づいてから育つまでの数十年が必要だ。それから、工業化された農業の残したわずかな遺産に耐性のある微生物が落葉落枝と朽ちた木を分解し、腐植土として排出するまで何百年もかかる。

そうした土壌の下に、三世紀分のさまざまな重金属や、日の下でも土の下でもまったくの新顔で頭字語の名をもつ多様なＰＯＰ物質が眠り、ぐんぐん伸びる根によってときおり掘り起こされる。PAHのような人為的に合成された化合物は重いため北極まで飛ばされることもなく、分解してくれる微生物も入れないわずかな土壌の隙間に分子の状態でへばりつき、永遠に留まるかもしれない。

◆◆◆

一九九六年、ロンドンのジャーナリスト、ローラ・スピニーは、ニュー・サイエンティスト・マガジン誌に寄せた記事のなかで、人類が消えてから二五〇年後のロンドンはかつてのような沼地に戻ると予想した。自由の身となったテムズ川が、倒れたビルの浸水した基礎部分のあいだを縫うように流れている。イギリスで最も高いビルであるカナリー・ワーフ・タワーも、水滴をしたたらせるツタの何トンにも達する重みに耐えかねてすでに倒壊している。ロナルド・ライトがその翌年発表した小説『科学的なロマンス（*A Scientific Romance*）』では、舞台はさらに二五〇年後のロンドンに飛び、ヤシに縁取られたテムズ川の澄みきった流れがキャンベイ島を過ぎ、蒸し暑いマングローブの河口から温かい北海へと注ぐさまが描かれている。

地球全体と同様、人類なきあとのイギリスの運命も二つの予測のあいだを揺れ動いている。温帯の森に還るのか、あるいは熱帯の灼熱の未来へ進むのか。だが、ひょっとすると、皮肉にもイングランド南西部の荒野で最後に見られたものに似ていくかもしれない。かつてコナン・ドイルの生んだバスカヴィル家の犬が、冷たい霧に吠えた荒野だ。

イングランド南部で最も標高が高いダートムア高原は面積が二三〇〇平方キロ、はげ頭を思わせる形で、ところどころに崩れた花崗岩の大きな塊が突き出している。裾野(すその)には、農地や林地がかつて境界線だった生け垣を越えて広がっている。この高原は石炭紀の終わりに形成されたが、当時イギリスの大部分は海底にあったため、海の生き物が残した殻が地中に埋まるチョークとなった。チョークの下の花崗岩が三〇〇万年前にマグマに押し上げられ、ふくれ上がってドーム型の島ができた。一部の人びとが恐れているように、もし海面が上昇すれば、再びその状態になるかもしれない。

数回の氷河期に地球上のかなりの水が凍ったため海面が下降し、世界はこんにちの形になった。最終氷河期に、厚さ一・六キロもの氷床が本初子午線の真下に移動してきた。この氷床が止まった地点からダートムア高原ができはじめた。ごつごつと険しい花崗岩の丘の頂はその時代の名残を留めると同時に、イギリスの気候が先に述べた三つ目の運命をたどった場合の、イギリス諸島の未来を前もって示してもいる。

その運命が現実となるのは、グリーンランドの氷原から解け出した水がメキシコ湾流の下の海洋循環を止めるか、逆流させたときだ。現在、同緯度に位置するカナダのハドソン湾よりイギリスがかなり暖かいのは、暖流であるメキシコ湾流のおかげだ。大いに論議されているこの現象は世界的な気温の上昇が直接の原因となって起きるため、おそらく氷床は形成されないだろうが、永久凍土層やツンドラは形成されるかもしれない。

同じことがダートムア高原で起こったのは、一万二七〇〇年前、現在に先立って地球の循環系の動きが弱まり、ほとんど止まりそうになったときだった。そのときも、氷床はなかったが、地面は岩のように固かった。つづいて起こったことは、将来イギリスがどうなるかを教えるだけでなく、希望も与えてくれる。そうした出来事もいずれは過ぎ去るからだ。

極度の低温は一三〇〇年間つづいた。その間、ダートムアでは花崗岩ドームの基岩の亀裂に閉じ込められた水が凍ったせいで、地下の巨大な岩が割れた。そして、更新世が終わった。永久凍土層は解けた。水があふれて、砕けた花崗岩を表面に押し出し、それがダートムアの岩山となり、荒野が現われて広がった。その後二〇〇〇年にわたってイギリスをヨーロッパ大陸と結んでいた陸橋を通じてマツが入り込み、次にカバノキが、そしてオークが入ってきた。シカ、クマ、ビーバー、アナグマ、ウマ、ウサギ、キタリス、オーロクスも、そうした木々とともに渡ってきた。同じように、数種の重要な捕食動物がやってきた。キツネ、オオカミ、そして、こんにちのイギリス人の多くにとって祖先となる人間だ。

アメリカや、さらに古くはオーストラリアでも行なわれたように、人間は火を使って樹木を消し去り、獲物を見つけやすくした。高い岩山を除けば、地元の環境保護グループが称賛するダートムアの荒野もまた、人為的につくられたものだ。かつては森だったが、繰り返し焼かれ、一年に二五〇〇ミリを超える降水によって浸水し、もはや木の育たない泥炭層となったのだ。泥炭のコアサンプルに見られる炭の残骸だけが、かつて木があった証である。

た。花崗岩の大岩が動かされて環状に並べられ、小屋の土台となって、文明の産物が形成され石を長く並べたモルタルなしの低い石垣がつくられ、野原に縦横に延びていた跡がこんにちまではっきりと残っている。

土地はこの石垣で分けられ、ウシ、ヒツジ、そしてダートムア名物の丈夫なポニーの放牧地となった。近年、スコットランドの美しいヒースの野の向こうを張って家畜を追い出そうという動きがあったが、うまくいかなかった。生えてきたのは紫色のヒースの仲間ではなく、大型のシダ類ととげだらけのハリエニシダだったのだ。とはいえ、かつてのツンドラには、ハリエニシダがお似合いだ。ツンドラの凍った表面が解けると、こうした原野を歩く人にはおなじみのスポンジ状の泥炭となる。人間がいようといまいと、ここはまたツンドラになるかもしれない。

地上のほかの場所では、人間が何千年も手入れしてきた農耕地が、温暖化のせいで現在のアマゾンと同じような場所となるかもしれない。木々は林冠を大きく広げるだろうが、土壌には人間の痕跡が残されるだろう。当のアマゾンでは、よく見られるテラ・プレタという肥沃な黒い堆積土に混ざる木炭から、何千年も前の古人類が、こんにちでは未開のジャングルと思われている地域を広範囲にわたって耕していたらしいとわかっている。木を燃やすのではなくゆっくりと炭にすることで、栄養のある炭素のかなりの部分が大気中に逃げず、窒素、リン、カルシウム、硫黄の栄養分とともに残った。栄養分のすべてが、分解されやすい有機物のなかに詰まっていたのだ。

このプロセスは、コーネル大学の土壌科学者の系譜に最も新しく名を連ねたヨハネス・レーマンが記したものだ。レーマンがテラ・プレタの研究に捧げてきた期間の長さは、ロザムステッド研究所で創設者ジョン・ローズの後継者たちが肥料の試験をしてきた期間にも匹敵する。炭素濃度を高められた土壌は、休みなく使われてもやせることがない。アマゾンの豊かな緑を見ればわかる。レーマンをはじめとする研究者たちは、この地域がコロンブス以前に多くの人口を支えてきたと考えている。コロンブスの到着後、ヨーロッパから持ち込まれた病気によって人口が減り、いまでは先祖の植えたナッツのなる樹木に食糧を頼る部族が点在するだけとなった。現在アマゾンで見られる途切れなくつづく世界最大の森林は、肥沃なテラ・プレタのおかげですばやく回復したのであり、ヨーロッパからの移住者たちは森がかつて消えたことにまったく気づかなかった。

「植物の炭をつくって加えるという処置は、土壌を劇的に改良し、作物の収量を増やすだけではない。大気中の二酸化炭素を、長期間、大量に溜められる場所をつくる斬新な方法にもなりうる」と、レーマンは書いている。

一九六〇年代に、イギリスの大気科学者であり、化学者、海洋生物学者でもあるジェームズ・ラヴロックが「ガイア仮説」を唱えた。それによれば、地球は一つの巨大な生命体として機能し、土壌、大気、海洋が一つの循環系を構成して、それぞれに生息する動植物がその循環系を調整している。ラヴロックがこんにち恐れているのは、生きている地球が高熱に苦しんでいるのではないか、原因のウイルスは人間ではないかということだ。ラヴロックは人間の生きた知識をマニュアルとして残すことを（耐久性のある紙で、とつけ加えながら）提案している。極度に気温の上がった世界で最後に残された居住可能な場所、極地で次の千年期の終わりまで耐え抜き、海洋が十分な量の炭素を循環させて平衡状態をほぼ回復するまで生き延びた人びとのためだ。

マニュアルをつくるとすれば、アマゾンの無名の農民たちの知恵も書き込み、下線を引いて、今度は少し違う農業を試みられるようにしよう（実現の可能性はありそうだ。ノルウェーは、世界の作物の品種の種子標本を北極圏で保管しはじめた。地球のほかの場所でとんでもない災厄が起こっても種子が生き残れるようにしているのだ）。

マニュアルも標本も保管できず、土地を耕し家畜を飼う人間も戻ってこないとしても、森が後を引き継ぐ。放牧地が降雨に恵まれれば、草を食む動物の新種が棲めるようになるかもしれないし、長鼻目とナマケモノという昔ながらの種の新たな仲間が誕生し、地上を満たすかもしれない。だが、それほど恵まれていないほかの場所は、太陽に焼かれて新たなサハラ砂漠となるだろう。たとえば、アメリカ南西部だ。一八八〇年までは腰の高さの草に覆われていたが、五〇〇万頭のウシが短期間に六倍に増え、保水力がほとんど失われたニューメキシコ州とアリゾナ州はいまやかつてないほどの旱魃に直面している。そうした土地はもっと待たねばならないかもしれない。

それでも、当のサハラ砂漠もかつては全域が川と池で覆われていたのだ。忍耐強く待てば

――残念ながら待つのは人間ではないが――この砂漠も元の姿を取り戻すだろう。

# 第3部

# 12　古代と現代の世界七不思議がたどる運命

地球温暖化と海洋循環による冷却のうち、優勢なほうがもう一方の影響を受けていくぶん弱まると、どうなるだろうか。いくつかの実例からこんな予想ができる。細部まで機械化されたヨーロッパの農地は、人間がいなければ、スズメノチャヒキやウシノケグサのほか、ルピナス、アザミ、花の咲いたナタネ、さらにはノハラガラシで覆われるだろう。かつてコムギ、ライムギ、オオムギが生えていた酸性の畑からは、数十年以内にオークの若木が芽吹くはずだ。イノシシ、ハリネズミ、オオヤマネコ、バイソン、ビーバーが生息地を広げ、オオカミがルーマニアから北上し、もしヨーロッパがいまより涼しければ、トナカイがノルウェーから南下してくることだろう。

イギリス諸島は生物学的にやや孤立する。上昇した海面が、ドーヴァーのすでに後退しつつあるチョークの崖を削り、イギリスとフランスを隔てる三四キロの海峡の幅を広げるからだ。とはいえ、小型のゾウやカバがかつてその二倍近い距離を泳いでキプロスに渡ったと考えられる以上、この海峡を渡ってみようとする動物がいてもおかしくない。カリブーは断熱性のある中空の体毛で浮いてカナダ北部の湖を渡るのだから、同胞のトナカイが北欧からイギリスへやってくるかもしれない。

せっかちな動物なら、人間の往来が途絶えたあとの英仏海峡トンネルを通って、首尾よくイギリスに渡るかもしれない。たとえ人間がメンテナンスしなくても、このトンネルは世界の多くの地下鉄と同じくすぐには浸水しない。ごくわずかな水しか通さないチョーク質の泥灰土の単一地層に掘られているからだ。

実際にそうしようとする動物がいるかどうかは、また別の問題だ。英仏海峡を通る三本のトンネル——東行き列車と西行き列車用に一本ずつ、それらを修理するための中央通路が一本——は、いずれもコンクリートで覆われている。およそ五〇キロにわたり、餌も水もない。ただ真っ暗闇がつづくだけだ。それでも、なんらかの大陸種がトンネルを渡り、イギリスを再び植民地化することはありうる。極地の氷河に生える地衣類から、八〇度の熱水を噴出する海底孔に潜む環形(かんけい)動物まで、世界で最も過酷な場所に棲みついている生物の能力は、生命の本来の意味を象徴しているのかもしれない。きっと、ハタネズミやこうした場所につきもののドブネズミといった、好奇心旺盛な小型動物がトンネルを進んでいけば、血気にはやる若いオオカミがにおいに引かれて後を追うことだろう。

英仏海峡トンネルはまさに現代の驚異である。二一〇億ドルの費用を要した工事は、中国が数本の川にまたがるダム工事を開始するまでは歴史上最も費用のかさんだ建設プロジェクトだった。埋もれた泥灰土の地層に守られたこのトンネルは、何百万年も残る可能性の高い、地球上でもまれな建造物の一つだ。壊れるとしたら、大陸移動によって引きちぎられるか、アコーディオンのように縮んだときだろう。

だが、トンネルが無傷で残っても、機能が維持されるとはかぎらない。トンネルの二つの終着点は、どちらも海岸からわずか数キロの場所にある。イギリス側のフォークストンの入口は、現時点で海抜約六〇メートルの位置にあり、浸水の恐れはほとんどない。イギリス海峡とのあいだを隔てるチョークの崖が著しく浸蝕されないかぎり、大丈夫だろう。それより、上昇した海水がフランス側の終着点コケルを浸水させる可能性のほうがはるかに高い。カレー平野にあるコケルは、海抜わずか五メートル弱の地点に位置するからだ。それでも、海底トンネルが完全に水浸しになるわけではない。トンネルは泥灰土層に沿って掘られているが、なかほどで一度地層が落ち込み、その先で上りの傾斜がついているため、水は一番低い部分に流れ込み、トンネル内には水のない空間も残るだろう。

水のない空間ではあるが、向こう見ずな渡りをする動物にとってさえ無用の長物である。だが、二一〇億ドルを費やして土木工事の驚異的偉業を成し遂げた時点では、海面が上昇して人間を襲うなどとは誰も想像しなかったのだ。

七不思議を擁した古代世界。その古代世界の誇り高き建築家たちもまた、永遠とはくらべようもないほど短い歳月ののちに、そのうちで残っているのがたった一つしかないとは夢にも思わなかっただろう。その一つとは、エジプトのクフ王のピラミッドである。見上げるような原生林の頂が描く線もやがて崩れ去るように、クフ王のピラミッドは過去四五〇〇年のあいだに九メートルほど低くなっている。最初は徐々に低くなったわけではない。中世にこの地を征服したアラブ人が大理石の化粧板をはぎ取り、カイロの建設に使ったのだ。露出した石灰岩は普通の丘と同様に風化が進行中で、一〇〇万年経てばピラミッドには見えなくなっているはずである。

ほかの六つはさらに短命だった。象牙や金の延べ板で飾られていた巨大な木製ゼウス像は、移動させようとして倒れ、粉々になった。空中庭園は、バグダッドの南五〇キロにあるバビロンの宮殿の遺跡にもいっさい痕跡を留めていない。ロードス島のブロンズの巨像は、地震に遭って重さのあまり崩壊し、のちに青銅のスクラップとして売られた。残り三つは大理石の建造物だった。ギリシャ人がエフェソスに建てた神殿は火事で崩れ落ちた。ペルシアのマウソロス大霊廟は十字軍に破壊しつくされた。アレクサンドリアの港の位置を知らせた大灯台は地震で倒壊した。

それらが七不思議と称されたのは、エフェソスのアルテミス神殿のように美しさで感銘を与えたからというより、大半は単に規模が巨大だったからだ。人間の手になる壮大な創造物は、しばしば私たちを圧倒し、畏敬の念を起こさせる。そうした巨大構造物の一つで、時代は少し新しいが最も偉容を誇るのは、二〇〇〇年におよぶ年月を費やし、三つの王朝にまた

がって建設された総延長六四〇〇キロの城壁だ。その壮大さは、単なる歴史的建造物という
より地形とでも言いたくなる域に達している。中国の万里の長城は、度肝を抜くほどの規模ゆえに宇宙からも見えると広く信じられていたが、それは誤りだった。宇宙から見えていれば、攻撃しようとする異星人にさえ、この土地は守られているのだと警告できたことだろう。

　だが、地殻上にできたその他の波紋と同じく、万里の長城も不滅ではないし、地質学的に形成された自然の造形物にくらべればはるかに短命だ。練り土、石、焼いたレンガ、材木を寄せ集め、糊状にした飯粒までモルタルとして使ってある長城は、人間によるメンテナンスがなければ木の根や水に対して無防備である。さらに、工業化する中国社会から生み出される酸性雨が追い打ちをかける。だが、その社会がなければ長城は崩れつづけ、あとには石しか残らないだろう。

　黄海から内モンゴルまで長城を巡らすとは、なんとも感嘆せざるをえない話だ。だが、壮大な公共工事ということでは、現代のある驚異的事例に並ぶものはまずないだろう。その工事がはじまったのは、ニューヨークに地下鉄が開通した一九〇三年のことだった。それはまさに、プレート・テクトニクスに対する人類の挑戦にほかならなかった。三〇〇万年前には一つの塊として海に浮いていた二つの大陸を引き裂こうというのである。パナマ運河の建設に匹敵する試みはそれ以前は皆無だったし、以後も比肩するような工事はほとんどない。

　その三〇年前にはすでにスエズ運河がアジアからアフリカを切り離していたが、疫病もな

ければ山もない砂漠を、海面の高さで一刀両断する比較的単純な工事だった。スエズ運河を掘ったフランスの会社は、次に南北アメリカ間の幅九〇キロの地峡で、自信たっぷりに同じことをしようとした。マラリアと黄熱病の蔓延する密林、並外れた量の降雨でふくれあがる川、最も低い峠でも標高八〇メートルを超える大陸分水嶺（ぶんすいれい）を、悲惨なまでに見くびっていたのだ。全長の三分の一も掘り進まないうちに会社は破綻（はたん）し、フランスに大きな衝撃を与えたばかりでなく、二万二〇〇〇人の労働者の命が失われたのである。

九年後の一八九八年、セオドア・ルーズヴェルトという野心満々の米海軍次官補が、カリブ海域からスペインを駆逐する口実を見つけた。ハバナ湾でアメリカ戦艦が（おそらくはボイラーの欠陥により）爆発、沈没した事故である。米西戦争はキューバとプエルトリコの解放を目的としていたはずだった。ところが、アメリカがプエルトリコを併合してしまったため、この島の人びとは驚いた。ルーズヴェルトにしてみれば、プエルトリコは、当時まだなかった運河の給炭地として申し分のない位置にあった。運河ができれば、大西洋と太平洋を行き来する船は、南米大陸に沿って南下してから再び北上するなどということをしなくてすむのだ。

ルーズヴェルトはニカラグアではなくパナマを選んだ。航行可能なニカラグア湖を運河として利用すれば掘削の手間は大幅に省けるものの、周囲には活発な火山がいくつもあった。当時、パナマ地峡はコロンビアの領土だったが、パナマ人は三度にわたり、遠く離れた首都ボゴタの気まぐれな統治から逃れようと試みていた。アメリカはコロンビアに、運河の予定地を囲む一〇キロほどの地域の統治権をわずか一〇〇〇万ドルで譲渡してほしいと申し出たが、拒絶された。そこで、ルーズヴェルト大統領は砲艦を派遣してパナマ人を支援し、反乱はようやく成功を収めた。ところがその翌日、ルーズヴェルトはパナマ人を裏切った。アメリカが初代駐米パナマ大使として承認したのは、破綻したフランスの運河掘削会社のフランス人エンジニアだった。この人物は相当な個人的利益と引き換えに、アメリカ側の条件をのむ条約を即座に承認した。

かくして、アメリカ人は海賊のような白人帝国主義者だというラテンアメリカでの評価が定着する一方、人類史上最も驚異的な土木事業が、その後一一年の歳月を費やし、さらに五〇〇〇人の死者を出して成し遂げられた。完成から一世紀を経てもなお、史上最大級の事業であることに変わりはない。パナマ運河は大陸塊と、二つの大洋間の交通を根本から変えたばかりか、世界経済の中心をアメリカへと大きく移動させたのである。

これほど大規模で文字どおり大地を動かす存在は、今後も長いあいだ持ちこたえるはずだと思える。だが、人類が消えた世界で、人間がパナマで切り離したものを自然が再び結合させるのに、どれくらいの時間がかかるだろうか？

◆
◆
◆

「パナマ運河は人間が地球に負わせた傷のようなもので、自然はその傷を癒そうとしています」と、アブディエル・ペレスは言う。

ペレスはパナマ運河の大西洋側閘門の管理責任者である。彼が頼りにするのは、この傷を開いたままにしておく任務を担う一握りの水文学者と技師たちだ。ペレスだけでなく、全世界の通商の五パーセントが彼らに依存している。角張ったあごと柔らかな声が印象的なペレスは電気・機械技師で、パナマ大学で学ぶかたわら、一九八〇年代に機械運転の研修生としてここで働きはじめた。地球上で最先端ともいえる機械装置を任されていることに、日々、身の引き締まる思いを抱いている。

「運河の建設当時、［水硬性の］ポルトランドセメントは発明されたばかりでした。この工事ではじめて使用されたのです。鉄筋コンクリートはまだ開発されていませんでした。閘門の壁はすべて、ピラミッドのように必要以上に分厚くできています。重力が唯一の補強材なのです」

彼が立つ脇には、まさに巨大なコンクリートの箱とでも言うべきものがある。そのなかへ、オレンジ色の中国の貨物船――アメリカ東海岸へ向かう船で、コンテナを七段に積んでいる――が誘導されたところだ。閘門の幅は三四メートル。フットボール場を三つつなげたほどの長さの貨物船は、「ラバ」とあだ名のついた二台の電気機関車に牽引され、左右に六〇センチの隙間しかないぎりぎりの広さの閘門を通過する。

「電気も新しい発明品でした。ニューヨークに最初の発電所ができたばかりでしたから。それでも、運河を建設した人びとは蒸気機関ではなく電気を使おうと決めたのです」

船がすっかり収まると、水がパイプから閘室に注がれ、一〇分ほどで水面が八・五メートル上がる。閘門の向こうには、半世紀のあいだ世界最大の人造湖だったガトゥン湖が待っている。この湖をつくるためにマホガニーの森が丸ごと一つ湖底に沈んだが、その代わり、フランスの大失敗の二の舞は避けられた。スエズ運河と同様の海面式運河を掘るという決断が、フランスにとっては命取りとなった。大陸分水嶺を大きく削り取る必要があっただけではない。雨水でふくれあがったチャグレス川が密林の高原から海へとなだれ落ちる途中で、運河のなかほどにぶつかるのも問題だった。八カ月つづく雨季のあいだにチャグレス川が運び込むシルトは、数時間とは言わずとも、わずか数日で狭い人工の運河を埋めてしまう量に達したのである。

アメリカ人の考えた解決策は、運河の両端に三カ所の閘門を設けることで、運河の階段をつくるというものだった。階段の途中に、チャグレス川をせき止めてつくった湖がある。フランス人が切り通しに失敗した丘の連なりを水の橋で越えるのだ。閘門では、船が通るたびに二〇万リットルもの水を使って船を持ち上げる。せき止めた川から重力で注がれる淡水は、船が閘門から出るとともに海に吐き出される。重力は常時利用できるものの、各閘門の扉を開閉する電力の供給は、やはりチャグレス川を利用した水力発電機を管理するオペレーターの手に委ねられている。

ペレスによれば、補助用の蒸気発電所とディーゼル発電所もあるが、「人間がいなければ、電力は一日と持ちません。電力をどこから得るか、タービンを動かすか止めるか、責任者が決める必要があるのです。人間が消えれば、システムは機能しません」

機能の低下が特に著しいのは、なかが空洞で自在に動かせる鋼鉄製の扉だ。その厚さは約二メートル、高さは約二四メートル、幅は約二〇メートルある。どの閘門にも予備を含めて二組の扉がついており、それぞれがプラスチック製のベアリングを軸として開閉する。最初は真鍮製のヒンジが使われていたが、数十年で腐蝕してしまうため、一九八〇年代にプラスチック製ベアリングに替えられたのだ。もし電力供給が途絶え、扉が開いたままになったら、どうなるだろうか？

「そうなったら、万事休すです。最も高い閘門は海抜四二メートルの位置にあります。たとえ閉じたままになっても、シールが壊れれば水は出ていってしまいます」シールとは各扉の前縁を覆う鋼板で、一五年か二〇年置きに交換する必要がある。ペレスはすばやく飛び去るグンカンドリの影をちらりと見上げると、中国の貨物船が出ていったあとで二重扉が閉まるのを再び見守った。

「湖の水が全部、閘門から流れ出してしまうかもしれません」

ガトゥン湖は、かつてチャグレス川がカリブ海へ注いでいた水路上に長々と広がっている。太平洋側からこの湖に到達するには、パナマを縦断する尾根を、大陸分水嶺で最も低い鞍部のラ・クーレブラで二〇キロにわたって切断しなければならない。それだけ大量の土、酸化鉄、粘土、玄武岩を掘って運河を通すなどということは、どんな場所であれ大変な難題だったはずである。ところが、フランス人の大失敗のあとでさえ、パナマの水浸しの大地がどれほど不安定かを本当に理解していた者はいなかった。

この水路、すなわちクーレブラ・カットは、当初九〇メートルの幅となる予定だった。だが、大規模な土石流が次から次に発生し、何カ月にもわたる掘削作業を無にしてしまうばかりか、ときには掘った溝と一緒に有蓋(ゆうがい)貨車や蒸気ショベルまで埋めてしまった。そのため、技師たちは溝の傾斜を広げつづけるしかなかった。そしてついに、アラスカから南米南端のフエゴ島にまで連なる山脈が、人造の谷によってパナマで切断された。谷の上部の幅は底部の約六倍にも広がっていた。これを掘るには、六〇〇〇人の作業員が七年にわたって毎日掘削をつづける必要があった。掘り出された八〇〇〇万立方メートル近い土を固めれば、直径五〇〇メートルあまりの小惑星になっただろう。完成から一世紀以上を経ても、クーレブラ・カットでの工事が完全に止まることはない。絶えずシルトが堆積し、小さな地滑りが頻繁に起こるため、吸水ポンプを備えた浚渫装置とパワーショベルが、船が通る反対側で地道な作業をつづけているのだ。

クーレブラ・カットの北東三〇キロほどの緑豊かな山岳地帯で、パナマ運河で働く二人の水文学者、モデスト・エチェベルスとジョニー・クエバスが、アラフエラ湖にかかるダムのコンクリートでできた側壁のうえに立っている。アラフエラ湖は、一九三五年にチャグレス川の上流に建設せざるをえなかったもう一つのダムによってできた湖だ。チャグレス川流域は地球上でも指折りの多雨地域で、パナマ運河完成後の二〇年間に数度の洪水に襲われた。

荒れ狂う川が土手をえぐってしまわないよう水門を開いているあいだ、船の通行は何時間も停止した。一九二三年の洪水では、マホガニーの木々が根こそぎ流され、ガトゥン湖に押し寄せた大波の勢いで何隻もの船が転覆した。

マッデン・ダムは、この川をせき止めてアラフエラ湖をつくるコンクリートの壁であり、パナマ市に電気と飲料水を供給している。だが、この貯水湖の水が脇から漏れるのを防ぐため、技師たちは一四ヵ所もの窪地に土を入れて外枠をつくらなければならなかった。下流の広大なガトゥン湖も、窪地を土で埋めてつくったアースダムに囲まれている。こうしたダムのなかには、鬱蒼と茂る熱帯雨林に覆われて、素人目には人工物に見えないものもある。だからこそ、エチェベルスとクエバスは毎日、見回りに来なければならない。自然に先を越されないためだ。

「なにもかもが、ものすごいスピードで生長するのです」と、がっしりした体に青いレインジャケットを着たエチェベルスが説明する。「この仕事をはじめたばかりの頃、一〇番ダムを見にきたのですが、見つかりませんでした。自然に食われてしまったのです」

クエバスはうなずいて目を閉じると、土盛りダムをずたずたにしてしまう根との数多くの戦いを思い起こす。もう一つの敵は、ダムに閉じ込められた水そのものだ。豪雨のあいだ、二人はこの場所を夜通し離れないことが多い。チャグレス川の水を逃がさないようにすることと、コンクリート壁の四つの水門から放水してダムの決壊を防ぐことのバランスを維持すべく奮闘するのだ。

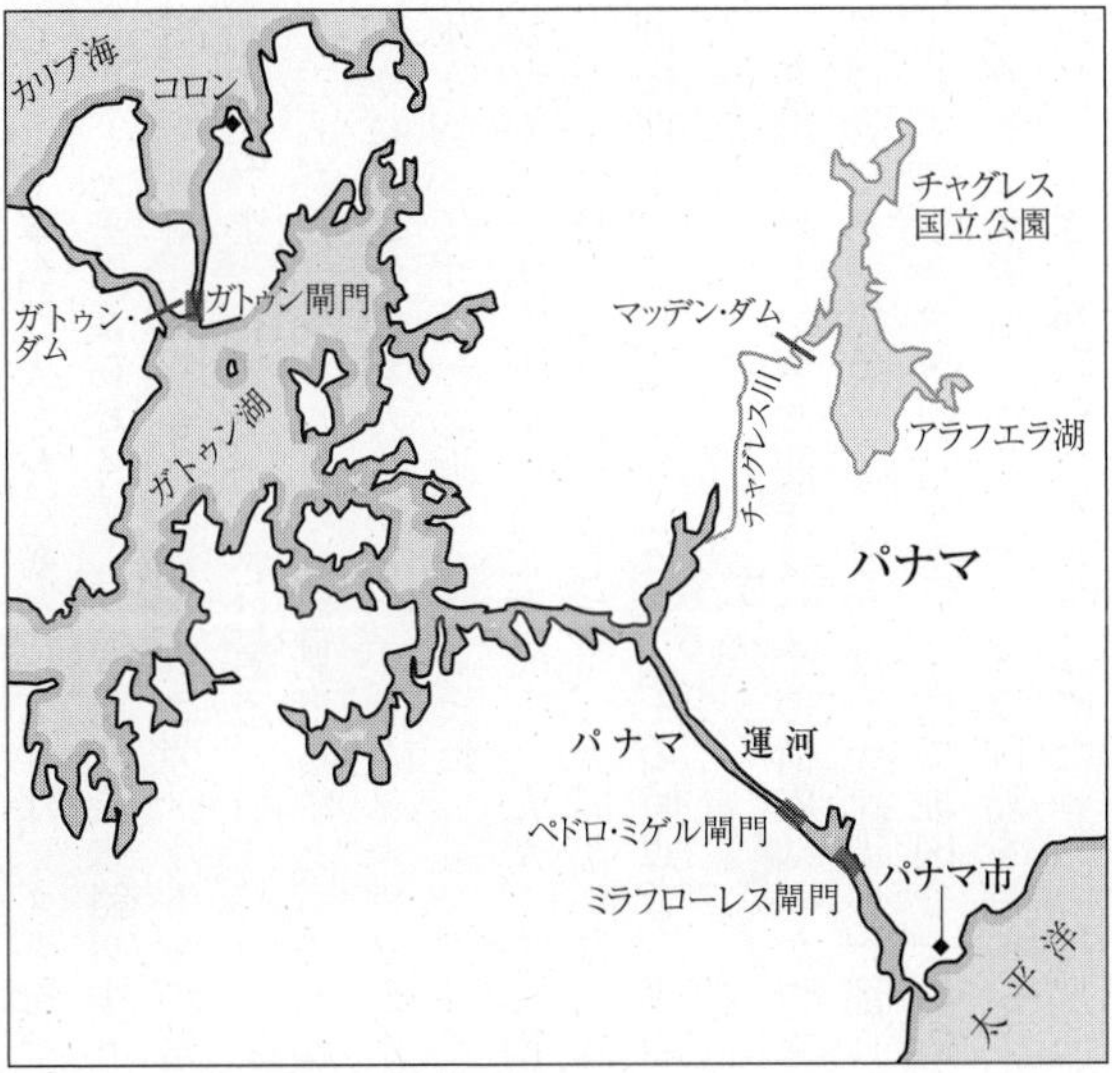


パナマ運河の地図　地図作成：ヴァージニア・ノーレイ

だが、いつの日か、それをする人間がいなくなったとしたら？

エチェベルスはそう考えただけでぞっとする。雨が降るとチャグレス川がどうなるかを見てきたからだ。「決して檻に入ろうとしない動物園の獣のようなものです。水は制御不能になります。水位が上がるままにすれば、ダムからあふれ出すでしょう」

彼は立ち止まり、ダム上部に沿った高架道路をピックアップ・トラックが渡っていくのを眺める。「水門を開く人間がいなければ、湖は木の枝、幹、ゴミでいっぱいになるでしょう。やがてそうしたものすべてがダムにぶつかり、下流へと流れ出します」

物静かな同僚のクエバスは頭のなかで想像をめぐらしていた。「川がダムを越えると、その落ち口は巨大になります。滝と同じように、ダムの前の川床を浸蝕するでしょう。本当に大きな氾濫が起これば、ダムを一気に破壊しかねません」

たとえそうならなくても、やがて余水路ゲートが錆びついてしまうという点で二人の意見は一致する。「そうなれば、高さ六メートルの落ち口が解き放たれるでしょう。それもいっぺんに」と、エチェベルスは言う。

二人が六メートル下の湖を見下ろすと、二・五メートルほどのアリゲーターがダムの影のなかにじっと浮かんでいる。不運なヌマガメが水面にぽかりと浮かぶと、灰色がかった青い水を切ってすうっと近づいていった。コンクリートのくさびのようなマッデン・ダムは、堅固でびくともしないように見える。だが、ある雨の日に、ばったりと倒れてしまうようだ。

「たとえ持ちこたえたとしても、人間がいなくなれば、チャグレス川が運んでくる堆積物で湖は埋まってしまうでしょう。その時点で、ダムの意味はなくなります」


金網のフェンスで囲まれたその構内は、かつてはアメリカの管轄下にあったパナマ運河地帯に含まれていたが、いまではパナマ市の一部となっている。海務監督のビル・ハフは、ジーンズにゴルフ・シャツという姿で地図やモニターが配置された壁の前に座り、夕方の運河の交通を誘導している。アメリカ国籍を持つハフはこの地で生まれ育った。祖父が運河地帯にやってきて海運業を営むようになったのは、一九二〇年代のことだった。新たな千年期の最初の一秒が刻まれ、パナマ運河の管轄権がアメリカからパナマに移ると、ビル・ハフはフフロリダに引っ越した。ところが、三〇年に及ぶ彼の経験は依然として必要とされていた。いまではパナマに雇用され、数ヵ月交代で勤務に就いている。

彼がスクリーンのスイッチを入れると、ガトゥン湖の幅三〇メートルほどの低い土手が映し出される。水面下の基礎部分はその二〇倍の厚みがある。なんの気なしに見れば、これといって目に留まるものもない。だが、誰かがいつも監視していなければならないのだ。

「このダムの底に湧水があります。小さな湧水が数ヵ所で染み出しているのです。湧いてくる水が透明なら、問題ありません。その水は岩盤を通ってきたということですから」ハフは椅子に背を預けると、あごの周りの黒々としたひげをしごいた。「しかし、もし水に泥が混じりはじめたら、ダムはおしまいです。ほんの数時間で」

ちょっと想像しがたい事態だ。ガトゥン・ダムには、厚さ三六〇メートルに及ぶ、理論上は水を通さない中核部がある。微粒子として知られる液状粘土で石と砂利を固めたもので、下流の水路の浚渫によって掘り出された岩石類を、埋もれた二枚の岩壁のあいだに詰め込んであるのだ。

「砂利をはじめとするすべてが、微粒子によってまとめられています。その微粒子が真っ先に流出しはじめます。つづいて砂利が流出しはじめ、ダムは接着力を失ってしまうのです」

ハフは古びた松材の机の長い引き出しを開け、丸く巻いた地図を取り出した。ラミネート加工された黄ばんだパナマ地峡の地図を広げ、カリブ海から一〇キロ弱しか離れていないガトゥン・ダムを指さす。地上で見れば長さ二・五キロもある立派なダムだが、地図のうえでは、その背後でせきとめられた広大な湖とくらべて狭い切れ目にすぎないのは明らかだ。

水文学者のクエバスとエチェベルスは正しい、とハフは言う。「最初の雨季ではないにしても、ほんの数年でマッデン・ダムはおしまいでしょう。アラフエラ湖が丸ごとガトゥン湖に流れ込みます」

そうなれば、ガトゥン湖は両側の閘門を越えて大西洋と太平洋へとあふれ出す。しばらくは、素人目にはあまり変化はないだろう。「おそらく、ほったらかしの芝生以外は」いまだにアメリカ軍の基準に合わせて管理され、整然と造園された運河地帯にも植物が生い茂りはじめる。だが、ヤシやイチジクが根を下ろす前に、洪水がすべてを覆うだろう。「閘門の周囲に大波がどっとあふれ出し、泥のなかに水路をつくるでしょう。閘門の壁のどれかが崩れはじめれば、それで終わりです。ガトゥン湖の水が全部あふれ出すかもしれません」ハフはいったん言葉を切る。「それも、湖水がすでにカリブ海に流れ出していなければの話です。二〇年も手を入れなければ、アースダムは残っていないでしょう。ことにガトゥン・ダムでは」

その時点で、フランスとアメリカの技師たちを手こずらせ、何千人もの作業員を死に追いやったチャグレス川は解き放たれ、かつて海へ注いでいたルートを探すはずだ。ダムがなくなり、湖が空になり、川が再び東へ向かえば、パナマ運河の太平洋側は干上がり、南北アメリカは再び合体するだろう。

それと同じことが最後に起きた三〇〇万年前、地球の歴史上で最大規模の生物学的交流がはじまった。南北アメリカの陸生種が、いまや両大陸をつなぐ中央アメリカ地峡を渡りはじめたのだ。

それまでこの二つの陸塊は、さらに二億年ほど前にパンゲア超大陸が分裂しはじめて以来、離ればなれになっていた。そのあいだに、南北アメリカ大陸でまるで異なる進化の実験がはじまった。南米では、オーストラリアと同じく多彩な有袋類が進化し、ナマケモノからライオンまでが腹袋に子を入れて動き回っていた。北米では、もっと有能でやがて勝者となる胎盤哺乳類への進化の道筋がつけられた。

パナマ運河によるごく最近の人為的な分断は、一世紀足らずつづいているにすぎない。種がなんらかの進化を遂げるには短すぎるし、二隻の船がやっとすれ違える幅の運河は大した障壁になっていない。それでも、ビル・ハフはこう推測する。かつて大洋を渡る船が通った巨大なコンクリートの空箱にひびが生じ、そこに植物の根が入り込んでやがて粉々に砕いてしまうまで、こうした箱は数世紀のあいだ雨水だめとなるだろう。復活したバク、オジロジカ、アリクイが水を求めて集まり、それらを狙ってヒョウやジャガーが周囲をうろつくはずだ。

これらの箱がなくなったあとも、人間のつくった巨大なV字型の溝はしばらく残るだろう。一九〇六年にセオドア・ルーズヴェルトがパナマを視察して言ったように「史上最大の土木技術の偉業」を人間が成し遂げた場所を示しつづけるのだ。「その成果は、われわれの文明が存続するかぎり忘れられることはない」と、ルーズヴェルトはつけくわえた。

私たちが消え去れば、国立公園制度を創設し、北米の帝国主義を制度化したこの傑出した大統領の予言は正しかったとわかるはずだ。だが、クーレブラ・カットの土手が崩壊したあとも長いあいだ、ルーズヴェルトが描いた南北アメリカの壮大な未来像の傑出したモニュメントが、最後に一つ残るだろう。

◆
◆
◆

一九二三年、彫刻家のガッツォン・ボーグラムは、アメリカ史上の偉大な大統領を不朽のものとするため、肖像を彫ってほしいと依頼された。しかも、遠い昔に消滅したロードス島の巨像にあらゆる面で引けを取らない立派な肖像を。彼に与えられたカンバスは、サウスダコタ州の山の斜面全体だった。建国の父ジョージ・ワシントン、独立宣言と権利章典を起草したトーマス・ジェファーソン、奴隷解放と国家の再統一を成し遂げたエイブラハム・リンカーンと並び、ボーグラムがこだわったのは、太平洋と大西洋をつなげたセオドア・ルーズヴェルトの肖像を刻むことだった。

アメリカ合衆国の国家的大作にふさわしい場所として彼が選んだラシュモア山は、先カンブリア時代の細粒花崗岩でできた標高一七四五メートルの山である。大統領の胸部を彫りはじめた矢先の一九四一年、ボーグラムは脳出血でこの世を去った。それでも、四つの顔はすべて永久に岩に刻まれた。個人的に崇拝していたテディ・ルーズヴェルトの像は一九三九年に公式に公開されたため、ボーグラムは生きているうちにその顔を拝むことができた。

彼はルーズヴェルトのトレードマークの鼻眼鏡まで、岩で再現した。一五億年前に形成されたこの岩は、アメリカ大陸でも屈指の強度を誇る。地質学者によれば、ラシュモア山の花崗岩は一万年に二・五センチしか風化しない。このペースだと、小惑星が衝突するか、地盤の安定した大陸中央部を大地震が襲わないかぎり、ルーズヴェルトの一八メートルあまりの彫像は、パナマ運河の建設を称えつつ、向こう七二〇万年にわたって残るだろう。

パン・プライアーが人間になるまでにかかった時間は、それよりも短い。人間と同じくらい独創的で、複雑で、叙情的で、葛藤（かっとう）を抱えた種が、私たちのいない地球に再び出現したら、ルーズヴェルトの険（けわ）しく鋭いまなざしが、依然として彼らにじっと注がれているかもしれない。

# 13 戦争のない世界

戦争は地球の生態系を完膚なきまでに破壊してしまうことがある。毒に汚染されたヴェトナムのジャングルを見てみるといい。だが、化学物質が使用されなければ、戦争は思いがけず自然を保護することが多かった。ニカラグアでは、一九八〇年代のコントラ戦争のあいだ、ミスキート・コースト沿岸で甲殻類の漁や木材の伐採が滞ったため、めっきり減っていたロブスターの巣やカリビアマツの森がめざましい回復を遂げた。それには一〇年もかからなかった。だとすれば、人間がいなくなって五〇年もすれば……。

◆◆◆

山腹にはぎっしりと爆弾が仕掛けられている。それが、マ・ヨンウンがこの山に見とれる理由だ。いや本当は、地雷が人間の立ち入りを阻んだおかげで、至る所で立派に育ったカシワ、コウライヤナギ、エゾノウワミズザクラの木立に見とれているのである。

韓国環境運動連合（ＫＦＥＭ）で国際キャンペーンを取り仕切るマ・ヨンウンは、一一月の濃い霧が立ちこめるなか、プロパンガスで走る起亜製の白いバンで山道を登っていく。同乗するのは環境保護専門家のアン・チャンヒ、湿原生態学者のキム・キュンウォン、野生生物の写真家であるパク・ジョンハクとジン・イクテだ。韓国軍の検問所を通過すると、迷路のような黒と黄色のコンクリートの障壁を縫って進み、立入禁止区域に入る。冬用の迷彩服を着た警備兵たちがM16ライフルを脇に置いて、KFEMの一行に挨拶する。一行が一年前にここを訪れてから、この駐屯地はタンチョウ保護のための環境検問所でもあることを告げる看板が加えられていた。

書類が処理されるのを待つあいだ、検問所を囲む鬱蒼とした茂みで、ヤマゲラ数羽とエナガのつがいが姿を見せ、鈴を鳴らすようなシロガシラのさえずりが聞こえたのを、キム・キュンウォンが書き留めた。再びバンに乗って登っていくと、コウライキジのつがいと数羽のオナガが驚いて飛び立った。いずれも韓国内のほかの場所ではあまり見られなくなった美しい鳥だ。

韓国の北限に沿って五キロほどの幅で細長く広がる民間人統制区域に入る。半世紀のあいだ、この区域に住んだ人はほとんどいないが、許可を得た農民がコメやチョウセンニンジンを栽培してきた。未舗装道に沿って張られた有刺鉄線にはキジバトが並んで羽を休め、地雷原がつづくと警告する赤い三角形の札もぶら下がっている。五キロほど進むと、非武装地帯（DMZ）に入ることを韓国語と英語で告げる表示板に出くわす。

韓国内でもDMZと呼ばれるこの地帯は、全長二四三キロ、幅四キロで、一九五三年九月六日以来、実質的に人間のいない世界となっている。最後の捕虜(ほりょ)交換で朝鮮戦争は終わったはずだった。だが、キプロスを二つに分断した紛争と同様、戦争はまだ真の終わりを迎えてはいない。朝鮮半島の分断は第二次世界大戦末期、アメリカが広島に原子爆弾を投下したその日、ソ連が日本に宣戦布告したときからはじまった。それから一週間あまりで第二次大戦は終わった。一九一〇年から日本が占領してきた朝鮮半島を二分して統治するというアメリカとソ連の協定は、冷戦と呼ばれる情勢における最も熱い接点となった。

中国とソ連という共産主義の師(メンター)に扇動された北朝鮮は、一九五〇年に韓国に侵攻した。やがて国連軍の介入によって撤退。元の境界線である北緯三八度線付近で膠着(こうちゃく)状態に陥っていた戦いは、一九五三年の休戦協定によって終結した。境界線の両側の幅二キロずつが、非武装地帯と呼ばれる中間地帯となった。

DMZの大半は山のなかを通っている。川や渓流に沿う部分では、実際の境界線は川沿いの低地になるが、そうした場所では敵対関係が生じるまで五〇〇〇年にわたり、人びとがイネを栽培してきた。いまでは打ち捨てられた水田に、地雷がびっしりと埋められている。一九五三年の停戦以来、短時間の見回りをする軍人と命からがら逃げてくる北朝鮮人のほかに、ここに足を踏み入れた人間はほとんどいない。

人間のいないあいだに、たがいの分身である敵同士に挟まれた異界は、ほかに行き場がない生き物でいっぱいになった。世界有数の危険な土地が、この土地がなければ絶滅していたかもしれない野生生物にとって、図らずも世界有数の貴重な隠れ家になったのである。ツキノワグマ、ヨーロッパオオヤマネコ、ジャコウジカ、キバノロ、キエリテン、ゴーラルという絶滅危惧種のカモシカ、絶滅寸前のアムールヒョウなどが、この地にしがみついている。とはいえ、ここも種の延命にとってはおそらく一時しのぎの場所でしかない。こうした種が遺伝的に見て健全な個体数を保つのに必要な地域のごく一部が、細長く残されているにすぎないからだ。だが、朝鮮半島のDMZの南北がすべて、突如として人間のいない世界になったとしたら、動物たちは生息域を広げ、数を増やし、かつての王国を取り戻して繁栄するかもしれない。

マ・ヨンウンも自然保護団体の仲間たちも、半島のへそを締めつける地上の矛盾がなかった時代を知らない。三十代半ばの彼らは、貧しかった祖国が豊かになっていった時代に育った。大きな経済的成功を収めたおかげで、大多数の韓国人はなんでも手に入ると思い込んでいる。かつてのアメリカ人、西欧人、日本人と同じだ。この自然保護団体の若者たちは、自国の野生生物の保護も可能だと信じている。

彼らは、要塞化した監視用掩蔽壕（えんぺいごう）に到着する。非武装地帯のルールを破り、韓国側が築いたものだ。有刺鉄線を載せた全長二四三キロの二重の柵は、ここで北へ向かって急カーブし、崖に沿って一キロ近く進んでから弧を描いて戻ってくる。一キロと言えば、停戦によって北朝鮮と韓国が軍事境界線とのあいだに保つことになっている距離の半分に近い。軍事境界線はDMZの真ん中の目立たない杭の連なりで、韓国軍も北朝鮮軍も、決して近づこうとはしない。

「向こうも同じことをしていますよ」と、マ・ヨンウンは説明する。南北両軍とも、見過ごせないほど良好な眺望を確保できる地形があれば、どこであろうと抜け目なく入り込んで相手方を見下ろしているという。砲台の軽量コンクリートブロックに施された迷彩は、姿を隠すというより目立たせるためのものだ。好戦的な雄鶏がとさかと羽を逆立てる代わりに、弾薬で威嚇するかのように。

崖の北端から眺めると、DMZの向こうは右も左も数キロにわたって岩だらけでなにもない。一九五三年以来交戦が途絶えているとはいえ、韓国側の陣地に掲げられた大型スピーカーからは常に、相手を侮辱する言葉、軍歌、さらには『ウィリアム・テル序曲』のような勇ましい旋律が、境界線の向こうに大音量で流されてきた。何十年も薪を採りつづけたせいでますます露わになった北朝鮮側の山肌に、やかましい音がこだまする。木が減れば当然ひどい浸蝕が起こる。それが洪水を招き、農業を壊滅させ、飢饉をもたらした。この半島の全域から人間がいなくなったとしたら、生物が復活するのに要する時間は、荒廃した北側のほうがはるかに長いだろう。一方南側には、自然が分解しなければならない施設や建造物がはるかに多く残るはずだ。

眼下には、こうした両極端の風景を隔てる緩衝地帯が広がっている。そこは五〇〇〇年のあいだ水田だったが、この半世紀で元の湿原に還っていた。韓国のナチュラリストたちがカメラや望遠鏡を構えて観察していると、ガマの上を鮮やかな白の編隊が滑空していく。一一

朝鮮半島の非武装地帯（DMZ）　撮影：アラン・ワイズマン

個の飛行物体が、完璧な隊列を組んでいる。

　しかも、まったく音がしない。韓国で偶像化されている鳥、タンチョウだ。ツルの仲間では最も大きく、アメリカシロヅルに次いで希少な種だ。より小型のマナヅルが四羽、タンチョウと連れ立って飛んでいる。マナヅルもやはり絶滅危惧種である。中国やシベリアから渡ってきたばかりのこうしたツルは、大半がDMZで越冬する。DMZがなかったら、この鳥たちの姿もないだろう。

　ツルたちはふわりと舞い降りるため、一触即発の地雷を爆発させることはない。タンチョウは、アジアでは幸運と平和をもたらす神聖な鳥として崇められている。だがここでは、ぴりぴりした軍事的緊張など知らぬが仏で迷い込んでくる幸せな侵入者だ。なにしろ二〇〇万人もの軍勢が、たまたま野生生物の聖域となっているこの土地を挟んでにらみ合っているのだ。彼らは数十メートル置きに掘られた掩蔽壕に潜み、迫撃砲を構えている。

「ヒナですよ」キュンウォンはそうささやくと、二羽の幼鳥にレンズを向ける。浅瀬を歩きながら、長いくちばしで川床に埋まる塊茎を掘り出している。頭頂部はまだ幼鳥らしい茶色だ。タンチョウの現在の生息数はわずか一五〇〇羽程度とされるから、誕生するヒナの一羽一羽がきわめて貴重である。

ツルたちの背後では、北朝鮮版のハリウッド・サインよろしく、漆喰のハングル文字が丘の中腹に掲げられ、敬愛する指導者である金正日（キム・ジョンイル）を称え、アメリカを非難している。一方、韓国は資本主義国の豊かな生活を伝えるメッセージを何千個もの電球を使った電光掲示板に映し出し、数キロ先からでも見えるようにして応酬する。宣伝放送を大音響で流す監視所のあいだには、数百メートル置きに武器を備えた掩蔽壕があり、緩衝地帯の向こうの相手を覗き穴から監視している。こうした対立がもう三世代にわたり繰り広げられてきたが、敵同士の多くは血のつながった親戚なのだ。

こうしたものものしい場所をツルは舞い、軍事境界線の両側の日の当たる湿地に下りては静かにアシを食む。この気高く壮麗な鳥をうっとりと眺める兵士のなかに、平和を望まない者はいないはずだ。だが現実には、激しい憎悪がこの一帯を無人にしていなければ、タンチョウは絶滅の危機に瀕することだろう。ほんの少し東に行けば、一〇〇〇万あまりのホモ・サピエンスを抱える怪物都市ソウルの郊外が北へ拡大し、民間人統制区域にぶつかろうとしている。開発業者は、鉄条網が外されればすぐにでも、のどから手が出るほど欲しい地所になだれ込もうと待ち構えている。北朝鮮側は手本とする中国を真似て、宿敵の資本主義国家と手を組み、境界線近くに大規模な工業団地をつくろうとしている。自国で最も豊富な資源を活用しようというのだ。つまり、低賃金で使える腹を空かせた庶民である。彼らもまた、住居を必要とするだろう。

エコロジストたちは一時間ほど、体長一メートル半近い堂々とした鳥たちが、本来の生息地で活動する様子を観察する。そのあいだずっと、彼ら自身もまた、境界線の防衛を担う陰気な兵士たちにじっと監視されているのだ。一人の兵士が、三脚に載せた倍率四〇倍のスワロフスキー社製望遠鏡を調べようと近づいてきた。一行は兵士にツルを見せてやる。兵士がライフルに装着したグレネードランチャーを空に向け、目を細めて望遠鏡を覗き込むと、午後の淡い夕闇が北朝鮮側の裸の山肌に迫ってきた。戦争の爪痕の残る白い尾根に一条の陽光が射す。Tボーンヒルと呼ばれるこの尾根は、南北朝鮮が取り合いをしている平野の上にそびえている。この土地を守ろうとしてどれだけの英雄が命を落としたか、また、それを上回るどれだけの憎き敵を倒したかを、兵士が教えてくれる。

その話は前にも聞いたことがあった。「韓国と北朝鮮の違いだけでなく、私たちが共有する生態系についても語るべきです」と、マ・ヨンウンは答える。草深い斜面を登るウォーターバックを指さして、彼は言う。「いつの日か、南北統一が実現するかもしれません。それでも、この土地を守らなければならない理由は存在しつづけるでしょう」

帰路、延々とつづく民間人統制区域の平坦な谷間は、一面がイネの刈り株に覆われている。土にはヘリンボーン状に畝がつけられ、そのあいだで早々と降った雪が解けてきらきらと輝いている。それも夜になればまた凍るだろう。一二月には気温はマイナス三〇度近くまで下がるのだ。空には、地上に鋤で刻まれた幾何学模様と呼応するかのように、線が引かれている。列をなして滑空するツルに加え、何千羽というガンがV字形の空挺部隊を組んでいるのだ。

イネの落ち穂で午後の食事をしようと鳥たちが降りてくると、一行は車を停め、写真を撮ってすばやく個体数を調べる。タンチョウは三五羽。まるで日本の染め物から抜け出してきたようだ。羽は輝くばかりに白いが、頭頂部は鮮紅色で、首は黒い。ピンク色の脚をしたマナヅルも九五羽いる。ガンは三種で、マゼランガンとヒシクイに、このあたりでは珍しいハクガンが交じっている。いずれも韓国では狩猟が規制されている鳥だが、あまりに数が多いため、誰も数えようとしない。

自然を回復しつつあるDMZの湿原でツルを観察するのは、胸躍る体験だった。とはいえ、隣接する耕作地で稲刈り機からこぼれたコメを堪能(たんのう)している様子を見るほうが、はるかに簡単だ。人間がいなくなれば、こうした鳥たちは得をするのだろうか、それとも損をするのだろうか？　タンチョウはアシの根をかじれるように進化したが、その後何千世代にもわたり、水田という人間の手が入った湿原で餌を得てきた。農民がいなくなれば、そして民間人統制区域の豊かな水田が沼地に還れば、ツルとガンの生息数は減るのだろうか？「水田はツルにとって理想的な生態系とは言えません」と、キュンウォンは望遠鏡から顔を上げて断言する。「ツルには穀物だけではなく、根も必要なのです。農地になってしまった湿原があまりに多いので、冬を生き延びるエネルギーを得るため、しかたなく穀物を食べているのです」

DMZの放置された水田に復活したアシやクサヨシの量は、危機的なまでに生息数が減った鳥たちを養うのにさえ、十分ではない。韓国と北朝鮮の両国が上流にダムを建設したせいだ。「冬ですら、温室で野菜を育てるために水を汲み上げています。しかし、冬のあいだは降雪によって帯水層が地下水を蓄えなければならないのです」

北朝鮮はともかく、ソウルの一〇〇〇万人の人口に食糧を供給しようとする農業がなくなれば、季節さえ無視しているポンプは止まる。水が戻り、それとともに野生生物も戻ってくる。「植物も動物も、どんなにほっとすることか。楽園ですよ」と、キュンウォンは言う。

DMZそのものが楽園であるのと同じことだ。絶滅しかけたアジアの生き物にとって、戦場が安息の地となったのである。ほぼ絶滅したとされるシベリアトラがここに潜んでいるとの噂まであるが、そればかりは夢のような願望にすぎないかもしれない。ここに集まった若いナチュラリストの望みは、ポーランドやベラルーシの仲間が求めていることとまったく同じだ。紛争地帯を平和な公園に変えたいのである。科学者の国際的な連合組織であるDMZフォーラムは、政治家たちをこう説き伏せようとしてきた。朝鮮半島で敵対する二つの国が、一つのすばらしい共有財産を一緒になって尊べば、面目を失わずに和平を実現できるし、利益を上げることさえできると。

「朝鮮版のゲティズバーグとヨセミテを一つにしたような公園だと思ってください」と言うのは、DMZフォーラムの共同創設者にしてハーヴァード大学の生物学者、E・O・ウィルソンだ。地雷の完全撤去には多額の費用がかかると見られるが、観光収入は農業や開発事業によるそれをしのぐと、ウィルソンは考えている。「一〇〇年後には、前世紀にここで起こったすべての出来事のなかで、その公園の誕生が最も重要だったと言われるようになるでしょう。公園は朝鮮半島の人びとにとって最も大切な遺産となり、世界のほかの国々の手本となるはずです」

なるほどすばらしい構想である。だが、それも開発の波に飲み込まれそうになっている。DMZを細切れの分譲地にしようと、すでに開発業者が群がっているのだ。ソウルに戻った週の日曜日、マ・ヨンウンはソウル市北部の山地にある韓国屈指の古刹、華渓寺を訪ねた。竜の彫刻をあしらい金箔を施された菩薩像が鎮座する御堂に、修行者たちが唱える金剛般若経が響いている。すべては夢、幻、うたかた、影、露のようなものだという釈迦の教えを説いた経典だ。

「この世界は無常です」灰色の僧衣をまとったヒョン・ガク・スニム住職が、読経のあとでマ・ヨンウンにそう説く。「己の肉体と同じく、世界を手放さねばなりません」とはいえ、地球を守ろうとすることは禅の精神と矛盾するものではないと、住職は断言する。「悟りを開くためには肉体が不可欠です。われわれには己の肉体を大切にする義務があるのです」

ところが、まさしくその人間の肉体の数のせいで、地球を大切にすることは、いまやとりわけ難解な公案となっている。かつて韓国の寺を包んでいた神聖な静寂すら、脅威にさらされている。郊外からソウル市内までの通勤時間を短縮するため、この寺の真下に八車線のトンネルが掘り進められているのだ。

「今世紀には、人口を徐々に適正なレベルに戻すべきだという倫理が確立され、人間の及ぼす影響がずっと小さい世界が到来するでしょう」と、E・O・ウィルソンは力説する。彼がそう言うのは、科学者として生命の回復力の探求に没頭してきた結果、みずからの種にも回復力があると確信するに至ったからだ。だが、観光客のために地雷を一掃できれば、不動産業者もこの同じ一等地を手に入れようと企むはずだ。妥協の結果、名ばかりの歴史自然テーマパークを造成地が取り囲んでしまったら、DMZで唯一生存できる種は私たち自身ということになりそうだ。

もっとも、ユタ州ほどの面積の半島に全部で一億人近い人口を抱える南北朝鮮が、やがて人間の多さに耐えかねて崩壊するまでの話ではある。しかし、人間が真っ先に消えてしまえばどうだろう。シベリアトラが生き残るにはDMZでは狭すぎるとしても、「北朝鮮と中国の国境の山地にまだ何頭かがうろついています」と、ウィルソンは物思いにふけりながら言う。シベリアトラが増えてアジア中に広がる一方、ライオンが南ヨーロッパまでやってくるさまを想像し、彼の声は明るくなる。

「あっというまに、現存する巨大動物類が驚くほど生息域を広げるでしょう」と、彼はつづける。「特に肉食動物です。家畜をさっさと平らげてしまうはずです。二〇〇年もすれば、家畜はほとんど残っていないでしょう。犬は野生に戻りますが、長くは生き残れません。競争力がまるでないからです。人間が自然を攪乱した土地では、持ち込まれた種にかかわる大幅な淘汰が起こるでしょう」

実際、苦心して品種改良したウマをはじめ、自然を改善しようとした人間の試みのあらゆる成果が原種へ先祖帰りすると、E・O・ウィルソンは言い切る。「ウマが生き残るとしても、モウコノウマまで退化するでしょう」モウコノウマはモンゴルのステップ原産で、唯一現存する純粋な野生種のウマだ。

「人間の手でつくられた植物、作物、動物の種は一世紀か二世紀で消え去るはずです。ほかにも多くの種が消えるでしょうが、鳥と哺乳類は残ります。ただ、小さくなるだけです。世界は人類が現れる前の姿にほぼ戻るでしょう。原野のような姿に」

# 14　人類が消えた世界の鳥たち

## （1）食料

朝鮮半島のDMZの西端、漢江の河口に浮かぶ丸く平らな泥の島に、世界的にもきわめて希少な大型の鳥が巣をかける。クロツラヘラサギである。この鳥は地球上にもはや一〇〇〇羽ほどしか残っていない。北朝鮮の鳥類学者は川の対岸の研究仲間に、飢えた同胞の市民が泳いでヘラサギの卵を盗みに行くかもしれないと密かに注意を促した。韓国の狩猟禁止法も、DMZの北側に降り立つガンを助けることはない。また、北側のツルは稲刈り機からこぼれた米粒のご馳走にありつけない。北朝鮮では収穫はすべて手作業で行なわれ、ごく小さな粒まで人間のものになるからだ。鳥にはなに一つ残されない。

人類が消えた世界で、鳥にはなにが残されるだろうか？　鳥のなかでは、どれが残るだろうか？　超軽量級のハチドリから体重二七〇キロの翼のないモアまで、人間と共存してきた一万種以上の鳥のうち、およそ一三〇種がすでに絶滅している。わずか一パーセント強にすぎないとはいえ、いくつかの種の消滅は非常にセンセーショナルであるため、とても安心はできない。モアは体高が三メートルを超え、体重はアフリカのダチョウの二倍あった。モアが絶滅したのは、ポリネシア人が西暦一三〇〇年頃にニュージーランド――人間が地球上で発見した最後の陸塊――に住み着いてから、二世紀足らずのちのことだった。それから三五〇年ほどしてヨーロッパ人が現われたとき、残されていたのは山と積まれた大型の鳥の骨とマオリ族の言い伝えだけだった。

大量虐殺された飛べない鳥はほかにもいる。なかでも有名なのは、インド洋に浮かぶモーリシャス島のドードーだ。ポルトガル人の船乗りとオランダ人入植者にこん棒で殴られ、料理され、一〇〇年足らずで絶滅してしまった。ドードーはそうした人間を恐れることを知らなかったのだ。ペンギンに似たオオウミガラスは、北半球の上方に分布していたため、もう少し長く生き残れた。それでもハンターたちは、スカンジナビアからカナダに至る全域でこの鳥を一掃してしまった。モア・ナロという草食で飛べない大型のカモの仲間は、大昔にハワイで絶滅した。この鳥に関しては不明な点が多く、わかっているのは誰が殺したかだけだ。

あらゆる鳥類虐殺のなかで最も驚くべき事例が生じたのは、ほんの一世紀前のことだ。だが、その規模の大きさを測るのはいまだに難しい。宇宙全体について天文学者の説明を聞いたときのように、教訓がどこにあるかわからなくなってしまう。なぜなら、その鳥は生きていた頃、文字どおり地平線の彼方までを覆っていたからだ。アメリカリョコウバトの絶滅を検証すると、不吉な予兆に満ちているのがわかる。ちょっと調べただけでも、無限にあると信じているものがじつはどれも有限かもしれないという警告、いや、叫びが聞こえてくるのだ。

私たちが養鶏場で何十億枚という鶏の胸肉を大量生産しはじめるはるか前、自然は人間のためにほとんど同じことをしてくれていた——北米に棲むリョコウバトによって。この鳥が地球上で最も数の多い鳥だったのは、衆目の一致するところだ。群れは前後五〇〇キロ近くにも及び、数十億羽が地平線の端から端まで広がってまさに空が暗くなるほどだったという。何時間か経過しても、次から次へとやってくるため、まるでまったく移動していないように見えたものだった。歩道や銅像を汚す不作法なハトより大きくはるかに目立つ姿のこの鳥は、全体が青灰色、胸がバラ色で、見るからにおいしそうだった。

リョコウバトは想像もつかない量のドングリ、ブナの実、ベリー類を食べていた。人間がこの鳥を絶滅させた方法の一つは兵糧攻め（ひょうろうぜめ）である。アメリカ東部の平野の森を切り倒して自分たちが食べる作物を植えたのである。もう一つはショットガンだった。鉛の散弾を一発発射すれば数十羽を仕留められた。一八五〇年以降、アメリカ中央部の森がほとんど農地になると、何百万羽というリョコウバトが残り少ない木々をいっせいにねぐらにしたため、猟はさらに容易になった。この鳥を満杯に詰め込んだ有蓋貨車が、毎日ニューヨークやボストンに到着した。やがて、想像もできない数のハトがじつは減っているとわかると、ハンターたちは一種の狂気に駆り立てられ、殺す相手がいるうちにものにしようと狩猟に熱を入れた。

一九〇〇年にはそれも終わった。哀れな数羽がオハイオ州シンシナティの動物園のかごのなかに生き残っていたが、飼育係が事の重大さに気づいたときには、もう打つ手はなかった。一九一四年、彼らの目の前で最後の一羽が死んだ。

その後、リョコウバトの寓話はたびたび語られたが、人びとの心にはその教訓の一部しか残らなかった。ハンターみずからが設立したダックス・アンリミティッドという団体が保護運動をはじめ、数万平方キロにおよぶ沼地を購入して、自分たちにとって価値のある狩猟対象種の生息地を確保しようとした。だが、この一世紀に人間がなした発明の数々は、それまでのホモ・サピエンスのすべての歴史におけるそれを上回っている。こうした時代に、翼を持つ生き物を保護することは、狩猟をつづけられるようにするだけに留まらない、複雑な問題となったのである。

## (2) 電力

ツメナガホオジロは、北米の人びとにはあまり知られていない。私たちが渡り鳥に抱く概念から少しはずれた行動をとるからだ。夏を過ごす繁殖地が高緯度の極地なので、おなじみの鳴鳥たちが赤道やその向こうへと旅立つ頃、ツメナガホオジロは越冬のためにカナダやアメリカの大平原にやってくる。

ツメナガホオジロはフィンチほどの大きさのきれいな小鳥で、黒い顔の上方が半仮面のよ

リョコウバト（*Ectopistes migratorius*）　イラスト：フィリス・サロフ

うに白く、首筋と翼の一部は赤褐色をしている。といっても、多くの場合、はっきりと見分けられない何百羽もの小鳥が冬の草原で風に乗って旋回し、地面で餌をつつくのが遠くから見えるだけである。だが、一九九八年一月二三日の朝、カンザス州シラキュースではこの鳥がはっきり見えた。一万羽近くが地面に横たわり、凍っていたからだ。前日の夕方、吹雪のさなかに、林立する無線送信塔に群れが衝突したのだ。霧と吹雪のなか、ツメナガホオジロは唯一見えた赤い点滅灯を目指して飛んでいたらしい。

こうした状況も、死んだ個体の数も、特に珍しいわけではないが、一晩に死んだ数としては多いかもしれない。テレビアンテナの基礎部分を囲むように積み重なる鳥の死骸に関する報告は、一九五〇年代から鳥類学者たちに注目されてきた。一九八〇年代には、塔一基につき年間二五〇〇羽が死ぬといった概算も発表されはじめている。

二〇〇〇年のアメリカ魚類野生生物局の報告によれば、高さが一九九フィート（六〇・六六メートル）を超えるため、航空機への警告灯の設置が義務づけられている塔は七万七〇〇〇基に上るという。計算が正しければ、アメリカだけでも毎年、二億羽近い鳥が塔に激突して死んでいることになる。じつは、この数字はすでに意味をなさなくなっていた。携帯電話のアンテナ塔があっというまに増えたからだ。二〇〇五年には、塔の数が一七万五〇〇〇基に達した。塔の増加のせいで、一年に死亡する鳥の数は五億に達するはずだ。ただし、この数字は乏しいデータと推測に基づいたものにすぎない。犠牲になった鳥の死骸の大半は、人間が見つける前に清掃動物の餌食となるからだ。

ミシシッピ川の東と西から鳥類学研究室の大学院生が動員され、夜中に送信塔の下で鳥の死骸を探すという身の毛がよだつような任務を遂行した。死んでいたのは、アカメモズモドキ、マミジロアメリカムシクイ、メジロアメリカムシクイ、サメズアカアメリカムシクイ、シロクロアメリカムシクイ、カマドムシクイ、モリツグミ、キバシ……。そのリストは次第に、北米に分布する鳥を網羅した一覧表の様相を呈し、ホオジロシマアカゲラのような希少種も含むに至った。特に目立ったのは渡り鳥、なかでも夜に移動する鳥たちだった。

そのなかにボボリンクもいた。大平原で見られる胸が黒く背中が黄褐色の鳴鳥で、アルゼンチンで越冬する。鳥類生理学者のロバート・ビースンがこの鳥の目と脳を調べ、電子通信の時代には不運にも命取りとなる進化的特徴を発見した。ボボリンクなどの渡り鳥はいわば体内にコンパスを内蔵しており、頭のなかの小さな磁鉄鉱の働きで地球の磁場を認識する。このコンパスのスイッチを入れるのが、彼らの目だ。紫、青、緑といった波長の短いスペクトルが飛行の手がかりとなるようだ。波長の長い赤だけしかないと、方向がわからなくなってしまう。

ビースンの研究から、渡り鳥は悪天候下では光に向かって飛ぶよう進化したことがわかった。電気が登場する以前、光は月を意味し、悪天候から抜け出す方向に導いてくれた。そのため、霧や吹雪でなにも見えないなか、明滅する赤い光に包まれる塔は、いわば物悲しい歌声で船乗りを引き寄せて船を難破させるギリシャ神話の海の精セイレンのように、鳥を引きつけ、命を奪う。自動誘導してくれる磁石が送信塔の電磁場によって狂うと、鳥たちは塔の周りをぐるぐると回ることになり、塔を支えるワイヤーが鳥を飲み込む巨大ミキサーの刃と化すのだ。

人類が消えた世界では、放送が止まれば赤い光の点滅も止む。日々、携帯電話で交わされる一〇億もの会話は途絶し、一年後に生きている鳥の数は数十億羽増えるだろう。だが、私たちがいるかぎり、送信塔はほんの序の口に過ぎない。人間の文明は、食用にするわけでもない鳥を意図せずに大虐殺しているのだ。

送信塔とは別の種類の塔——鋼鉄を格子状に組んだ構造物で、平均の高さは四五メートルほど、それぞれのあいだに三〇〇メートルくらいの間隔がとられている——が、南極を除くあらゆる大陸に縦横無尽に立ち並んでいる。これらの構造物のあいだにはアルミニウムで覆われた高圧ケーブルが張られ、発電所から私たちの居住地の配電網まで何百万ボルトもの超高圧電流を運んでいる。なかには直径七・六センチのケーブルもある。重量とコストを抑えるため、まったく絶縁されていない。

北米の高圧線配電網だけで、月までほぼ二往復できる長さの電線が使われている。森がなくなったため、鳥たちは電話線や送電線を止まり木にすることを覚えた。もう一本の電線か地面と接して回路が閉じられないかぎり、感電死はしない。不運なことに、タカ、ワシ、サギ、フラミンゴ、ツルの翼は二本のワイヤーに同時に触れるか、絶縁されていない変圧器をこすることがある。その結果、電気ショックを感じるだけではない。猛禽類のくちばしや足は即座に溶けてしまうかもしれないし、羽が燃えることもある。捕獲されて人間に飼育された数羽のカリフォルニアコンドルは、放されたとたん、まさにそうして死んだし、何千羽ものハクトウワシやイヌワシが同じようにして死んでいる。メキシコはチワワ州での研究によれば、新型の鋼鉄製電柱が巨大なアース線のように作用し、小型の鳥ですら、電柱の下に重なるタカやヒメコンドルの死骸の山に加わってしまうという。

別の研究では、感電死する鳥より、送電線に衝突して死ぬ鳥のほうが多いことが示唆されている。だが、電流の通じている電線網がなかったとしても、渡り鳥にとって最も恐ろしい罠がアメリカ大陸やアフリカ大陸の熱帯地域で待ち構えている。そうした土地の多くで、主に輸出作物をつくる農業のために木が伐採されたせいで、渡りの途中で羽を休ませる止まり木も、水鳥が休める安全な湿地も、年々減っているのだ。気候の変化と同様に、その影響を測るのは難しいが、北米やヨーロッパでは一九七五年以降、個体数が三分の二に減った鳴鳥の種もある。

人間がいなくなれば、旅路の途中の森のなかには、数十年でかつての外観を取り戻すものもあるだろう。鳴鳥を減らすそのほか二つの主原因、酸性雨と、トウモロコシや綿花や果物への殺虫剤の使用も、人間がいなくなればただちに止む。DDTが禁止されたあと、北米でハクトウワシが生息数を回復した例は、化学物質に依存する私たちの豊かな生活の名残とつきあう生物にとって、明るい希望となる。とはいえ、DDTが百万分率で数ppmに達すれば有毒とされるのに対し、ダイオキシンは一兆分率で九〇pptというわずかな濃度でも危険であり、すべての生物がいなくなるまで残存するかもしれない。

アメリカの二つの連邦機関が行なった別々の調査によれば、一年に六〇〇〇万羽から八〇〇〇万羽の鳥が自動車のラジエーターグリルに入ったり、フロントガラスにぶつかったりして命を落とすという。自動車が高速で走行する幹線道路は、ほんの一世紀前まではゆっくりと走る荷馬車用の道路だった。高速の乗り物は当然ながら人間とともに消滅する。だが、鳥類にとって最悪の脅威となる人造物は、まったく動かない。

人間のつくった建築物は倒壊する前に窓がおおかたなくなってしまうだろうが、その原因の一つは、不注意な鳥の衝突が跡を絶たないことだ。ペンシルヴェニア州のミューレンバーグ大学の鳥類学者、ダニエル・クレムは、博士号を取得する際、ニューヨーク州とイリノイ州南部の都市郊外の住民に依頼し、第二次大戦後の住宅建設業者がこぞってつけた大型一枚ガラスの見晴らし窓に激突する鳥の数と種類を記録してもらった。

「鳥は、窓を障害物として認識しません」と、クレムは簡潔に説明する。取り囲む壁のない大型一枚ガラスだけを野原の真ん中に立ててみたところ、生涯最後の瞬間となる激突のときまで、鳥はまったく気づかなかったという。

大型の鳥と小型の鳥、老いた鳥と若い鳥、雄と雌、昼と夜、どの場合でもまったく違いがないことを、クレムは二〇年かけてつきとめた。鳥には透明ガラスと反射性ガラスの区別もつかない。二〇世紀後半に、都心から離れた田園地帯にまで鏡張り高層建築が進出したことを考えれば、これは悪い知らせだ。渡り鳥はそうした場所を開けた野原や森として記憶しているからだ。クレムによれば、自然公園の案内所までがしばしば「文字どおりガラス張りなので、見学者が見にきた鳥がそうした建物のせいでしょっちゅう死んでいます」

一九九〇年にクレムが概算したところ、一年に一億羽の鳥がガラスに衝突して首の骨を折るという結果になった。いまではその一〇倍、すなわちアメリカ合衆国だけで一〇億羽と見積もっても、まだ控えめな数字だと彼は考えている。北米には総計約二〇〇億羽の鳥がいる。毎年、一億二〇〇〇万羽ずつがマンモスやリョコウバトと同じく狩猟によって失われるとすれば、死ぬ鳥の数はもっと多くなる。さらに、人間が野鳥の生態にもたらした厄災がもう一つある。好物の鳥が尽きないかぎり、人間よりも長生きするに違いないある生き物だ。

## （3）甘やかされた捕食者

ウィスコンシン州在住の野生生物学者、スタンリー・テンプルとジョン・コールマンは、一九九〇年代前半の実地調査から世界的に通用する結論を引き出したが、その調査のために故郷の州を離れる必要は一度もなかった。二人の研究テーマは公然の秘密だった。それがおおっぴらに語られなかった理由はこうである。全世帯のおよそ三分の一が、さまざまな場所に、ときには複数の殺し屋をかくまっているという事実をほとんどの人は認めたがらないのだ。その悪漢はゴロゴロ喉を鳴らす愛玩(あいがん)動物で、古代エジプトの神殿では王侯貴族のごとくくつろいでいたし、現代でも民家の家具の上で同じように振る舞っている。気の向いたときだけ人間の愛情を受け入れ、起きているときも寝ているときも（生きている時間の半分以上を寝て過ごすのだ）、底知れない沈着冷静さを示し、私たちを魅了して世話を焼かせ、餌を得る。

ところが、いったん屋外に出れば、*Felis silvestris catus*（ネコ科ネコ属イエネコ）という学名から亜種名をかなぐり捨て、*F. silvestris* すなわちヤマネコに先祖帰りして獲物に忍び寄る。まれにではあるがヨーロッパ、アフリカ、そしてアジアの一部でいまでも見つかる野生種の小型のヤマネコと遺伝学的にはほとんど同じ動物なのだ。外に出る危険を冒さないネコのほうが一般にはるかに長生きするため、人間を安心させるべく、数千年にわたり巧妙に適応してはいるが、飼いネコでも狩猟本能はまったく失っていない、とテンプルとコールマンは報告している。

ことによると、狩猟本能はさらに研ぎすまされているかもしれない。ヨーロッパからの植民者が最初にネコを持ち込んだとき、アメリカ大陸の鳥は、これほど静かに木をよじ登って急に襲いかかる捕食者をまだ見たことがなかった。アメリカにはボブキャットとカナダオオヤマネコはいたが、新たに侵入してきたネコ科の多産種はその四分の一の大きさで、膨大な数が生息していた鳴鳥に恐ろしいほどぴったりの相手だった。動物たちを電撃的に襲ったクローヴィス人のように、ネコは生きるためだけでなく単なる楽しみのために獲物を殺したようだ。「人間から絶えず餌をもらっていても、ネコは狩猟をやめない」と、テンプルとコールマンは記している。

過去半世紀で世界の人口は倍増したが、ネコの数はさらに急速に倍増した。アメリカ国勢調査局のペットに関する調査によると、一九七〇年から一九九〇年のあいだだけで、アメリカのネコは三〇〇〇万匹から六〇〇〇万匹に増えていた。だが、都市部に群棲したり、農家の裏庭や森林をわがもの顔で縄張りとしたりする野生化したネコも、実際の総数に含めなければならない。そうしたネコは、体の大きさは同程度だが人間に守られたねぐらを持たないイタチ、アライグマ、スカンク、キツネよりはるかに高い密度で生息しているのだ。

さまざまな研究から、野良ネコが一年に殺す動物の数は二八匹に上ることが明らかになっている。テンプルとコールマンの調査によれば、農家のネコはそれよりかなり多くの動物を仕留めるという。調査結果と入手可能なあらゆるデータを比較して二人が概算したところでは、ウィスコンシン州の田園地帯では約二〇〇〇万匹の放し飼いのネコが、少なくとも年間七八〇〇万羽、ことによると二億一九〇〇万羽以上の鳥を殺しているのだ。

これは、ウィスコンシン州の田園地帯だけの数である。

アメリカ全土では数十億羽になるだろう。実際の総数がどうであれ、ネコは人類が消えた世界できわめてうまくやっていくと思われる。人間に連れられてやってきたネコが、本来は生息していなかったすべての大陸や島で、いまや同程度の大きさのほかの捕食者を数でも勢力でもしのいでいる。人間を手なずけて餌とねぐらを用意させ、こちらへおいでと哀願されても無視するくせに、また餌をもらえるだけの愛嬌は振りまくネコたち。私たちがいなくなったあともずっと、鳴鳥はこの抜け目ない動物の子孫と渡り合っていかねばならないのだ。

◆◆◆

バードウォッチングをつづけて四〇年になる鳥類学者のスティーヴ・ヒルティは、世界でも類を見ないほど分厚い（コロンビアとベネズエラの鳥についての）二冊の野外観察図鑑の著者である。彼は、人間が引き起こした奇妙な変化をいくつも見てきた。そうした変化の一つを、アルゼンチン南部のカラファテという街の郊外にある氷河湖のほとりで、いまも観察している。チリとの国境に近い場所だ。アルゼンチンの大西洋岸に棲むミナミオオセグロカモメがいまや国中に分布域を広げ、生息数を一〇倍に増やしている。埋立地のゴミをあさっているうちに、そこまで増えてしまったのだ。「ミナミオオセグロカモメが、人間の出すゴミを追いかけてパタゴニアを横断する様子を見守ってきました。まるで落ち穂をたどるイエスズメのようでした。国内の湖でガンが激減したのはカモメの餌食になったからです」

人間の出すゴミ、銃、ガラスのない世界では、個体群の移動は以前のバランスを取り戻すだろうとヒルティは予測する。なかには、バランスの回復に時間のかかる個体群もあるかもしれない。気温変化によってその分布域に異常が起こっているからだ。アメリカ合衆国南東部では最近、渡りをしようとしないチャイロツグミモドキが見られるし、ハゴロモガラスはアメリカ中央部を通り過ぎてカナダ南部まで越冬に行く。そこで出くわすのは、典型的なアメリカ南部の種であるマネシツグミだ。

プロのバードウォッチング案内人であるヒルティは、鳴鳥の数が急激に落ち込むのを見てきた。バードウォッチャーでなくても、静寂の深まりに気づいているほどだ。彼の故郷ミズーリ州で見られなくなりつつある鳥のなかに、背中が青く喉が白い唯一のアメリカムシクイがいる。ミズイロアメリカムシクイはかつて、毎年秋にオザーク湖から旅立ち、ベネズエラ、コロンビア、エクアドルにまたがるアンデス山脈中腹の森へ向かったものだった。コーヒーやコカの栽培のために伐採される森が年々増えているため、渡ってくる何十万羽もの鳥は縮小をつづける越冬地へと集中せざるをえない。だが、そこにはすべての鳥を養えるだけの餌はないのだ。

それでも、一つの事実がヒルティを勇気づけてくれる。「南米で、現実に絶滅した鳥はほとんどいないのです」その意味は大きい。南米に生息する鳥の種類はどこよりも多いからだ。三〇〇〇万年前に南北アメリカ大陸がつながったとき、つなぎ目にあたるパナマのすぐ南にはコロンビアの山地が控えていた。これが、種の巨大な受け皿を用意した。海岸沿いのジャングルから高山湿地まで、あらゆる生態的地位が揃っていたからである。一七〇〇種を超える鳥類が生息するコロンビアがナンバーワンとされることに対し、エクアドルとペルーの鳥類学者から異議が唱えられることがある。自国にはコロンビア以上に活気のある生息地が残っているというのだ。だが、たいていの場合、そうした地域は辛うじて残っているにすぎない。エクアドルのハジロヤブシトドは、いまやアンデス山脈の一つの谷に棲んでいるだけだ。ベネズエラ北東部のハイガシラアメリカムシクイの生息地は、ある一つの山頂に限られている。ブラジルのバラノドズキンフウキンチョウは、リオデジャネイロ北方の一カ所の牧場でしか見られない。

人類が消えた世界では、生き残った鳥たちが、南米原産の木々の種を蒔きなおすだろう。こうした木々は、エチオピアから持ち込まれたあのコーヒーノキの列に取って代わられてしまっていたのだ。除草する人手がなければ、新たに生えてきた若木がコーヒーの木立と養分を奪い合うようになるはずだ。数十年もすれば、南米原産の木々は林冠で陰をつくって侵入者の生長を妨げ、根で相手を絞め殺すだろう。

コカノキはペルーとボリビアの高地が原産で、ほかの土地で育てるには化学物質の助けを必要とする。人間が世話しなければ、コロンビアでは二シーズンも持たないだろう。だが、コカ畑が枯れれば、ウシの牧草地と同じで、なにもない禿げ地が市松模様のように残ってしまう。こうした土地は、森が密かに伐採された場所である。ヒルティの大きな懸念の一つは、鬱蒼とした森の隠れ家に適応したアマゾンの小鳥たちは、明るい陽光に耐えられないのではないかということだ。木のない開けた土地を渡ることができずに、多くの鳥が命を落としてしまう。

エドウィン・ウィルズという科学者がその島を発見したのは、パナマ運河の完成後まもなくのことだった。ガトゥン湖を水で満たすと、いくつかの山が島となって残ったのだ。最も大きいバロ・コロラド島――面積一二平方キロ――は、スミソニアン熱帯研究所の研究拠点となった。ウィルズは、ここで餌をとっていたアリドリとミチバシリの研究をはじめた。ところが、どちらも突如として姿を消してしまったのだ。

「一二平方キロという面積は、開水面を渡らない種の個体群を維持するには不十分だったのです」と、スティーヴ・ヒルティは言う。「牧草地で隔てられて陸の孤島となった森も同じです」

島の上でもどうにか生き延びる鳥は、チャールズ・ダーウィンがガラパゴス諸島のフィンチの重要な観察から結論した通り、その土地の環境にしっかり適応できるため、それぞれがほかの場所では見られない独自の種となる。だが、ひとたび人間がブタ、ヤギ、イヌ、ネコ、ネズミなどを引き連れてやってくると、そうした環境は一変する。

　ハワイでは、野生化したブタがあぶり焼きにされてルアウ（ハワイ式宴会）に供される。だが、いくら食べても、ブタが鼻で地面をほじくりかえして森や沼地に与えるダメージは大きくなる一方だ。外来種のサトウキビが外来種のネズミに食い荒らされないよう、ハワイの農家は一八八三年、これもまた外来種のマングースを移入した。こんにち、ネズミは依然としてそこらじゅうにいる。ネズミとマングースの共通の好物は、ハワイの主な島々に残された数少ない原産種のガンや、巣づくりをするアホウドリの卵だ。グアムでは、第二次大戦直後に飛来した米軍輸送機の車輪格納庫に、オーストラリアのミナミオオガシラヘビが潜んでいた。それから三〇年足らずで、原産のトカゲ数種のみならず、島に棲んでいた鳥の半分以上の種が絶滅し、残りも希少種に指定されている。

　人間が絶滅しても、その遺産の一部が、私たちが持ち込んだ捕食者として生きつづける。ほとんどの場合、そうした動物の急増を抑える唯一の手段は、私たちが自然に与えたダメージを回復させるべく実施してきた撲滅プログラムだった。私たちがいなくなれば、そうした奮闘も終わりを告げ、齧歯類とマングースが南太平洋の美しい島々の大部分を受け継ぐことになるだろう。

　アホウドリは、その威風堂々とした翼をはばたかせて生涯の大半を過ごす。それでも、繁殖のためには地上に降りなければならない。私たちが消えようと消えまいと、アホウドリが安全に繁殖できる場所が残るかどうかは、はっきりしない。

# 15　放射能を帯びた遺産

## （1）賭け

連鎖反応と呼ぶにふさわしい、あっというまの出来事だった。一九三八年、物理学者のエンリコ・フェルミは、ファシスト政権下のイタリアからストックホルムへと向かった。中性子と原子核に関する研究でノーベル賞を受け、授賞式に出席するためである。そして、そのまま戻らなかった。ユダヤ人の妻とともにアメリカへ亡命したのだ。

同じ年、二人のドイツ人化学者が、ウラン原子に中性子を衝突させて分裂させたという噂が漏れてきた。二人が上げた成果は、フェルミ自身による実験を裏づけるものだった。中性子によって原子核を砕くと、さらに多くの中性子が放出されるという彼の推測は正しかったのだ。一つ一つの中性子がショットガンの散弾のように原子のなかから飛び出し、十分な量のウランが近くにあれば、さらに多くの原子核にぶつかってそれを破壊する。このプロセスが次から次へと連鎖し、大量のエネルギーが放出される。フェルミは、ナチスドイツがこの現象に興味を抱いているのではないかと疑っていた。

一九四二年一二月二日、シカゴ大学のスタジアムの下にあるスカッシュコートで、フェルミと新たに同僚となったアメリカ人研究者たちが、核分裂連鎖反応の制御に成功した。彼らがつくった最初の原子炉は、ミツバチの巣箱の形に積み重ねた黒鉛ブロックにウランを入れたものだった。中性子を吸収するカドミウムで覆った制御棒を差し込むと、ウラン原子の急激な分裂を抑え、暴走を防ぐことができた。

それから三年足らずのち、フェルミのチームはニューメキシコ州の砂漠で正反対の実験をした。今回は核反応を最大限に暴走させるのが目的である。膨大な量のエネルギーが放出されると、それから一カ月と経たないうちに、日本の二つの都市の上空で同じことが二度繰り返された。一〇万人以上の人びとが瞬時に死亡し、最初の爆発からかなりの時間が経っても亡くなる人が跡を絶たなかった。それ以来こんにちまで、核分裂の二重の致命的威力、すなわち桁外れの破壊力とそれにつづく緩慢な苦痛に人類はおののき、同時に魅入られてきた。

体を粉々に吹き飛ばすこの爆弾以外の手段で、私たちが明日この世界からいなくなれば、あとにはおよそ三万発の未使用の核弾頭が残される。私たちが消えたあとでそれらが爆発する可能性は、実質的にはゼロだ。基本的な構造のウラン爆弾は核分裂を起こす物質を二つの塊に分けて内蔵しており、爆発に必要な臨界量に達するには、自然界ではありえない速度と精度でその二つをぶつけなければならない。落としたり、たたいたり、水に沈めたり、岩を転がしてぶつけたりしても、なにも起こらない。万が一、劣化した爆弾のなかで濃縮ウランのつやつやした表面が触れ合っても、弾丸ほどの速さでぶつからないかぎり不発に終わる。ただし、かなりの汚染は引き起こされるが。

一方、プルトニウム爆弾では、核分裂を起こす物質は一個の球である。爆発させるには最低でも二倍の密度になるまで力を加え、均等に圧縮しなくてはならない。さもなければ、単なる毒の塊にすぎない。だが、いずれ爆弾の外殻は腐蝕し、放射能を帯びた内容物が風雨にさらされることになる。兵器級プルトニウム239の半減期は二万四一一〇年なので、大陸間弾道ミサイルの円錐形の弾頭が五〇〇〇年後に分解したとしても、なかにある四・五～九キロのプルトニウムの大半はまだ等級が下がっていない。プルトニウムは、陽子と中性子の塊であるアルファ粒子を放出する。この粒子は重いため毛皮はもちろん厚い皮膚さえ通過できないが、不運にも吸い込んでしまった生物には致命的な影響を及ぼす（人間の場合、一〇〇万分の一グラムで肺がんを引き起こす恐れがある）。一二万五〇〇〇年後には、プルトニウムは四五〇グラムも残っていないだろうが、それでも十分な致死力を持っている。地球上の自然バックグラウンド放射線と区別がつかない程度までレベルが落ちるのは、二五万年後だ。

だがそのときになっても、地球上の生物は、依然として猛毒を放つ四四一ヵ所の原子力発電所の残骸と戦わなければならないだろう。

## （2）日焼け止め

ウランのように大きく不安定な原子が自然に崩壊したり、人為的に分裂したりするとき、荷電粒子と、非常に強力なX線に似た電磁波を放出する。いずれも生体細胞とDNAを変質させる力を持っている。いびつにされた細胞と遺伝子が再生し、自己複製すると、がんと呼ばれるもう一つの連鎖反応が生じることがある。

バックグラウンド放射線は常に存在するため、生物はそれに適応してきた。淘汰され、進化し、ときにはひたすら屈服することによって。人間が自然界のバックグラウンド放射線の量を増やせば、生体組織は必ず対応を強いられる。核分裂はまず爆弾に、次いで発電所に利用された。だがその二〇年前、人類はすでに、ある電磁気の精霊を解き放ってしまっていたのだ。しかも、そのへまがどんな結果を招くかに気づいたのは、六〇年近く経ってからのことだった。この事例で、私たちは放射線を抑え込むどころか、招き入れてしまったのである。

その放射線とは紫外線だ。原子核から放出されるガンマ線にくらべれば、きわめて低エネルギーの電磁波である。だが、その紫外線が突如として、地球に生命が誕生して以来前例がないレベルで存在するようになった。そのレベルはいまだに上昇をつづけている。向こう半世紀で修正できる望みはあるものの、人間が折悪しく消えてしまえば、紫外線が増大した状態ははるかに長くつづくかもしれない。

紫外線は、現在のような生命が形成されるのに一役買った。また意外なことに、紫外線の浴びすぎを防いでくれるオゾン層自体、紫外線によってつくられたものだ。かつて、地球表面の原初のぬめりに太陽からの紫外線が遮るものもなく降り注いでいた頃、ある重要な瞬間に――おそらく一撃の稲妻に誘発されて――分子の生物的なゼリー状混合物がはじめて生じた。それらの生きた細胞が紫外線の高エネルギーを浴びて急速に変異し、新陳代謝によって無機化合物を新たな有機化合物へと変化させた。やがて、そうした化合物の一つが、原初の大気中に存在した二酸化炭素と日光に反応し、新しい種類の気体を排出した。それが酸素である。

こうして、紫外線に新たな標的ができた。結びついた二つの酸素原子、すなわち酸素分子を狙い撃ちして、分裂させるのだ。ばらばらになった二つの原子は、ただちに近くの酸素分子にくっつき、過酸化酸素分子を形成する。これがオゾンである。しかし、紫外線がオゾン分子の三つ目の原子をいとも簡単に切り離し、再び酸素をつくる。切り離された原子はすぐにほかの酸素分子と結合し、さらに多くのオゾンをつくる。そのオゾンがまた紫外線を吸収し、酸素原子を放出する。

次第に、地上から一六〇〇〇メートルほど上空で均衡状態ができはじめる。絶えずオゾンがつくりだされ、切り離され、再び結合する。その過程で常に紫外線が取り込まれるため、地面には届かない。オゾン層が安定するにつれ、オゾン層に守られる地上の生命もまた安定した。やがて種が進化し、以前のようなレベルの紫外線にさらされるのに耐えられなくなった。そうした種の一つが人類になったのである。

だが、一九三〇年代になって、生命の誕生直後から比較的一定のレベルを保っていた酸素とオゾンのバランスを、人間が崩すようになる。フロンという商標名のクロロフルオロカーボンを使いはじめたのだ。この物質は人工の塩素化合物で、冷却に用いられる。CFCとも略されるフロンは、不活性でとても安全に思えたため、スプレー缶やぜんそく薬の吸入器に封入されたり、使い捨てのコーヒーカップやランニングシューズをつくるため、ポリマー発泡体に吹き込まれたりした。

一九七四年、カリフォルニア大学アーヴァイン校の化学者F・シャーウッド・ローランドとマリオ・モリナは、こんな疑問を抱くようになった。冷蔵庫や資材が分解されたあと、フロンはどこへ行くのだろうか。というのも、フロンは非常に壊れにくいため、ほかの物質と結合しないからだ。結局、二人が達した結論は次のようなものだった。それまでなにをもってしても破壊されなかったフロンは、成層圏まで上昇するに違いない。そこではじめて、強力な紫外線という難敵に出会う。フロンの分子が破壊されると、純粋な塩素が解き放たれる。この塩素が、遊離した酸素原子をがつがつと飲み込んでしまう。だが、こうした酸素原子が存在するおかげで、紫外線が地上に届かない状態が保たれていたのである。

当初、ローランドとモリナの説に注意を払う者はいなかった。ところが、一九八五年のこと、南極観測に携わっていたイギリス人研究者のジョー・ファーマンが、空に穴があいているのを発見した。人間は何十年にもわたり、紫外線よけの傘を塩素づけにして溶かしてきたわけだ。この発見以来、世界の国々が前例のない協力体制を敷き、オゾン層を食い荒らす化学物質の段階的削減に努めてきた。その成果は心強いものだが、手放しでは喜べない。オゾン層の破壊は緩やかになったが、フロンの闇市場は活況を呈しているし、発展途上国では「国内における基本的必要性」に応えるためいまだに合法的に生産されている。こんにち、代替フロンとして一般に使われているヒドロクロロフルオロカーボン（ＨＣＦＣ）も、より緩慢にではあれオゾン層を破壊することに変わりなく、やはり段階的に削減される予定だ。だが、次はなにで代用するかという問題に答えを出すのは容易ではない。

オゾン層を破壊することとはまったく別に、ＨＣＦＣもＣＦＣも――そして、塩素を含まない代替品として最も多く用いられるヒドロフルオロカーボン（ＨＦＣ）も――二酸化炭素の何倍も地球温暖化を加速する恐れがある。人間の活動が停止すれば、アルファベットの略称を持つこうした合成物質の使用も当然、すべて停止する。だが、人間が空に与えたダメージはかなり長く尾を引くかもしれない。南極のオゾンホールをはじめあらゆる場所で進むオゾン層の減少は、破壊物質がなくなったあと、二〇六〇年までに回復するというのが、現時点で最も期待されているシナリオである。ここで前提となるのは、なんらかの安全な代替物質の使用と、まだ上空に達していない既存のフロンを除去する方法の発見である。ところが、壊れにくくつくられた物質を破壊するには、相当な費用がかかることがわかってきた。アルゴンプラズマアークやロータリーキルンといった、大量のエネルギーを消費する高度な機器が必要となるのだ。だが、世界にはこうした機器が容易に手に入らない地域も多い。

結果として、特に発展途上国では、何百万トンものＣＦＣがいまだに使用されたり、老朽化した施設に残存あるいは保管されたりしている。私たちが消えれば、ＣＦＣやＨＣＦＣを使用した何百万台ものカーエアコン、それを何百万台も上回る家庭用・業務用冷蔵庫、冷蔵トラック、鉄道の冷蔵車両、家庭用あるいは業務用の冷房設備が、やがてはすべて壊れる。そして、予期せぬ結果を招いた二〇世紀の発明、クロロフルオロカーボンの亡霊を解き放つのだ。

すべてのクロロフルオロカーボンが成層圏へ昇り、快方に向かっていたオゾン層は病気をぶり返すだろう。だが一気にそうなるわけではないので、運が良ければ、長患い(ながわずら)となっても死に至ることはないかもしれない。さもなければ、人類が消えたあとに残る動植物は、淘汰されて紫外線耐性を持つようになるか、突然変異を起こして電磁波放射の集中砲火のなかを進んでいくしかないだろう。

（3）戦術的にして実用的

半減期が七億四〇〇〇万年のウラン235は、天然ウラン鉱石中にわずか〇・七パーセントという微微たる量しか含まれていない。それでも、人間はこれまで数千トンのウラン235を濃縮して原子炉や原子爆弾に利用してきた。そうした用途に使うためにはウラン鉱石からウラン235を抽出しなければならない。まず化学的処理によってウラン鉱石をガス化合物に転換し、それを遠心分離機に入れて回転させ、原子の質量の違いによって選り分ける。ウラン235の抽出後にははるかに放射能が弱い（「劣化した」）ウラン238が残る。半減期が四五億年のこの物質は、アメリカ国内だけでも少なくとも五〇万トン存在する。ウラン238の利用法の一つにかかわるのが、きわめて高密度な金属だという性質である。ここ数十年でその有用性が証明されたのは、次の事実がわかったからだった。鋼鉄と混ぜて合金にすると、戦車の車体などの装甲板も貫通する弾丸がつくれるのだ。

これほど多くの余剰劣化ウランが存在するのだから、アメリカやヨーロッパの軍隊はそれを使えば、タングステン──主に中国で産出される放射能を帯びていない代替品──を買うよりはるかに安くつく。劣化ウラン弾は直径二五ミリの弾丸から、長さ九〇センチ、直径一二〇ミリで推進剤を内蔵し安定板のついた矢形の発射体まで、さまざまな種類がある。劣化ウラン弾の使用に関しては、発射する側と受ける側双方の健康への悪影響が懸念され、激しい議論が巻き起こっている。劣化ウラン砲は着弾すると発火し、あとには灰の山が残される。劣化しているとはいえ、弾丸の先端部には相当量の濃縮ウラン238が含まれ、その灰の放射能は通常のバックグラウンドレベルの一〇〇〇倍を超える。人間がいなくなったあと、未来の考古学者は、クローヴィス人の矢尻の現代版ともいえる超高密度の武器を数百万個、発掘するかもしれない。それらはクローヴィス人の矢尻よりずっと恐ろしげなだけでなく、発見者たちはおそらく知る由(よし)もないだろうが、地球に残された時間よりも長く放射線を発しつづけるのである。

私たちが消えるのが明日にしても二五万年後にしても、劣化ウランは人類消滅後まで残る。だが、はるかに強い放射能を持つものもある。この大きな問題を解決するために、一つの山脈をまるまるくり抜いた保管場所が検討されている。いまのところ、アメリカにはそうした保管場所が一ヵ所だけ、ニューメキシコ州南東部の地下六〇〇メートルの岩塩ドーム層にある。ヒューストンの地下化学物質貯蔵庫と同様の施設だ。核兵器と防衛関連研究の残骸の墓場であるこの放射性廃棄物隔離試験施設（WIPP）は、一九九九年から稼働している。収容能力は一七万五五六〇立方メートルで、五五ガロン入りのドラム缶にして一五万六〇〇〇本分が入る。実際、ここに運ばれてくるプルトニウム漬けのスクラップは、大半がそうしたドラム缶に詰められている。

WIPPは、アメリカだけで年に三〇〇〇トンずつ増える原子力発電所の使用済み核燃料の貯蔵施設としてつくられたのではない。廃棄処分された武器組立用手袋、靴カバー、核爆弾製造に使用され汚染された洗浄溶剤の染み込んだぼろ切れなど、いわゆる低・中レベル廃棄物のためだけの埋立地だ。核爆弾製造に使用された機械の解体後の残骸や、そうした作業が行なわれた部屋の壁まで保管されている。それらすべてが荷台に載せられて収縮包装され、放射能を帯びたパイプ、アルミニウム導管、ゴム、プラスチック、セルロース、何キロメートルもの電線などとともに到着する。最初の五年間で、すでにWIPPの容量の二〇パーセント以上が埋まっている。

貯蔵物は、アメリカ全土に散らばる二四ヵ所の重警備地下保管庫から運ばれてくる。長崎に投下された原爆のプルトニウムが生産されたワシントン州のハンフォード核廃棄物貯蔵所と、その原爆が組み立てられたニューメキシコ州ロスアラモス研究所からも搬送される。どちらの施設も、二〇〇〇年に大規模な林野火災に襲われた。公式発表によれば、埋められていなかった放射性廃棄物は防護されて延焼を免れたという。だが、消防士のいない世界ではそうはいかない。WIPP以外、アメリカの核廃棄物貯蔵施設はすべて一時しのぎのものにすぎない。現状のままではやがて火災で崩壊し、放射性の灰が吹き飛ばされて大陸中に広がり、海さえ越えるだろう。

WIPPへの搬送を最初にはじめたのは、コロラド州デンヴァーの北西二五キロに位置する丘陵地帯の高原の防衛関連施設、ロッキーフラッツだった。アメリカ合衆国は一九八九年まで、安全対策が法的基準を満たさないまま、原子力兵器に使うプルトニウム起爆装置をここで製造していた。長年、プルトニウムとウランの染み込んだ切削油のドラム缶が何千本も、屋外の地面に直接置かれていた。ドラム缶の漏れがようやくわかると、証拠を隠滅するためにアスファルトが敷かれた。放射性の流出液がロッキーフラッツから頻繁に地元の川に流れ込んでいた。放射能を帯びた汚泥にセメントを流し込み、ひび割れた蒸発池からの漏出を先延ばししようという愚行も試みられた。放射線はたびたび大気中に漏れた。一九八九年にFBIが強制捜査に乗り出し、とうとう施設は閉鎖された。二〇〇〇年以降、数十億ドルの費用をかけて徹底的な汚染除去と広報活動が行なわれ、ロッキーフラッツは国の野生生物保護区に生まれ変わった。

時を同じくして、同様の魔法により、デンヴァー国際空港に隣接するかつてのロッキーマウンテン兵器工場（RMA）も生まれ変わった。RMAはマスタードガス、神経ガス、焼夷弾、ナパーム弾を製造していた化学兵器工場で、平時は殺虫剤が生産されていた。この施設の中心部はかつて、地球上で最も汚染された一平方マイル（約二・六平方キロ）と言われていた。安全緩衝地帯で数十羽のハクトウワシが越冬し、膨大な生息数のプレーリードッグをほしいままに捕食しているのが発見されて、ここも国の野生生物保護区となった。そうするためには、兵器工場の湖の水を抜いて封鎖する必要があった。かつてその湖では、カモが着水直後に死に、死骸を回収するアルミニウム製ボートの船底が一カ月もしないうちに腐蝕したものだった。有毒な地下水プルームを向こう一〇〇年間にわたって処理・監視し、安全なレベルにまで薄まるのを見届ける計画になっているとはいえ、人間がかつて足を踏み入れるのを恐れた場所が、いまではヘラジカほどの大きさのミュールジカにとって安住の地となっている。

だが、一〇〇年経っても、残留したウランとプルトニウムはほとんど変化しないだろう。プルトニウムは二万四〇〇〇年後に半減期を迎え、その後も残りつづける。ロッキーフラッツの兵器級プルトニウムが搬送されたのは、サウスカロライナ州だった。同州の知事はトラックの前にわが身を横たえても搬送を阻止すると宣言したものの、裁判所の決定により実力行使を禁止された。搬送先のサバンナ・リバー・サイト防衛廃棄物処理施設――そこにある二棟の巨大な建物（分厚いコンクリートの壁で囲まれているため「再処理峡谷」と呼ばれている）は汚染があまりにひどいため、解体方法の見当がつかない——では、高レベル核廃棄物に粒状ガラスを加えて炉で溶かしている。それをステンレスの容器に注ぐと、放射性ガラスの固形ブロックができる。

この方法はガラス固化と呼ばれ、ヨーロッパでも用いられている。ガラスは人間のつくりだした物質のなかで並ぶものがないほど単純で耐久性に富んでおり、放射能ガラスの四角い塊は人工物で最も長持ちするものの一つかもしれない。二度の原子炉事故を起こして結局は閉鎖されたイングランドのウィンドスケール発電所などでは、ガラス固化した廃棄物が空冷された施設に保管されている。いつの日か電力が永久に途絶えれば、崩壊の進む放射性物質を取り込んだガラスで満杯の貯蔵室は徐々に暖まり、破壊的な結末が訪れるだろう。

ドラム缶何本分もの放射性の油がかかったロッキーフラッツのアスファルトもはがされ、地下一メートルほどの深さまで掘り出された土とともにサウスカロライナ州に搬送された。機器の測定範囲を超えるほど汚染され「無限部屋」と呼ばれた悪名高い施設も含め、ロッキーフラッツの八〇〇棟を超える建物の半数以上が取り壊されている。大半が地下につくられた棟もあったが、機器類の撤去後、地下部分は埋められた。撤去された機器類には、原子爆弾の起爆剤となる光沢のあるプルトニウム盤の処理に使われたグローブボックスなども含まれていた。

そうしたものの上に、自生していた背の高いウシクサとアゼガヤモドキが混植された。この土地に棲むヘラジカ、ミンク、クーガー、絶滅危惧種のプリベルズ・メドウ・ジャンピング・マウスの生息環境を保全するためだ。その中心部で悪事が企まれていたにもかかわらず、二四平方キロあまりの安全緩衝地帯では動物たちが見事に繁殖している。ここで進行していた恐ろしい事業とは無関係に、動物たちは順調にやっているようだ。だが、保護区の職員によれば、この場所を管理する人間については放射線摂取量を測定するよう定められているが、野生生物の遺伝子検査は実施されていないという。

「人体におよぶ危険は監視していますが、ほかの種への被害は対象外です。許容放射線量は三〇年間勤務した場合の被爆を前提として計算されています。大半の動物はそんなに長く生きませんから」

その通りかもしれない。だが、遺伝子は違う。

ロッキーフラッツでは、放射線量が多すぎるなどの理由で運び出せなかったものはすべてコンクリートで固められ、厚さ六メートルの盛り土で覆われている。野生生物保護区をハイキングする人びとから隔離するよう定められてはいるが、接近を防ぐ方法はまだ決まっていない。アメリカのエネルギー省は、向こう一万年にわたり、ロッキーフラッツの廃棄物の大半が送り込まれたWIPPに人が近づくのを防ぐ法的義務を負っている。人間の言語の変化は速く、五〇〇年から六〇〇〇年後にはほとんど理解不能になるという問題が議論されたあげく、ともかく七カ国語で警告を掲示したうえに図を加えることになった。警告と図を刻んだ高さ七・五メートル、重さ二〇トンの花崗岩の碑がいくつも建てられ、同じ内容の直径二三センチの焼いた粘土板と酸化アルミニウムの銘板が敷地全体に無作為に埋め込まれることになっている。まったく同じ三つの部屋の壁に地下に潜む危険性についてより詳しい情報を刻み、そのうちの二室も埋める予定だ。施設全体を、高さ一〇メートル、四方八〇〇メートルの土手で囲み、そこに磁石とレーダー反射器を埋め込む。あらゆる可能な手段を用いて、なにかが下に潜んでいるという合図を未来に伝えるためだ。

いつかそれを発見する誰か、あるいはなにかが実際にそうしたメッセージから危険を読み取ったり察知したりできるかどうかは、なんとも言えない。後世に向けて手の込んだ「かかし」がつくられるのはいまから何十年かのち、WIPPが満杯になってからだ。それに、開設からわずか五年後に、プルトニウム239がWIPPの排気シャフトから漏れ出しているのが早くも見つかっている。予測不能な事柄は多い。放射線に汚染され地下に埋められたプラスチック、セルロース、放射性核種などが、塩水が岩塩層を透過した場合や放射性崩壊熱が加わった場合にどんな反応をするかはわからない。それゆえ、放射性の液体は蒸発を恐れて受け入れていないが、埋められた壜や缶の多くには温度の上昇により蒸発する汚染残留物が詰まっている。水素やメタンの発生に備えて上部空間が設けられてはいるが、その隙間が十分かどうか、WIPPの排気孔が機能するか詰まってしまうかは、未来になるまでわからない。

## (4) 計り知れないほど安いエネルギー

アリゾナ州フェニックス西方の砂漠に建つパロヴェルデ原子力発電所は、出力三八〇万キロワットを誇るアメリカ最大の原子力発電所だ。この発電所では、制御された原子反応によって水を熱して水蒸気にし、それを動力として三基のタービンを回転させている。この三基は、ゼネラル・エレクトリック社（GE）が製造したものとしては最大のタービンだ。世界中のほとんどの原子炉が同様の原理で作動する。あらゆる発電所で、エンリコ・フェルミが最初につくった原子炉と同じく、中性子を吸収するカドミウムの可動式制御棒を用いて反応を抑制、あるいは促進している。

パロヴェルデの三基の独立した原子炉では、こうした制御棒が一七万本近い燃料棒のあいだに配置されている。鉛筆ほどの太さの燃料棒は長さ四メートルあまりのジルコニウム合金製で、内部の空洞に端から端までウランのペレットが詰められている。一本一本の燃料棒が、石炭一トン分に匹敵するエネルギーを有している。この燃料棒を束ねて何百体もの燃料集合体が形成されている。そのあいだに水を流して装置を冷却し、蒸発した水が水蒸気となって蒸気タービンを回転させる。

深さ一四メートルほどの青緑色の水のなかに据えられた炉心はほぼ立方体で、総重量は五〇〇トンを超す。毎年、およそ三〇トンの燃料が使用済みとなる。この核のゴミはジルコニウムの棒に詰められたまま、原子炉格納ドームの外側にある平屋根のビルにクレーンで運ばれ、やはり深さ一四メートルの巨大なプールともいえる一時保管池に沈められる。

パロヴェルデ発電所が一九八六年に操業を開始して以来、使用済み核燃料は貯め込まれてきた。ほかに行き場がないからだ。どこの原子力発電所でも、使用済み核燃料貯蔵池には予定より何千個も多い燃料集合体が無理やり詰め込まれている。世界で稼働している四四一カ所の原子力発電所から、一年に総計一万三〇〇〇トン近くの高レベル核廃棄物が生み出されている。アメリカの大半の原子力発電所にはこれ以上貯蔵スペースがない。そのため、永久埋蔵地が確保できるまでのあいだ、使用済み燃料棒は、鋼鉄製の円筒形容器をコンクリートで覆った「ドライキャスク」に入れられ、空気と水分を抜き取って保存されている。二〇〇二年からこうした容器が使用されているパロヴェルデでは、立てた状態で保管されている容器が巨大な魔法瓶のように見える。

核廃棄物を永久に葬る計画はどの国にもある。そしてどの国にも、埋蔵された廃棄物の封印が地震などによって破られてしまうのではないか、あるいは、廃棄物を搬送するトラックが埋立場へ向かう途中で事故を起こしたり、乗っ取られたりするのではないかと恐れおののく市民がいる。

その一方で、使用済み核燃料はタンクに中間貯蔵されたまま、ときには何十年も放置される。奇妙なことに、使用済み核燃料は、使われはじめたときとくらべ最高で一〇〇万倍も放射能が強くなる。原子炉のなかで核燃料は、濃縮ウランよりも比重の高い元素、たとえばプルトニウムやアメリシウムの同位体に変化しはじめる。その変化は廃棄物貯蔵所でもつづき、使用済み燃料棒は中性子をやりとりして、アルファ粒子、ベータ粒子、ガンマ線、熱を放出する。

人間が突然いなくなれば、冷却池の水はすぐに沸騰して蒸発してしまうだろう。ことにアリゾナ砂漠では蒸発が速そうだ。貯蔵中の使用済み核燃料が空気にさらされれば、その熱で燃料棒の被覆材が発火し、放射性の火災が発生する。パロヴェルデでもほかの原子力発電所でも、使用済み核燃料の貯蔵ビルは墓場ではなく一時的保管場所としてつくられている。ブロックでできた屋根は大型ディスカウントストアのようなつくりで、原子炉の鋼弦コンクリート製遮蔽ドームとは大違いだ。こうしたブロックづくりの屋根は、下で放射性の火が燃えつづければ持ちこたえられず、大量の汚染物質が漏れ出すだろう。だが、それよりもさらに大きな問題がある。

パロヴェルデ原子力発電所では、巨大なエノキタケを思わせる高さ一五〇〇メートルもの蒸気の柱が、メキシコハマビシの生える平らな砂漠に立ち並んでいる。三基の原子炉の冷却水が蒸発し、それぞれの冷却塔から毎分約五万七〇〇〇リットルの水蒸気が放出されているのだ（パロヴェルデはアメリカの原子力発電所のなかで唯一、河川、港湾、海岸に接していないため、州都フェニックスの廃水を処理して冷却水として再利用している）。ポンプの詰まり、ガスケットの漏れ、フィルターの逆流が起こらないよう管理する職員の数は二〇〇〇人に上るばかりか、一つの町とも言えるこの大規模な発電所には独自の警察と消防署まである。

核燃料の再装荷：パロヴェルデ原子力発電所三号機　撮影：トム・ティングル／1998年12月29日付アリゾナ・リパブリック紙より（許可により転載。ただし、同紙は本書の内容には関知しない）

住人がここから避難しなければならなくなったと仮定しよう。事前に余裕をもって警告が発せられ、各炉心にすべての制御棒を押し込んで核反応を止め、発電を停止したとする。発電所が無人になれば、配電網への接続は自動的に断ち切られる。七日分のディーゼル燃料が備蓄されている非常用発電機が作動し、冷却水の循環はつづけられる。たとえ炉心の核分裂が止まったとしても、ウランは崩壊をつづけ、原子炉稼働時の七パーセントほどの熱を発するからだ。冷却水を炉心に送り出して循環させるのに十分な熱である。ときどき、逃し弁が開いて過熱した水が吐き出され、圧力が下がればまた閉じる。だが、熱と圧力はまた上がるため、逃し弁は開閉を繰り返す。

そのうちに、水の供給の途絶、バルブの固着、ディーゼル燃料ポンプの停止のどれかがまず起こる。どの場合でも、冷却水の補給が止まるのは避けられない。一方、放射能が半減するだけでも七億四〇〇〇万年かかるウラン燃料は熱いままだ。燃料が浸かっている水深一四メートルの水は沸騰したまま蒸発しつづける。遅くとも数週間後には、炉心の上部が露出し、炉心溶融（メルトダウン）がはじまる。

仮に、発電所が電力を生産しているあいだに全員が消えたり、逃げたりした場合、保守要員が毎日監視していた何千もの部品の一つが故障するまで、運転はつづく。一カ所でも故障すれば運転は自動的に停止するが、停止しなければ、メルトダウンはあっというまにはじまるかもしれない。一九七九年、ペンシルヴェニア州のスリーマイル島発電所でバルブが開いたまま固着し、こうした事態が発生した。二時間一五分のうちに炉心の上部が露出し、溶岩状に溶けてしまったのだ。それが原子炉容器の底に流れ落ち、厚さ一五センチの炭素鋼を溶かしながら燃えはじめた。

異常が発覚したのは、容器の厚みの三分の一ほどまで溶けたときだった。もし非常事態に気づく者がいなかったら、溶けた炉心は基部に流れ出していただろう。そうなれば、摂氏二八〇〇度の液状の溶岩が、開きっぱなしのバルブからあふれて水深一メートル近くなった水とぶつかって爆発していたはずだ。

原子炉内の核分裂性物質の濃度は核爆弾にくらべればはるかに低いので、核爆発ではなく、水蒸気爆発になったはずだ。だが、原子炉格納ドームは水蒸気爆発に耐えるようには設計されていない。扉や継ぎ目が破裂すれば、吹き込んでくる空気が手近にあるものを直ちに発火させるだろう。

原子炉に燃料を補給する一八カ月のサイクルの終わりに近ければ、メルトダウンはもっと起こりやすいはずだ。核物質の崩壊が何カ月もつづけばかなりの熱が蓄積されるからである。燃料が新しければ惨事の程度は相対的に軽くはなるが、それでも、結局、悲惨な結果になることに変わりはない。熱が低ければメルトダウンではなく火事が発生するだろう。燃焼ガスが液体に変わる前に燃料棒を粉々に砕けば、ウランのペレットが飛び散って放射線を放出し、原子炉格納ドーム内には放射能に汚染された煙が充満する。

原子炉格納ドームは密閉構造ではない。通電が遮断されて冷却システムが働かなくなれば、炎と燃料崩壊の熱によって、放射線は継ぎ目の周囲の隙間や排気孔から押し出される。資材が劣化すれば、ひびが増え、有毒物質が漏れ出し、やがてはもろくなったコンクリートが崩れ、放射線が噴き出すだろう。

地球上のあらゆる人間が消えれば、複数の原子炉を有する数ヵ所の発電所も含め、四四一ヵ所の原子力発電所はしばらく自動運転するものの、次々とオーバーヒートするだろう。一つの原子炉が停止してもほかの原子炉は運転をつづけられるよう、燃料補給のスケジュールは通常ずらされているため、おそらく半分が燃焼し、残り半分が溶融する。どちらにしても、大気中や近隣の水域に膨大な量の放射線が拡散して長期間残存することになる。残存期間は濃縮ウランの場合、地質年代的な長さに及ぶ。

溶融した炉心が原子炉建屋の床まで流れ出しても、一部で信じられているように地球の裏側まで貫通し、有毒な火山のごとく中国の地表に現われるわけではない。放射性の溶岩は周囲の鋼鉄やコンクリートと混ざり合い、やがて温度が下がる。それでも、この鉱滓(こうし)の塊はその後もずっと、致命的な強度の放射能を帯びつづける。

残念ながら、それが現実だ。みずから地下深く埋もれてくれれば、地表に残る生命体にとってはありがたい話である。しかし、そうはいかない。技術の粋を集め、ごく短期間きわめて精密な装置だったものが溶けて一つになり、役立たずの金属の塊に成り果てる。これは、この装置をつくりだした知識人にとっての墓石である――また、何千年かのちにそれに近づきすぎた、人間以外の無辜(むこ)の犠牲者にとっての。

## （5）放射能漬けの生活

一年もしないうちに、鳥たちはそこに近づきはじめた。四月に四号炉が爆発したとき、巣づくりをはじめたばかりのチェルノブイリの鳥たちは、火事場風に吹かれて姿を消した。事故の時点で建設計画のほぼ半分が完了していたチェルノブイリは、完成すればメガワット級の原子炉一二基を擁する世界最大の原子力発電施設となるはずだった。だが、一九八六年のある夜、作業員のミスと設計上のミスが重なり、人的過失（ヒューマンエラー）の臨界量とも呼ぶべき状態に達した。爆発は核爆発ではなかったし、損壊した建物は一棟だけだった。だが、この爆発によって、蒸発した冷却水は放射能を帯びた蒸気の巨大な雲となり、その雲に含まれる原子炉の内容物が周囲の土地にも空にも撒き散らされた。その週、土壌や帯水層への放射性プルームの拡散を追跡するため、必死にサンプルを採っていたロシアとウクライナの科学者たちは、鳥のいない世界の静けさに不安をかき立てられた。

それでも、翌年の春、鳥たちは戻ってきてそのまま留まっている。放射能を帯びた原子炉の残骸の周囲を無防備な姿で飛び回るツバメを見ると、心配になってくる。なにしろ、こちらはウールを何枚も重ね着し、アルファ粒子を遮断するフードつきのキャンバス地のつなぎ服を着て、髪の毛と肺をプルトニウムの塵から守るため手術帽をかぶりマスクをしているのだ。ツバメたちが早くどこか遠くへ飛び去ればいいのにと思う。同時に、ツバメがいることで心が和む。景色はしごく正常に見え、この世の終わりのような惨事も、結局大したことではなかったのだという気にさせられるほどだ。最悪の事故が起こっても、生物の営みはつづく。

生物の営みはつづくが、その基盤は変わった。色素欠乏による白い羽が点々とあるツバメのヒナが多数生まれた。そうしたツバメも何事もなかったかのように虫を食べ、成長して巣立ち、渡っていく。だが、翌年の春、白いまだらのあるツバメは戻ってこなかった。遺伝子の欠陥により、アフリカ南部への越冬の旅から帰ってくることができなかったのだろうか？目立つ色が敬遠されて、つがいの相手に恵まれなかったか、それとも捕食者に目をつけられやすかったのだろうか？

チェルノブイリの爆発と火災のあと、炭坑労働者や地下鉄作業員が四号炉の地下にトンネルを掘り、既存の床の下にさらにコンクリートを詰め、溶けた炉心が地下水に達するのを止めようとした。だが、おそらくその必要はなかったのだ。メルトダウンはすでに終わり、流れ落ちた二〇〇トンに及ぶ死の溶融物は原子炉の底に溜まったままだったからである。トンネル掘削に要した二週間のあいだ、労働者たちはウォツカの壜を手渡され、飲めば放射線宿酔を予防できると言われていた。もちろん、そんなことはなかった。

同時に、放射能を封じ込めるための覆いの建設もはじまった。チェルノブイリの原子炉をはじめ、旧ソ連のRBMK型原子炉には例外なくそうした覆いがなかった。そのほうが燃料の補給を迅速にできるからだ。このときすでに、何百トンもの核燃料が隣接する原子炉の屋根に吹き飛ばされており、放出された放射線の量は一九四五年に広島に落とされた原子爆弾の一〇〇倍から三〇〇倍に達していた。急ごしらえでやたらと大きく、灰色で五階建てのコンクリートの覆いは、七年もしないうちに放射能のせいで多くの穴があいた。早くも錆びた老朽船のようにつぎはぎだらけになっており、内部には鳥、ネズミ、虫が巣をつくっていた。雨漏りもしているが、動物の糞と放射線を浴びた温水の混ざった水たまりに、どんなおぞましいものが溶け込んでいるかは誰にもわからなかった。

立ち入り禁止地帯――そこから住民が避難した場所で、発電所から半径三〇キロの円内の土地――は、世界最大の核廃棄物の集積場と化している。埋め立てられた何百万トンもの放射性のゴミのなかには、爆風を浴びて数日で枯れてしまったマツ林も丸ごと含まれている。燃やせばきわめて有害な煙が発生すると見られ、焼却処分できなかったのだ。爆心地から半径一〇キロはプルトニウム地帯と呼ばれ、さらに厳しく立ち入りが禁じられている。石棺を見下ろすようにそびえる巨大クレーンをはじめ、ここで汚染除去作業に携わった車両と機械はどれも放射能が強すぎて、ほかの場所には運び出せない。

それでも、ヒバリは放射線を浴びた鋼鉄のアームに止まり、さえずっている。崩壊した原子炉のすぐ北で再び芽吹いたマツは枝を不規則な方向にひょろりと伸ばし、不揃いな長さの葉をつけている。それでも葉は生きており、青々としている。その向こうの枯れずに残った森は、一九九〇年代前半には放射線を浴びたノロジカとイノシシであふれていた。その後へラジカが、つづいてオオヤマネコとオオカミがやってきた。

堤防のおかげで、放射能に汚染された水の流出は遅れたが、近くのプリピャチ川と、さらに下流のキエフ市の上水道に達するのを止められたわけではなかった。原発で働く人たちが住むプリピャチからは五万人が避難したが、なかには立ち退くのが遅れ、放射性ヨウ素が原因で甲状腺の病気になった人もいた。その街へ通じる鉄道橋は放射能が強すぎて、いまだに渡ることができない。だが、そこから六・五キロ南の川を見下ろせる場所は、こんにち、ヨーロッパ有数のバードウォッチング・エリアとなっている。ハイイロチュウヒ、クロハラアジサシ、セキレイ、イヌワシ、オジロワシ、希少種のナベコウが、廃墟となった冷却塔の傍を滑空するのが見える。

一九七〇年代の素っ気ないコンクリート製高層建築の寄せ集めのようなプリピャチ市街では、ポプラ、パープルアスター、ライラックが勢いを取り戻し、舗装道路を割って芽を出したり、建物のなかにまで入り込んだりしている。使われなくなったアスファルトの通りは全体が苔むしている。周囲の村にも人気（ひとけ）はほとんどなく、数えるほどの年老いた農民だけが残り少ない人生をここで全うするため居住を許されている。漆喰がはがれ落ちたレンガづくりの家は、伸び放題の低木に覆われている。丸太小屋の屋根瓦が落ちているのは、からまり合う野生のブドウの蔓や、カバノキの若木に押しのけられたからだ。

川の向こうはベラルーシだ。放射線は、もちろん国境で止まるわけではない。原子炉が燃えた五日間、ソヴィエト連邦政府は東へ向かう雲に人工降雨を起こす「種蒔き」をし、汚染された雨がモスクワにまで届かないようにした。その結果、雨がたっぷりと降ったのはチェルノブイリから一六〇キロ離れた、ウクライナ、ベラルーシ、ロシア西部のノヴォズィプコフ地方の境に広がる旧ソ連で最も豊かな穀倉地帯だった。原子炉の周囲一〇キロの地域以外で、ここより多くの放射線を浴びた場所はなかった。全国的な食糧パニックが起こるのを恐れたソ連政府によって、この事実は隠蔽（いんぺい）された。三年後、研究者たちが真実に気づいたときには、ノヴォズィプコフの住民も大部分が立ち退いており、広大な集団農場の穀物畑やジャガイモ畑は休閑状態のままになっていた。

放射性降下物は主にセシウム137とストロンチウム90だった。いずれもウラン核分裂の副産物であり、半減期は三〇年。ノヴォズィプコフの土壌と食物連鎖に、少なくとも西暦二一三五年までかなりの放射線を照射しつづける。それまでここには、人間にとっても動物にとっても安全な食料はなに一つないのだ。「安全」がなにを意味するかについては、激しい議論が交わされている。チェルノブイリの事故に起因するがんや、血液や呼吸器の病気による今後の死亡者数の予測には、四〇〇〇人から一〇万人までの幅がある。少ない数字は国際原子力機関（IAEA）の発表によるが、この機関が世界の原子力の番人であると同時に原子力業界の同業組合でもあるという二重性のゆえに、数字の信憑性にはやや疑問が残る。多いほうの数字は公衆衛生やがんの研究者、グリーンピースなどの環境保護団体の試算によるものだが、いずれの研究者・団体も、放射能の影響は時とともに蓄積されるため、現段階ではまだわからないと主張している。

死者数を正確に測る基準がなんであるにしても、その基準はほかの生物にも当てはまる。人類が消えた世界で、残された植物と動物はまだまだ多くのチェルノブイリとつきあう羽目になる。この災害が遺伝子に与えた害の規模はまだほとんどわかっていない。遺伝的障害のある突然変異体は、科学者が個体数を把握する前に捕食者の餌食となってしまいがちだからだ。それでもいくつかの研究によれば、チェルノブイリのツバメの生存率は、渡りを終えて戻ってきたヨーロッパのどの地域のツバメと比較しても、かなり低い。

「予想される最悪のシナリオでは、私たちは種の絶滅を目にすることになるかもしれません。いわば、突然変異によるメルトダウンです」と、チェルノブイリを頻繁に訪れるサウスカロライナ大学の生物学者、ティム・ムソーは指摘する。

別の研究では、テキサス工科大学の放射線生態学者、ロバート・ベイカーと、ジョージア大学サバンナ・リバー生態学研究所のロナルド・チェッサーが次のような厳しい見解を示している。「人間に特有の活動が、その土地の動植物相の生物多様性と数量に対して、最悪の原子力発電所事故よりもさらに壊滅的な打撃を与えています」ベイカーとチェッサーは、チェルノブイリの放射線汚染地帯に生息するハタネズミの細胞の突然変異の記録をつけている。チェルノブイリのハタネズミに関するそのほかの研究でも、この齧歯目動物もツバメと同様に、ほかの土地に生息する同じ種より短命だとわかった。それでも、性的成熟と出産を早めて埋め合わせをしているらしく、生息数は減少していない。

その通りだとすれば、自然は選択のスピードを上げ、新たな世代の若いハタネズミのなかに放射線により強い個体が生まれる可能性を高めているのかもしれない。突然変異と言い換えることもできるが、より強力な変異であり、ストレスと変化の多い環境に適応した進化である。

放射線を浴びたチェルノブイリの大地の思いがけぬ美しさに安心した人間は、自然がその力を誇示してくれるのを期待して、この土地では何世紀も見られなかった伝説的な動物を連れ戻すという試みさえはじめた。ヨーロッパ・バイソンが、ベラルーシのベラヴェシュスカヤ・プーシャとポーランドのビャウォヴィエジャ・プーシュチャにまたがる原生保存林から持ち込まれたのだ。これまでのところ、野牛たちはおとなしく草を食み、この地名の由来となったニガヨモギ――ウクライナ語でチェルノブイリ――さえかじっている。

バイソンの遺伝子が放射能の試練に耐えて生き延びるかどうかは、多くの世代を経てはじめてわかることだ。さらに多くの試練があるかもしれない。老朽化して役立たずになった古い石棺を封じ込める新たな石棺も、長持ちする保証はない。やがて屋根が吹き飛ばされれば、石棺内部と隣接する冷却池に溜まった放射性の雨水が蒸発し、放射性の塵がまたもや大量に放出され、急増するチェルノブイリの野生動物がそれを吸い込む。

爆発のあと、放射性核種の測定値はスカンジナビア半島でも高かったため、トナカイは食用にされずに捨てられた。トルコの茶畑で計測される放射線量が一様だったため、トルコ製ティーバッグがウクライナで線量計を調整するのに使われた。私たちがいなくなったあと、世界中の四四一カ所の原子力発電所の冷却池が干上がったままになり、炉心が溶融したり燃えたりし、その煙が地球を覆いつくせば、はるかに恐ろしい事態となる。

とはいえ、私たちはまだ存在している。動物のみならず、人間もチェルノブイリとノヴォズィプコフの汚染地帯にこっそりと戻ってきている。線量計で測定さえしなければ、さわやかな香りの空気に包まれて清潔そのものに見える空き家に、命知らずな者や生活に困った者が住み着いているのだ。厳密には不法居住者だが、当局も見て見ぬふりをしている。そうした人びとのほとんどは、単に無料の不動産を求めているわけではない。ツバメが帰ってきたように、彼らもかつてここに住んでいたからこそ戻ってきたのだ。汚染されていようがいまいが大切でかけがえのない場所だから、寿命を縮める危険を冒してもかまわないという思いで。

ここが、彼らの故郷なのである。

# 16 大地に刻まれた歴史

## (1) 穴

私たちがいなくなったあと人間が存在したことを示す遺物のうち、最も大きく、またおそらく最も長く残るものの一つは、最も新しいものでもある。カナダはノースウェスト準州のイエローナイフから北東へ二九〇キロ、シロハヤブサのようにひとっ飛びした地点に、それはある。現在上空から見おろすと、直径約八〇〇メートル、深さ三〇〇メートルの円い穴があいている。あたりには巨大な穴がいくつもある。だが、これは水のない穴である。

もっとも、一〇〇年もすればほかの穴も干上がってしまうかもしれない。カナダの北緯六〇度帯には、世界のほかの地域をすべて合わせても及ばない数の湖沼がある。ノースウェスト準州の半分近くを、土ではなく水が占めているのだ。氷河時代に地表に空洞ができ、氷河が後退した際そのなかに氷山が崩れ落ちた。氷が溶けると、こうした鍋穴(ケトル)が化石水で満たされ、ツンドラ地帯を彩る無数の鏡となったのである。だが、この土地が巨大なスポンジを思わせるとしても、誤解してはいけない。寒冷気候では水の蒸発が緩慢なため、この土地の降水量はサハラ砂漠と大して違わないからだ。いまでは、こうした鍋穴の周りの永久凍土層が解けるにつれ、凍った土に数千年のあいだ蓄えられていた氷河の水が徐々に染み出している。

カナダ北部のスポンジ状の土地が干上がってしまったら、それもまた人間の遺産となるだろう。現在、件の穴と、すぐそばに最近できた一回り小さな二つの穴が、エカティ鉱山を形成している。エカティはカナダで最初のダイヤモンド鉱山だ。一九九八年以来、直径三・三五メートルのタイヤをはいた二四〇トンのトラック（BHPビリトン・ダイヤモンド社所有）が列をなし、たとえマイナス五一度になろうとも、一年三六五日、一日二四時間体勢で、一万トンを超える鉱石を粉砕機へと運んできた。一日の産出量は一握りのジェムクオリティのダイヤモンドだが、その価値は優に一〇〇万ドルを上回る。

こうしたダイヤモンドが見つかる火山筒が形成されたのは、五〇〇〇万年以上前のことだった。当時、結晶化した純粋な炭素を含むマグマが、花崗岩の地殻のはるか下から噴き上がってきたのだ。だが、こうしたダイヤモンド以上に希少なのが、これらの溶岩のパイプがクレーターに残していったものである。始新世に当たるその頃、現在地衣類で覆われているツンドラ地帯は針葉樹林だった。噴火直後にクレーター内に倒れ込んだ木々は焼けてしまったはずだが、すべてが冷えるにつれ、焼け残った木々は細かい灰に埋もれていった。空気から遮断され、北極の寒く乾燥した気候のなかで保存されたおかげで、ダイヤモンド鉱の作業員が発見したモミやセコイアの幹は、化石化していない木のままだった。五二〇〇万年前のリグニンやセルロースが、当時のままの形で残っていたのだ。恐竜がいなくなった生態的地位に哺乳類が広がりつつあった時代のものである。

地球上で最古の哺乳類の一種が、いまもこの地に生息している。ジャコウウシだ。氷河期の人類が逃れたいと願った厳しい気候に、並はずれた身支度をして立ち向かい、どうにか生き残った更新世の遺物である。そのクルミ色の体毛の断熱性は羊毛の八倍とされ、きわめて暖かい有機繊維として知られている。イヌイットのあいだでキヴィウートと呼ばれるその毛は、外気に体温を放出しないので、カリブーの群れを追うのに使う赤外線衛星カメラでは、ジャコウウシは文字通り見えない。だがそのキヴィウートも、二〇世紀初頭にほとんどとれなくなった。御者のマント用にヨーロッパで毛皮を売るハンターの手で、ジャコウウシが絶滅に追い込まれそうになったからである。

こんにち、わずかに残った数千頭のジャコウウシが、保護下に置かれている。唯一合法的に収獲されているキヴィウートは、ツンドラの植物にしがみついているのを発見された群れのものだ。きわめて柔らかいジャコウウシの毛から一枚四〇〇ドルもするセーターをつくるには、大変な手間がかかる。だが、北極の気候が徐々に穏やかになっていくと、キヴィウートは再びジャコウウシの破滅の元になるかもしれない。もっとも人間がいなくなれば（せめて二酸化炭素を排出しなくなれば）、ジャコウウシは暑さから解放されるかもしれない。

永久凍土層そのものがあまりに多く融解すれば、地中深くでメタン分子を封じ込める透明な檻となっている氷が解けてしまう。クラスレートとして知られる、こうした凍ったメタンガスの埋蔵量は、四〇〇〇億トンにのぼると見られている。それはツンドラの地下数千メートルに埋まっており、世界各地の海底ではさらに多くの量が発見されている。地中深くで凍りついているこの天然ガスは、魅力的であると同時に恐ろしくもある。その総量は、在来型のガスや石油と少なくとも同じくらいあると見られている。だが、あまりにも広範囲に埋まっているため、採算の取れる採掘法を考え出した者はいない。埋蔵量が膨大なため、氷の檻が解けてガスが一気に気化するようなことがあれば、地球温暖化が徐々に進み、二億五〇〇〇万年前に大絶滅が起こったペルム紀以来経験したことのないレベルに達する可能性がある。

いまのところ、より安価でクリーンな燃料が現われるまでは、ダイヤモンドの露天掘り鉱山――あるいは、銅、鉄、ウランの鉱山――よりも、私たちが当てにできる依然として潤沢な唯一の化石燃料の採掘地のほうが、地表に大きな跡を残すはずだ。水や風に吹かれた選鉱くずでその穴が埋まってかなり経っても、さらに数百万年は残るはずである。

(2)　台地

「言うならば、上空からしかわからないのです」と、スーザン・ラピスは語る。ラピスは、ノース・カロライナを拠点とするNPO、サウスウィングズでボランティア・パイロットを務める快活な赤毛の女性だ。単発エンジンの赤、白、青のセスナ182の窓から眼下に見えるのは、一五〇〇メートルの高さの氷床がやってのけたかのように平らに削り取られた世界である。今回ばかりは、氷河は私たちであり、世界はかつてのウェストヴァージニア州だった。

あるいはヴァージニア州、ケンタッキー州、テネシー州だった。というのも、これらすべての州にまたがるアパラチア山脈の数百万平方キロの土地が、石炭会社によって、いまや一様に切り崩され、削り取られてしまっているように見えるからだ。これらの会社は一九七〇年代、トンネル採掘はもちろん露天掘りよりも費用のかからない方法を発見した。山の上部三分の一を粉砕し、数百万リットルの水で石炭を洗い流し、残骸を払いのけ、また爆破したのである。

アマゾン川流域の伐採された森を見ても、この平坦な空間から受けるほどの衝撃はない。どちらを向いても、とにかくなにもないのだ。地肌むき出しの台地に残っているものと言えば、格子状に並んだ白い点――次回の爆破のために仕掛けられたダイナマイト――くらいのものだった。この台地はかつて、天に向かってそびえる緑に覆われた山々だった。石炭の需要はすさまじく、二秒に一〇〇トンものペースで採掘されたため、木を伐採する暇もないことがしばしばだった。オーク、ヒッコリー、モクレン、アメリカザクラといった広葉樹がブルドーザーで谷間に片づけられ、元はアレゲーニー山だった土砂で埋められた。まさに「重荷」を載せられたのだ。

ウェストヴァージニア州だけで、そうした谷間を流れる一六〇〇キロに及ぶ川も埋められ

ウェストヴァージニア州の削り取られた山頂
撮影：OVEC／サウスウィングズ、V・ストックマン

てしまった。もちろん水は水路を見つけて流れていくが、その後数千年にわたり選鉱くずをかき分けて進むため、正常な濃度を超えた重金属を含んで流れていくことになる。だが、企業の地質学者も工業化に反対する者もこう考えている。予測される世界のエネルギー需要を勘案しても、アメリカ、中国、オーストラリアにはまだおよそ六〇〇年分の石炭が埋蔵されていると。この採掘法をとれば、これまで以上に大量の石炭を短時間で採掘できるのだ。

エネルギーを大量消費する人類が明日いなくなったとしたら、その石炭は地球最後のときまでそっくり地下に埋まったままだろう。だが、人類があと数十年生きつづければ、多くの石炭がなくなるはずだ。私たちが掘り出し、燃やしてしまうからである。しかし思いも寄らなかったある計画がこのうえない成功を収めれば、石炭発電で最大の問題となる副産物は、最終的に再び地中に封じ込められるかもしれない。そして、はるかな未来へのもう一つの人類の遺産を生み出すのだ。

その副産物とは二酸化炭素である。それを大気中に蓄積すべきではないという点では、私たちのあいだでコンセンサスができあがりつつある。その対策として、人びとから――特に、石炭業界の広報活動から生まれた「クリーン・コール」という矛盾したスローガンを掲げる人びとから――注目を集めている計画がある。石炭火力発電所の大煙突から排出される前に二酸化炭素を回収し、地下に詰め込み、外に出さないでおこうというのだ。それも、永遠に。

その仕組みは次のようなものだという。まず圧縮した二酸化炭素を塩性帯水層に注入する。この帯水層は、世界の多くの地域で、地下三〇〇メートルから二四〇〇メートルの水を通さない帽岩（キャップロック）の下にある。すると二酸化炭素は水に溶け、塩味のペリエのような弱い炭酸になる。炭酸水は徐々に周囲の岩と反応していく。その岩が溶けて苦灰岩（くかいがん）や石灰岩となって沈澱し、温室効果ガスは岩に封じ込められる。

すでに一九九六年から、ノルウェーのスタットイル社は、毎年一〇〇万トンの二酸化炭素を北海海底の含塩層に隔離している。カナダのアルバータ州でも、二酸化炭素は放棄されたガス井に隔離されている。かつて一九七〇年代、当時連邦検事だったデイヴィッド・ホーキンスは、現在ニューメキシコ州のＷＩＰＰがある場所に核廃棄物が埋まっていることを一万年後の人びとに警告するにはどうすればいいかを、記号学者と話し合ったことがあった。いまは天然資源防衛協議会（ＮＲＤＣ）で気候センターの所長を務めるホーキンスは、私たちが絨毯の下に押し込んだ不可視の気体の隔離された貯蔵タンクに穴をあけてはいけないと、未来に向かって伝えるにはどうすればいいかを考えている。その気体が不意に地表に噴出するようなことになっては大変だからだ。

地球上の工場や発電所から放出される二酸化炭素を回収・圧縮・注入するための穴を開ける費用もさることながら、大きく懸念されているのは次の点である。たとえ一パーセントの一〇分の一の量であっても、漏れ出した二酸化炭素がやがて、私たちが現在大気中に放出している二酸化炭素に混ざった場合に発覚しにくいこと――ましてや将来の人びとは気づかないだろうということだ。だが、選択の余地があるなら、ホーキンスはプルトニウムではなく二酸化炭素を封じ込めるという。

「自然は、貯蔵したガスをうまく漏らさないでおけることがわかっています。なにしろ、メタンガスを何百万年も封じ込めてきたのですから。問題は、それが人間にできるかどうかです」

（3） 考古学の幕間

私たちは山を切り崩し、不用意に丘をつくってしまう。

グアテマラのペテン・イッツァ湖北岸の都市フローレスから北東に四〇分。舗装された観光道路はティカル遺跡に至る。ティカルは古代マヤ文明最大の遺跡で、ジャングルの上に高さ七〇メートル近い白い神殿がそびえている。

フローレスから反対方向に延びる道路は、最近になって整備された。それまでは、フローレスから南西方向へ向かうわだちのついた道を、大変な思いをしながら三時間も走らなければならなかった。いまでは半分の所要時間で、殺風景な前哨基地サヤッチェに到着する。軍用マシンガンが、マヤのピラミッドの最上部に据えつけられている。

サヤッチェはパシオン川のほとりに位置している。パシオン川はペテン県の西部を蛇行し、ウサマシンタ川とサリナス川の合流点に注いでいる。これらの川が、グアテマラとメキシコの国境線を形成しているのだ。パシオン川はかつて、翡翠、精陶器、カザリキヌバネドリの羽、ジャガーの毛皮といった品々の主な交易ルートだった。つい最近まで、密輸のマホガニーやヒマラヤスギの木材、グアテマラの高地のケシから採れたアヘン、略奪されたマヤの遺物までが交易品に含まれていた。一九九〇年代初頭には、木製のモーターボートが、パシオン川支流の緩慢に流れるリオチュエロ・ペテシュバトゥン川を通って、地味な二種類の品物を大量に運んでいた。ペテンではまぎれもない贅沢品であるその品物とは、波形のトタン屋根とスパムの詰まった箱だった。

この二つの品物の行き先は、ヴァンダービルト大学の考古学者、アーサー・デマレストのベースキャンプだった。史上最大規模の遺跡の発掘のため、ジャングルの空地にマホガニーの壁板で建てられたものだ。デマレストは、人類最大の謎の一つを解明しようとしていた。すなわち、マヤ文明の消滅である。

人類が消えた世界に思いをめぐらすには、どうすればいいだろうか？　殺人光線を放つ宇宙人というファンタジーは所詮（しょせん）、ファンタジーだ。私たちの巨大で圧倒的な文明世界が実際に終わりを迎えること――積み重なった土くれやミミズの下に埋もれて忘れ去られること――を想像するのは、宇宙の果てを心に描くのと同じくらい難しい。

だが、マヤは実在した文明である。マヤの世界は永遠に栄えると思われていたし、全盛期には私たちの世界よりはるかに確固とした存在だった。少なくとも一六〇〇年にわたり、約六〇〇万のマヤ人が、南カリフォルニアに似た土地で暮らしていたのだ。それは、繁栄を謳歌（おうか）する巨大な都市国家だった。こんにちのグアテマラ北部、ベリーズ、メキシコのユカタン半島にまたがる低地一帯に、部分的に重なる住宅地がほとんど途切れなく広がっていた。マヤの堂々とした建築物、さらに天文学、数学、文学は、同時代のヨーロッパも及ばない水準にあった。やはり驚くべきことでありながら、はるかに理解しがたいのは、それほど多くの人びとがどうやって熱帯雨林で暮らせたのかという点だ。数百年にわたり、彼らは壊れやすい環境のなかで、食糧を調達して家族を養った。こんにち、比較的少数の腹をすかせた不法居住者のせいで、その同じ環境が急速に荒廃しつつある。

だが、さらに考古学者を悩ませるのは、マヤの見事な文化が不意に崩壊したことだ。紀元八世紀にはじまった低地マヤ文明は、わずか一〇〇年足らずで姿を消してしまう。ユカタン半島のほぼ全域で、ところどころに一部のマヤ人が生き残っただけだった。グアテマラ北部のペテン県は、事実上人のいない世界だった。熱帯雨林の植物があっというまに、舞踏会場や広場に繁茂し、高くそびえるピラミッドを覆い隠してしまったからだ。世界がマヤ文明の存在に再び気づくまで、一〇〇〇年を要することになる。

だが、地球にはマヤの都市国家全体が、亡霊として残っている。考古学者のアーサー・デマレストはルイジアナ出身のケイジャン人で、ずんぐりした体型に濃い口ひげを生やした人物だ。彼がハーヴァード大学のポストを蹴ったのは、ヴァンダービルト大学がこの遺跡を発掘する機会を与えてくれたからだった。学部時代にエルサルバドルでフィールドワークをした際、デマレストはダムの建設予定地から古代の記録の一端を大急ぎで救い出した。その土地から追い出された数千人の人びとの多くが、ゲリラになった。デマレストは、自分の下で働いていた作業員のうち三人がテロリストとして起訴されると、彼らを放免してくれるよう当局者に嘆願した。だが、いずれにしても三人は暗殺されてしまった。

グアテマラでの最初の数年間、デマレストの発掘現場から数キロも離れていないところで、ゲリラと軍がたがいを探してうろつき回り、デマレストたちが解読中の象形文字を起源とする言葉をまだ話している人びとに十字砲火を浴びせていた。

「インディ・ジョーンズは、浅黒い肌の現地人が暮らす神話的で典型的な第三世界を体を張って旅します。恐ろしげで話の通じない現地人を、アメリカ人らしい英雄的行動でやっつけ、宝を奪います」デマレストはふさふさの黒髪をかき上げながら語る。「彼はここでは五秒と耐えられないでしょう。考古学の対象はぴかぴかの財宝ではありません――その背景にあるコンテクストなのです。私たちもそうしたコンテクストの一部です。焼き畑をしている発掘作業員も、マラリアに罹っている彼らの子供もコンテクストです。私たちは古代文明の研究にきていますが、結局は現在について学ぶことになるのです」

コールマン社製のランタンの脇で、デマレストは蒸し暑い夜を徹して筆を執る。明け方になると、ホエザルのけたたましい声が聞こえてくる。二〇〇〇年近くにわたり、マヤ文明がいかにして、都市国家同士の紛争を――たがいの社会を破壊することなく――解決する手段を確立したかをまとめているのだ。ところがその後、なにかがうまくいかなくなった。飢饉、旱魃、伝染病、人口過剰、環境破壊などが、マヤ文明の滅亡の原因とされている。だがいずれについても、それほど大規模な死滅の原因にはなりえないとの議論がある。宇宙人の侵略を示す遺物はいっさいない。手本にしたいほど健全で平和的な民と称賛されることの多いマヤ人が、度を過ごしたり、欲におぼれたりすることは、とうていありそうにない。

だが、高温多湿なペテンで、まさにそうしたことが起こったらしいのだ。しかも、彼らの滅亡への過程は、私たちも身に覚えがある。

リオチュエロ・ペテシュバトゥンからドス・ピラス――デマレストのチームが発見した主な七カ所の遺跡のうちの一つ目――に至るには、締め殺し植物の蔓とパルミラの茂みの、蚊がうようよいる一帯を数時間かけて通り抜けてから、最後に急斜面を登らなければならない。材木泥棒に略奪されずに残っている木立では、ジャイアント・シーダー、パンヤノキ、チクルの採れるサポジラ、マホガニー、パンナッツなどの木々が、ペテンの石灰岩を薄く覆う熱帯土壌から伸びている。この急斜面のでこぼこした端に沿った土地に、マヤ人は都市を築いたのだ。デマレストの調査隊は、こうした都市がペテシュバトゥンと呼ばれる連合王国をかつて形成していたと断定した。現在丘や尾根に見えるものは、じつはピラミッドや城壁で、チャートの手斧で切り出された石灰岩の塊でできている。いまでは、表土とすっかり育った熱帯雨林に覆われ、昔の面影はない。

ドス・ピラス周辺のジャングルは、クックックッと鳴くオオハシとオウムでいっぱいだ。あまりに草木が生い茂っているため、その遺跡が発見されたのは一九五〇年代に入ってからだった。しかも、近くの丘がじつは六六メートルあまりのピラミッドだったことがわかるのは、それから一七年後のことだ。じつのところマヤ人にとって、ピラミッドは山を再現するものであり、ステラと呼ばれる彫刻された石碑は、石によって木を表現したものだった。ドス・ピラス周辺で発掘されたステラに刻まれている点と線で構成される象形文字によると、紀元七〇〇年頃、クフル・アハウ（神聖王）が紛争禁止のルールを破り、近隣のペテシュバトゥンの都市国家を侵略しはじめたという。

苔むしたステラに刻まれた王の姿は、ごてごてと頭飾りをつけ、盾を手にし、縛られた捕虜の背を踏みつけている。社会が解体する前、古代マヤ人の戦争は占星術の周期に合わせて行なわれることが多く、第一印象はひどく不気味だったかもしれない。対立する王家の男は捕まるとさらし者として引き回され、ときにはそれが何年もつづくことがあった。最終的に、捕虜となった男は精神を蝕まれるか、首をはねられるか、拷問の末に殺されるかという運命をたどった。ドス・ピラスで捕虜となったある犠牲者は、折り曲げた体を縄でぐるぐる巻きにされたうえ、儀式用の球戯場での試合に使われ、背骨を折られた。

「それでも、社会的な痛手、農地や建物の破壊、領土侵略などは比較的少なかったのです。古代マヤの儀式的な戦争で失われるのは、最低限のものでした。こうした戦争は平和を維持する手段でした。絶えずちょっとした戦いを起こし、領土を危険にさらすことなく指導者同士の緊張を和らげていたのです」と、デマレストは指摘している。


マヤ人の土地の光景は、荒れ地と耕作のバランスがうまくとれたものだった。丘の中腹では、丸石を隙間なく積んだ壁が流れ落ちる水から栄養豊富な腐植質を取り込み、段々畑を肥やしていた。この段々畑も、一〇〇〇年分の堆積物に埋もれて現在は見えなくなっている。人びとは湖や川に沿って溝を掘り、湿地から水を抜くと、掘り出した土を盛って一段高い肥沃な畑をつくった。だがたいていの場合、彼らは熱帯雨林を手本とし、多様な農作物のために幾重もの日陰をつくりだした。トウモロコシや豆の列が、メロンやカボチャといった地面を這う植物を隠した。一方、果樹がトウモロコシや豆を日差しから守った。そして、農地のところどころに保護林が残された。もっともそれは、偶然の賜物でもあった。チェーンソーを持たないマヤ人は、大木を残すしかなかったのだ。

こんなことは、現代の不法占拠者の村々の周囲では一度も起こったことがない。こうした村々は、平台トレーラーがヒマラヤスギやマホガニーを運び去る伐採道路沿いにある。ここに住んでいるのは、マヤ・ケクチ語を話す避難民だ。一九八〇年代にグアテマラ人農民数千人の命を奪った対ゲリラ攻撃を逃れ、高地からやってきたのだ。火山地帯で繰り返された焼き畑農業が熱帯雨林にダメージを与えたため、まもなくこのあたりは発育不良のトウモロコシしか穫れない荒れ地だらけになった。発掘現場からの略奪を防ごうと、デマレストは現地の人たちに医者と仕事を確保するための予算を計上した。

何百年ものあいだ、マヤの政治と農業のシステムが機能していたのは低地地方一帯だったが、やがてドス・ピラスにも波及してきた。八世紀に入ると、新しいタイプのステラが現われはじめる。個々の彫刻家の創造性よりも、画一的な軍事社会的リアリズムの色が濃くなってきたのだ。派手な象形文字が凝ったつくりの神殿の階段の各段に彫られ、ティカルをはじめとする主要都市に勝利したことを記している。負けた都市の象形文字は、ドス・ピラスのものに代えられた。はじめて、武力で土地が征服されたのである。

ドス・ピラスは、ライバルであるマヤのほかの都市国家との同盟関係を戦略的に広げると、各都市国家に強い影響力を持つようになった。その力は、パシオン川渓谷から現代のメキシコ国境にまで及んだ。ドス・ピラスの石工がステラに刻んだクフル・アハウは、ジャガーの毛皮のブーツをはいたまばゆい姿で、降伏した裸の王を踏みつけていた。ドス・ピラスの支配者は、とてつもない富を蓄えた。過去一〇〇〇年間、誰も足を踏み入れたことのない洞窟で、デマレストたち調査チームは数百点にのぼる翡翠、火打石（ひうちいし）、犠牲となった人の遺品の入った華やかな色絵の壺を発見した。考古学者が掘り出した墓のなかには、口いっぱいに翡翠を詰めた王族が埋葬されていた。

紀元七六〇年までに、ドス・ピラスとその同盟都市が支配していた領土は、古代マヤ王国の平均的な領土の三倍に広がっていた。だがいまや、彼らは自分たちの都市をバリケードで囲い、その治世の大半を壁の内側で送っていた。一つの注目すべき発見が、ドス・ピラス自体の終焉(しゅうえん)を物語っている。予想外の敗北を喫(きっ)したのち、みずからを誇示する記念碑は一つも建てられなかったのだ。代わりに、都市の周りに同心円状に広がる農地で暮らしていた農民が家を捨て、儀式用の広場の真ん中に不法占拠村をつくった。農民たちがいかに狂乱状態にあったかは、村の周りに築かれた防護壁を見ればわかる。彼らはクフル・アハウの墓や主宮殿から引き剝がした外装用石材で、その壁をつくったのだ。墓や主宮殿に立っていた持ち送り積み構造の神殿は破壊され、瓦礫の一部と化した。言うなれば、ワシントンのキャピトルモールでテント村を囲む壁をつくるのに、ワシントン記念塔とリンカーン記念堂を取り壊してしまったようなものだ。神聖なものへの冒瀆は度を増し、農民がつくる防護壁はほかの建築物、たとえば象形文字の刻まれた戦勝記念階段よりも高くなった。

ひょっとしたら、こうした暴挙はずっと後年の出来事だったのだろうか？　この問いへの答えは、接合用の土を用いずに、階段に直接貼られていた外装用石材にある。ドス・ピラスの都市住人はかつての貪欲な支配者を思い出し、常軌を逸した畏敬の念からか、あるいは心底から激怒してか、みずからそうした行為に及んだのだ。彼らは、象形文字の彫られた立派な階段を地中深く埋めた。そのため、一二〇〇年後にヴァンダービルト大学の大学院生が発見するまで、ドス・ピラスの存在は誰にも知られていなかった。

増加する人口が土地を疲弊(ひへい)させたせいで、ペテシュバトゥンの支配者は近隣都市の侵略に向かい、激しい戦争を周期的に繰り返すことになったのだろうか？　どちらかといえば、むしろ逆だったとデマレストは考えている。富と権力へのとめどない欲望が支配者を侵略者に変え、結果として報復を招いた。そのせいで、都市国家は遠く離れた無防備な農地を捨て、住居のそばでの生産を増やさなければならなかった。そのうちに、土地が荒廃してしまったのである。

「社会にエリート層が増えすぎたのです。彼らはみな、異国のくだらない装飾品を欲しがりました」デマレストは、多すぎる貴族の重みでふらついている文化と表現する。誰も彼もが、カザリキヌバネドリの羽、翡翠、黒曜石、良質なチャート、特別誂(あつら)えの多色画、手の込んだ持ち送り積みの石屋根、動物の毛皮を欲しがっていた。貴族階級は金食い虫で非生産的であり、社会に寄生し、つまらない欲望を満たすために社会のエネルギーの大半を吸い上げてしまう。

「あまりに多くの後継者が王座を欲しがり、みずからの偉大さを知らしめるために儀式的な殺戮を必要としました。そのため、王家による戦争が増えたのです」さらに多くの神殿を建てる必要ができると、労働者が消費するカロリーが増えるため、食糧の生産を増やさざるをえないと、デマレストは説明する。食糧生産者を確保するため、人口が増える。支配者は雑兵を必要とするので、戦争自体は人口を増やすことが多い。アステカ帝国、インカ帝国、中国の諸王朝でもそうだった。

経済規模が大きくなり、交易が途絶し、人口が集中する――熱帯雨林にとっては致命的だ。多様性を維持していても収穫まで時間のかかる農作物は、次第につくられなくなる。防護壁の内側で暮らす避難民はすぐそばの土地しか耕さず、生態系の崩壊を招く。かつては知らぬことなどない様子だった指導者は、目先の利己的な目標に執着している。こうした指導者への信頼は、生活の質が落ちるとともに揺らいでいく。人びとは信仰を失う。儀式的活動が行なわれなくなる。人びとは精神的支柱を捨て去る。

プンタ・デ・チミーノと呼ばれる半島の、ペテシュバトゥン湖の近くに遺跡がある。これが、ドス・ピラスのクフル・アハウの要塞都市だったことがわかった。半島は三重の堀で本土と隔てられていた。そのうちの一つは岩盤まで達するほど深いため、それを掘るには都市そのものを築く三倍の労力が必要だったと考えられている。「国家予算の七五パーセントを防衛に費やすようなものです」と、デマレストは言う。

それは、コントロールを失った絶望的な社会だった。考古学者たちが要塞の壁の内側にまで埋まっているのを発見した槍先は、プンタ・デ・チミーノに追い詰められた者の運命を物語っている。その遺跡はあっというまに森に飲み込まれた。人類から解放された世界では、自分自身の山を築こうという人間の試みは、あっというまに崩れ去って土に還るのだ。

「私たちの社会と同じくらい自信過剰で、破綻をきたして結局はジャングルに飲み込まれた社会を検証すると、生態系と社会のバランスはきわめて微妙であることがわかります。一つが狂うと、すべてが終わりかねません」

デマレストは腰をかがめ、湿った地面からなにかの破片を拾い上げる。「二〇〇〇年後、誰かが遺物のかけらに目をすがめ、なにがいけなかったのかを突き止めようとするでしょう」

## (4) 変態

スミソニアン自然史博物館で古生物学の主任を務めるダグ・アーウィンは、オフィスの床に置かれた木箱から、二〇センチほどの石灰岩の塊を取り出す。長江の南、南京と上海のあいだに位置するリン酸塩鉱床で発見したものだ。アーウィンはその石灰岩の黒ずんだ裏面を見せてくれる。化石化した原生動物、プランクトン、巻貝、二枚貝、頭足類、サンゴなどがびっしりと埋まっている。「こっちの暮らしは良かった」アーウィンは灰でできた白っぽいぼんやりした線を指さす。その線から上半分は、鈍いグレーだ。「こっちはじつにひどかった」そう言って、彼は肩をすくめる。

「暮らしがさらに良くなるまでは、それから長い時間がかかりました」

数十人の中国の古生物学者が二〇年かけてそうした岩石を調査し、ぼんやりした白い線はペルム紀の大絶滅を示していると断定した。アーウィンとMITの地質学者のサム・ボウリングは、その岩石に埋まっているガラス質や金属質のごく小さな球に含まれるジルコン結晶を分析し、その線が二億五二〇〇年前のものであることを正確に特定した。線の下側の黒い石灰岩は、豊かな海辺の暮らしを切り取ったスナップ写真だった。当時、単一の巨大大陸を取り囲むこうした海辺には、木々が生い茂り、地を這う虫や宙を飛ぶ虫、両生類、初期の肉食性爬虫類があふれていたのだ。

アーウィンはうなずきながらこう話す。「そのとき、地球上のすべての生き物の九五パーセントが、一掃されました。じつにすばらしいアイデアです」

薄茶色の髪をしたダグ・アーウィンは少年のような風貌で、第一線で活躍する科学者とは信じられないほどだ。だが、地球上の生物が完全絶滅の危機に瀕していたことを否定すると き、その微笑みは軽々しいどころか深い思索を感じさせる――なにが起こったかを正確に解き明かすため、テキサス州西部の山々、中国の古い採掘場、ナミビアや南アフリカの峡谷を数十年にわたって調査した結果を踏まえているからだ。とはいえ、アーウィンにも確かなことはわからない。シベリア（当時は一つづきの超大陸パンゲアの一部だった）の広大な石炭鉱床で一〇〇万年にわたってつづいた火山の噴火が、大地を玄武岩のマグマで洪水にしたのかもしれない。場所によって、マグマの厚さは四八〇〇メートルあまりにもなった。そのせいで石炭が気化して二酸化炭素が大気を満たし、硫酸の雨が空から降ってきたのではないだろうか。とどめの一撃は、のちの時代に恐竜の頭上に降ってきたものより大きな小惑星だったようだ。どうやらパンゲアの一部、現在私たちが南極大陸と呼んでいる部分に衝突したらしい。

なにが起こったかはともかく、その後数百万年にわたり、最も一般的な脊椎動物は、顕微鏡でしか見えないような歯を持つミミズに似た生物だった。昆虫といえども大量死滅を免れなかった。それがいいアイデアだったというのだろうか？

「もちろんです。中生代への道を開いたのですから。古生代は四億年近くつづいていました。すばらしいことですが、なにか新しいことに挑戦する時期が来ていたのです」

ペルム紀の焼けつくような終焉のあと、少数の生き残った生物に生存競争はほとんどなかった。そのうちの一種が、一ドル硬貨の半分ほどの大きさでホタテ貝に似たクラライアと呼ばれる二枚貝だった。クラライアは大繁殖したため、その化石は現在、中国、ユタ州南部、イタリア北部で舗道の敷石に使われている。だが四〇〇万年足らずのうちに、クラライアをはじめ、大絶滅のあとに繁栄を謳歌した二枚貝や巻貝のほとんどが死に絶えた。運動能力に勝るカニなどの日和見種の餌食になってしまったからだ。こうした日和見種は、以前の生態系では小さな役割しか果たしていなかったが、少なくとも地質学の時計では突如として、新しい生態系で新しい生態的地位を生み出すチャンスをつかんだのだ。それには、逃げられない貝の殻をこじ開ける爪を進化させるだけでよかった。

世界は、生物がほとんど存在しない状態から恐竜があふれる王国へと——活動的な捕食動物を特徴とする時代へと——方向転換した。その方向転換が起こっているあいだに、超大陸が割れ、地球上の各地に徐々に散っていった。さらに一億五〇〇〇万年ののち、小惑星がまたもや現在のメキシコのユカタン半島に衝突した。巨大化しすぎていた恐竜は隠れることも適応することもできず、再びゼロからやり直すときがやってきた。このとき、すばしこい脇役、哺乳類と呼ばれる脊椎動物が行動を起こすチャンスをつかんだのである。

こんにちの爆発的な絶滅――その原因は常に一つだが、今回は小惑星ではない――は、哺乳類の支配が終わりつつあることを示しているのだろうか？　地質学的歴史にまた激震が走るのだろうか？　絶滅を研究するダグ・アーウィンは長大なタイムスケールを研究しているので、たかだか数百万年の人類史は短すぎて考察の対象とならない。アーウィンはまた肩をすくめた。

「人間はそのうち絶滅します。これまでのところ、すべてが絶滅したのですから。死と同じことです。私たちだけが違うと考える理由はありません。しかし、生命はつづいていきます。最初は微生物かもしれない。あるいは、ムカデ類が走り回るかもしれません。やがて生物は進化し、進化をつづけます。私たちがいようがいまいがね。いまここに存在するということは、興味深いことだと思います。それについてどうこう言うつもりはありませんが」

ワシントン大学の古生物学者のピーター・ウォードは、人間が生き延びれば、生物にとって農地が地球上最大の生息地になるだろうと予測する。未来の世界は、私たちが食糧とし、作業を手伝わせ、原材料を取り、親交を結ぶために、家畜にしたり栽培したりしてきた動植物から進化した生物に支配されるはずだと考えているのだ。

だが、人間が明日いなくなるようなことがあれば、十分な数の野生の捕食者がいまのまま生き残り、生存競争によって家畜を駆逐するか、その大半をむさぼり食うかするだろう。とはいえ、一部の家畜は例外的に野生化し、驚くほどの繁殖力を発揮してきた。アメリカのグレートベースンやソノラ砂漠に逃げ出して野生化した馬やロバは、更新世末期に絶滅したウマ科の種に取って代わった。オーストラリア最後の肉食有袋類を食い尽くしたディンゴは、長年その国の捕食者の頂点に君臨してきた。そのため、オーストラリアの多くの人は、そのイヌ科の動物がもともとは東南アジアの交易商人のお供だったことに気づいていない。ハワイにはペットのイヌの子孫のほかに大型の捕食者がいないため、ウシとブタがその地を支配するだろう。ほかの場所では、イヌが家畜の生き残りを手助けするかもしれない。アルゼンチンのティエラ・デル・フエゴの羊牧場主は、しばしばこう断言する。自分たちが飼っている中型牧羊犬のケルピーは、ヒツジを守る本能を持って生まれてくるので、みずからの死など意に介さないと。

だが、私たち人間が地球上の序列の頂点に居座りつづけ、しかもその人口の多さのあまり、食糧生産のためにこれまで以上に原野を犠牲にするなら、自然を完全に支配することはないにせよ、ピーター・ウォードのシナリオは十分に考えられる。ネズミやヘビのように繁殖の速い小型動物は、氷河以外であればなんにでも適応し、野生化したネコの運動相手に引きつづき選ばれるだろう。ネコもまた大いに繁殖しているからだ。ウォードは著書『未来の進化

（*Future Evolution*）』のなかで、サーベルのような牙を持ち、カンガルーの大きさに進化して跳びはねるネズミや、宙に舞い上がるヘビを想像している。

怖がるにしても面白がるにしても、少なくともいまのところ、そうした未来図は非現実的だ。あらゆる絶滅からの教訓は、生き残っている生物を見ても五〇〇万年後の世界がどうなっているかは予測できないということだと、スミソニアン自然史博物館のダグ・アーウィンは言う。

「びっくりするようなことが、たくさんあるはずです。ありていに言って、カメのような存在を予想した人がいたでしょうか？　生物が自分自身の体の内と外をひっくり返し、胸帯を肋骨の内側に引っ張り込んで甲羅（こうら）をつくるなどと想像した人がいたでしょうか？　カメが存在しなかったら、脊椎動物を研究する生物学者は誰一人、そんなことが起こるとは考えなかったはずです。もしそんなことを言う人がいれば、笑いものにされて街を追い出されていたでしょう。一つだけ間違いなく予言できるのは、生物は生き延びるということです。そして、その生物は興味深いものだということです」

# 第4部

# 17　私たちはこれからどこに行くのか？

「人間がいなくなっても、地球上の鳥の少なくとも三分の一は、気づきもしないかもしれません」と、鳥類学者のスティーヴ・ヒルティは言う。

彼によると、そうした鳥はアマゾンのジャングルの孤立した盆地、オーストラリアの広大な針葉樹林、インドネシアの雲霧林などでしか生息できない種だという。一方、普段から人間に脅かされ、狩りの対象にされ、危険にさらされているオオツノヒツジやクロサイなどの動物は、人間がいなくなったことに気づいて喜ぶかもしれないが、そこまでは私たちにも知りようがない。私たちが気持ちを読み取れる動物はごく限られている。その大半は、イヌやウマなど人間に飼い慣らされた動物だ。そうした飼育動物なら、きちんともらえる食事ややさしい飼い主が消えてしまったことを――鎖や手綱につながれていたにもかかわらず――残念がるかもしれない。私たちがきわめて知能レベルが高いと考えているイルカ、ゾウ、ブタ、オウム、さらには類人猿のチンパンジーやボノボといった種はおそらく、少しも人間を恋しがりはしないだろう。私たちはしばしばなんとかそうした種を守ろうとするが、危険をもたらす張本人はたいてい私たちなのだ。

人間がいなくなったことを悲しむのは、主として、人間に寄生して進化してきたため宿主がいなくなると事実上生きていけなくなる寄生虫だ。たとえば、頭髪に寄生するアタマジラミやその仲間で体に寄生するコロモジラミなどである。ただし後者は宿主を特化して適応したため、人体だけではなく人間の衣服にも寄生する。ファッションデザイナーはさておき、あまたの種のなかでもユニークな特性を持つ生物だ。ニキビダニも、人間がいなくなると生きていけない。とても体が小さいので睫毛(まつげ)だけで数百匹寄生し、ありがたいことに、私たちがフケだらけにならないよう不要になった皮膚細胞を食べてくれる。

およそ二〇〇種類のバクテリアも私たちの体を宿主とし、特に長い腸や鼻孔、口腔内や歯の表面に寄生している。ブドウ球菌について言えば、私たちの皮膚一センチ四方に数百、さらに脇の下や股や足指のあいだには数千も存在する。その大半が遺伝的に人体に適応しているので、人間が死ねば菌もいなくなる。私たちの死体でさよならパーティーを繰り広げるバクテリアはほとんどいないし、そんなニキビダニもいない。広く流布している俗説とは違い、人間の毛髪は死後に伸びつづけたりはしない。私たちの組織は、水分を失うにつれて収縮する。結果として毛根がむき出しになり、掘り起こした死体は散髪が必要に見えるだけのことだ。

私たちが一度に大量に死ぬと、おなじみの清掃動物たちが二、三ヵ月以内に骨になるまできれいに食べ尽くしてくれる。もっとも死体が氷河のクレバスに落ちて凍りついたり、泥沼に落ちて、酸素や解体作業をする生物が仕事をはじめる前に深みに隠れてしまったりした場合は、その限りでない。だが私たちより先にあの世に旅立ち、私たちが丁重かつ厳(おごそ)かに葬った故人の体はどうなるのだろうか？　人間の遺体はいつまで残るだろうか？　せめて、誰かのしゃれたアイデアでつくられたバービーやケン並みには、不朽の存在に近づいていくのだろうか？　死者を保存し、密封するためのお金のかかる大変な努力の成果は、いったいいつまで持ちこたえてくれるのだろうか？

遺体への防腐処理は、現代世界のほとんどの地域で施されるようになっている。ミネソタ大学で化学、微生物学、埋葬史、死体防腐処理法を教えるマイク・マシューズによると、死体防腐処理は避けようのないことを一時的に遅らせるジェスチャーだという。「防腐処理は、葬儀のためでしかありません。組織は少し凝固しますが、分解はまたはじまります」遺体を完全に殺菌することはできないから、エジプトのミイラ製作者は腐敗を食い止める術のない内臓をすっかり取り出したのだと、マシューズは説明する。

腸管に残ったバクテリアはまもなく、遺体のpHが変わると活性化する自然の酵素の助けを借りる。「その手の酵素の一種を使っているのが、肉料理を柔らかく仕上げるアドルフのミート・テンダライザーです。消化しやすいように、肉のタンパク質を分解してくれるものです。人間が死ぬと、防腐処理の薬液に浸されてもされなくても、酵素が働き出します」

死体防腐処理は、南北戦争まではそれほど普及していなかった。だがその戦争中、戦死した兵士を故郷に送り返す際に行なわれるようになる。急速に腐敗が進む血液は、腐敗しない身近なものに入れ替えられた。多くの場合、ウィスキーが使われた。マシューズはこう言う。「スコッチもよく効きます。私の体も何度か浸されたことがありますよ」

やがてヒ素のほうが効き目があり安価だとわかる。一八九〇年代に禁止されるまで、ヒ素は広く使われていた。そのためいまでもときおり、考古学者がアメリカの古い墓地を調査しようとする際、残留している高濃度のヒ素が問題になることがある。彼らはたいていの場合、遺体は腐敗しきっているのにヒ素は残留していることを発見するのだ。

次いで問題となったのは、こんにち話題となっているホルムアルデヒドだった。ホルムアルデヒドは、人類がはじめてつくったプラスチック「ベークライト」の原料でもあるフェノールから発生する。近年、自然葬を提唱する運動家は、ホルムアルデヒドが酸化すると、蟻酸（ヒアリやハチなどの毒）になることから、抗議の声を上げている。軽率にも先人が墓までヒ素の汚染源にしてしまったというのに、それに加えて今後、地下水面にさらに有毒物質が染み出す恐れがあるのだ。さらに「汝は塵なれば、塵に帰るべきなり」と聖書を斉唱しつつ、遺体を塵に帰すまいと過剰なまでの密封容器に入れて埋葬するのは矛盾だ、とも指摘されている。

密封には棺桶がつきものだ。というより、棺桶がないとはじまらない。かつてマツ材だった棺桶は、やがて現代版の石棺ともいうべき、青銅や純銅やステンレス、温帯や熱帯産の硬材製の棺桶に代わった。そうした硬材の森は、地中に埋めるためだけに、年間におよそ一四万立方メートルも伐採されている。もっとも、正確には地中に埋めるためだけではない。遺体を入れる棺のなかにはもう一つ、たいてい灰色の無筋コンクリートでできた内棺を入れるからである。棺桶が腐るか壊れるかしたとき、古い墓所で見られるように墓地が沈下したり墓石が倒れたりしては困るため、土の重量に耐えられるようにしているのだ。ただし蓋には防水加工が施されていないため、棺桶内に水が流れ込んでも排水できるように内棺の底には穴が開いている。

自然葬運動家は、内棺は不要だし、棺桶の素材もすぐに生分解できるよう段ボールや枝編み材などにするか、もしくは棺桶の類をいっさい使うべきではないと主張する。棺桶を使わない場合には、防腐処理を施さず埋葬布に包んだだけの遺体を地中に埋め、遺体を土の栄養にするべきだという。有史以来ほとんどの人がこの方法で埋葬されてきたが、こんにちの欧米社会ではごく一握りの墓地でしか認められていない。墓石を立てる代わりに、人間の遺体を栄養にすぐ実をつける木を植えることを認める墓地は、さらに少ない。

その一方で、葬儀業界は防腐処理の重要性を強調し、より堅牢な棺桶を勧めている。コンクリート製の内棺でさえまだ不十分で、密閉率が高く自動車一台分の重量がありながら洪水に見舞われても水に浮くブロンズ製のほうがいいという。

シカゴにある業界最大手、ウィルバート葬儀社のマイケル・パザル副社長によると、「墓穴には地下室と違って排水ポンプがない」ことが問題なのだという。そのため同社の三層構造の棺桶には、六フィート（一・八メートル）の水圧——地下水面の上昇によって墓穴がすっかり水たまりに変わった場合が想定されている——に耐えられるかどうか、圧力テストが課される。三層の芯はコンクリートで、その外側をさび止め加工したブロンズで覆い、さらにABS樹脂で外張りと内張りをしてある。ABSはアクリロニトリルとスチレンとブタジエンゴムを合成したプラスチックで、衝撃や熱に強くきわめて丈夫だ。

この棺桶の蓋に使われている独自仕様のブチルシーラーが、この継ぎ目のないプラスチック板を接着している。パザルによると、このシーリング剤はどんな接着剤よりも強力だという。彼はオハイオ州にある民間大手の試験所の話をする。そこが出すレポートにもまた独自使用権があるのだ。「研究者たちはブチルシーラーを熱し、紫外線を浴びせ、酸に漬けました。試験レポートによれば、一〇〇万年持つという結論でした。鵜呑みにはできない気がしましたが、そう報告してきたのは博士号を持つ研究者たちなのです。ひょっとしたら将来、考古学者によってブチルシーラーの長方形の枠だけが発掘される日がくるかもしれません」

だが、将来の考古学者が発見できないものこそ、過去の人間の痕跡なのである。費用、化学物質、放射線耐性ポリマー、重金属、絶滅の危機に瀕した硬材などを惜しみなく費やした人間の。しかも、マホガニーやクルミといった硬材を大地からもぎ離すのは、再び大地のなかに安置するためにすぎないのだ。遺体の酵素は、消化すべき食べ物が入ってこなくなると、バクテリアが分解し残したあらゆる細胞を液化し、数十年後には防腐処理液混じりの酸っぱいシチューにしてしまう。シーリング剤やABS樹脂は、そのシチューによって新たな試験を課されるが、難なくパスして人間の骨より長く残る。未来の考古学者がやってくるのが、ブロンズやコンクリートも含め、ブチルシーラー以外のなにもかもが分解してしまう前だったとしても、人間の痕跡は棺桶の底にわずか数センチ残る人間スープしかない。

サハラ、ゴビ、チリのアタカマといったからからに乾いた砂漠では、ときに、服や毛髪が無傷のままの天然ミイラができることがある。氷河や永久凍土が解けた際に、大昔に絶命したあと長きにわたって埋もれていた私たちの祖先の遺体が見つかることもある。たとえば一九九一年、イタリア・アルプスで青銅器時代の毛皮を着た猟師のミイラが発見された。

だが、いま生きている私たちが永遠に肉体を残せるチャンスはそうあるものではない。ミネラル分豊富な沈泥に覆われ、最終的に私たちの骨組織が骸骨の形をした岩になるようなケースは、こんにちでは滅多にない。それなのに、私たちはどういうわけか愚かにも、自分や愛する者を本当の意味で永遠の記念物、つまり化石として残すチャンスをつかもうとせず、大金のかかる防腐処置や棺桶によって残そうとする。だが結局のところ、わざわざ私たちの痕跡を地球に残すまいとしているにすぎないのだ。

◆◆◆

人類が一度に、ましてや近いうちに消えてしまう見込みは低いが、可能性はある。人間だけが死に、ほかのすべての生物が生き残る確率はさらに低いが、それでもゼロよりはかなり高い。アメリカ疾病管理センター（CDC）特殊病原体研究室長のトーマス・カイアゼクは、なんらかの病原菌で何百万もの人間が大量死することを懸念している。以前陸軍で家畜微生物学とウイルス学を研究していたカイアゼクは、生物化学兵器の脅威から、みずから特定に貢献したSARSコロナウイルスなどの異種間感染にまで幅広く目を光らせている。

そうしたシナリオが現実のものになると考えると恐ろしい。特に現代、私たちの多くは、病原体が集まりやすく繁殖しやすい都市という特大のペトリ皿のなかで暮らしているのだ。だがカイアゼクは、人類が絶滅するような病原体が繁殖するとは思えないと言う。「そんな事態は例がありません。きわめて毒性の強い病原菌を研究していますが、そういう病原菌にやられても生き残る人たちがいるのです」

アフリカでは、エボラやマールブルグといった恐ろしいウイルスが周期的に発生し、村人や宣教師、さらに多くの医療従事者の命を奪ってきた。生き残った医療従事者も病院を捨てて逃げ出したほどだった。どのケースでも最後に感染を食い止めたのは、スタッフに感染防護服を着せ、患者に接触したあとに石けんと水で手洗いさせるという単純な対策だった。だがそうしたウイルスの発生源となるのはたいてい貧困地域で、石けんや水にも事欠くことが少なくない。

「衛生状態がカギになります。たとえ誰かが故意にエボラウイルスを持ち込もうとしても、家族や病院スタッフが二次感染する恐れはありますが、十分な予防策を講じていればウイルスはあっというまに死に絶えます。ウイルスがさらに生命力の強いものに突然変異しないかぎりの話ですが」

エボラやマールブルグなど強毒性のウイルスは、動物——疑わしいのはオオコウモリ——に由来し、感染体液を媒介に人から人へ広まっていく。エボラウイルスは気道に侵入するため、メリーランド州フォート・デトリックにある米陸軍の研究所は、テロリストがエボラ爆弾をつくれるかどうかを確かめようとした。研究所でつくられたのは、動物にウイルスを散布できる噴霧器だった。「ただし、咳や喘鳴(ぜんめい)で簡単に人間に感染するところまで、飛沫粒子を小さくしているわけではありません」と、カイアゼクは言う。

だが、エボラウイルスの一種であるレストンが突然変異したら、厄介なことになるだろう。いまのところ、レストンウイルスで死んだのは人間ではなく類人猿だけだが、ほかのエボラウイルスとは違い、レストンは空気感染すると考えられている。同じように、きわめて毒性の強いエイズは、いまは血液や精液で感染しているが、空気感染するようになったら本当に人類を絶滅に追い込むかもしれない。だが、そんなことはありそうもないと、カイアゼクは考えている。

「感染経路が変わる恐れはあります。ですが、現在の経路はHIV(ヒト免疫不全ウイルス)が生き残るためにじつに都合がいいのです。しばらくのあいだ、感染者がウイルスを広めてくれるのですから。そういう生態に進化したのには、理由があるのです」

きわめて致死率の高い空気感染するインフルエンザであっても、全人類を滅ぼすことはできない。最終的に人間が免疫力を高めるため、伝染しにくくなるからだ。とはいえ、生化学の教育を受けた狂信的テロリストが、私たちに抵抗力がつく前に進化するウィルスをつくりあげたらどうなるだろうか？　変化しやすいSARSウィルスに遺伝物質を組み込むことでつくられたそのウィルスが、カイアゼクに撲滅される前に、性感染と空気感染を通じて広がっていくとしたらどうなるだろうか？

遺伝子操作できわめて毒性の強いウィルスを設計することは可能だ。それはカイアゼクも認める。ただし、遺伝子導入農薬がそうであるように、遺伝子を操作した結果どうなるかについては保証がない。

「ウィルス病を媒介する力を弱めた蚊をつくる場合がそうです。研究室で繁殖させた蚊を放しても、十分な競争力を持っていません。考えているほど簡単にはいかないのです。研究室でウィルスを合成することと、それを使うことは別です。ウィルスを感染性につくり変えるには、宿主細胞に感染して大量の子孫をつくる遺伝子を配置する必要があります」

カイアゼクは憂鬱そうにクスリと笑った。「そんなことをしているうちに自分が死んでしまうかもしれませんよ。はるかに少ない労力でできるもっと簡単なことがたくさんあるというのに」

◆　◆　◆

まだ産児制限は課せられていないので、いまのところ私たちは、全人類の生殖不能化という人間嫌いの企みにほとんど不安を感じていない。オックスフォード大学で人類の未来研究所の所長を務めるニック・ボストロムは、人間の存在が終焉の危機にさらされる確率（それが高まっているとボストロムは考えている）を、折に触れて計算している。ボストロムが特に興味を持っているのが、偶然か故意かにかかわらず、ナノテクノロジーが失敗に終わったり、超知能（スーパーインテリジェンス）が暴走して制御不能に陥ったりする可能性である。もっとも、ボストロムはこう強調している。原子サイズの医療機械に血流を巡視させ、病気が突然牙をむく前に退治させたり、私たちを地球から追い出すだけの知性や力を備えた自己複製ロボットを開発したりするのに必要な技術は、「少なくとも数十年先」でなければ実現しないと。

カナダはオンタリオ州にあるグエルフ大学の宇宙学者、ジョン・レスリーは、一九九六年の陰鬱（いんうつ）な学術書『世界の終焉（*The End of the World*）』で、ボストロムに賛成している。ただし、現在のように高エネルギー粒子加速装置をもてあそんでいれば、私たちの銀河系が回転する場である真空空間の物理性質を破壊したり、それどころかまったく新たなビッグバンを引き起こしたりしない保証はないと警告している（レスリーは「誤って」とつけ加えているが、あまり気休めにはならない）。

ともに哲学者である二人は、人間よりも機械のほうが高速で思考するものの、決まって欠陥が明らかになるという時代を倫理的観点から評価している。彼らは繰り返し、先達が悩まされたことのない次のような現象にぶつかる。人類は自然から投げられた天然痘や隕石といったあらゆる困難を乗り越えて生き延びてきたが、いまや、身の危険を覚悟でテクノロジーなるものを投げ返しているのだ。

人類最後の日のデータを分析していないときは、人間の寿命を延ばす研究をしているニック・ボストロムはこう語る。「明るい面として、テクノロジーはまだ人間を殺していないことがあります。しかし、人類が絶滅するとすれば、環境破壊ではなく新しいテクノロジーのせいである可能性が高いでしょう」

この惑星で暮らすほかの生物にとっては、どちらが原因でも大した違いはないだろう。いずれにしても人類が絶滅すれば、ほかの多くの種も運命をともにするのは間違いないからである。宇宙から動物園の飼育係がやってきて、私たちだけを連れ去りほかのすべてを置いていくことで、この難問を解消してくれる見込みはないし、そんな考えは虫がよすぎる。どうして、宇宙人は人類にだけ興味を示すというのだろうか？　人類がむさぼってきたおいしそうな食資源に宇宙人が舌なめずりするのを、どうすれば防げるというのだろうか？　私たちが谷から川の水をすべて吸い上げてしまいたくなるのと同じように、宇宙人は地球上の海に星間ストローを突っ込むかもしれない。そうなれば、海や森、そこで暮らす生き物たちはにわかに、絶大な力を持つ宇宙人より私たちを好きになるかもしれない。

「まさしく、私たちは外界からの侵略者です。アフリカを除くあらゆる土地にとって、そうなのです。ホモ・サピエンスがどこかへ行くたびに、なにかが絶滅しました」

VHEMT（自発的な人類絶滅運動）の創設者であるレス・ナイトは、思慮深く、おだやかな口調で、理路整然と考えを語る、きわめてまじめな人物だ。虐げられた地球から人類を追放すべきだと主張する、もっと気味の悪い団体――たとえば安楽死教会は、中絶、自殺、ソドミー、人肉食を運動の四本柱とし、ウェブサイトで人体のさばき方のほかバーベキューソースを使ったレシピまで紹介している――とは異なり、ナイトは誰かが戦争や病気や災害で苦しむことを、人間嫌いから喜んでいるわけではない。教師でもあるナイトは、必ず同じ答えになる数学の問題を解いているだけだという。

「六〇億の人類すべての命を奪うウイルスなどありません。九九・九九パーセントが死に絶えても、六五万人は自然な免疫反応によって生き残ります。ウイルスの蔓延はむしろ種を鍛えるのです。五万年後、人類はあっさり現在のレベルに戻ることでしょう」

戦争にも人口を減らす効果はないと、彼は言う。「いくつもの戦争で数百万人が死にましたが、人類は増えつづけています。戦争が起こると、たいていの場合、戦勝国も敗戦国も人口を増やそうとします。総人口は減るどころか増えるというのが、本当のところです。それに、殺人は人道にもとる行為です。大量殺人が地球上の生物に進歩をもたらす方法だなどと、決して考えるべきではありません」

ナイトはオレゴンに住んでいるが、その運動は全世界を拠点にしているという――インターネット上に、一一の言語でウェブサイトを開設しているからだ。ナイトは地球の日（アースデー）のイベントや環境会議の場に出かけては、二〇五〇年までに世界の人口増加率と出生率は下がるという国連の予測をグラフにして貼り出している。だが、重要なのは三枚目のグラフで、多くの数値が依然として右肩上がりを示しているのだ。

「子供をつくる人が多すぎるのです。中国の出生率は一・三パーセントにまで下がっていますが、それでも人口は年に一〇〇〇万人ずつ増えています。飢餓、疾病、戦争もこれまでどおりのスピードで人の命を奪っていますが、人口の増加には追いつきません」

「長生きし、絶滅せんことを祈る」をモットーとするナイトの運動の主張は、人類は苦痛に満ちた大量絶滅を避けられるというものだ。そうした大量絶滅が起こるのはいつだろうか。ナイトの予測によれば、私たち全員がこの地球を手にしており、それで食べていけるという考えは甘すぎるということが、容赦なく明らかになったときだという。身の毛もよだつ資源争奪戦と飢餓を引き起こし、人類をはじめほぼすべての生物を滅ぼすよりも、人類をゆっくり消し去ろうではないか。VHEMTはそう提唱する。

「私たち全員が、子供をつくるのをやめることに同意すると仮定しましょう。あるいは、きわめて効果的な攻撃を加えるウィルスが現われ、すべての人間の精子が能力を失うとしましょう。まず変化が見られるのは妊娠危機センターです。そこを訪れる人はいなくなりますから。喜ばしいことに、中絶施術者は数カ月後に職を失うはずです。妊娠の努力をつづけたい人にとっては悲劇でしょう。しかし五年後には、苦痛のなかで死にかけている五歳未満の子供はいなくなります」

生きている大勢の子供たち全員の生活環境が向上するはずだと、彼は言う。子供は使い捨てではなく貴重な存在になるからだ。養子先の見つからない孤児はいなくなるだろう。「二一年後には、当然ながら未成年者の非行はなくなります」その頃には諦観が浸透し、人びとは恐怖におののく代わりに悟りの境地に至っているはずだと、ナイトは予測する。人生が、終わりに近づくにつれて向上しつつあることを実感しはじめるからだ。食糧はあり余り、水をはじめとする資源も再び豊富になっている。生命力にあふれた海も戻ってくる。新たな住宅建設は不要なので、森林や湿地も再び生命力に満ちあふれるだろう。

「資源をめぐる争いはもはや起こらないので、戦いでたがいの命を無駄にし合うこともなくなるのではないでしょうか」引退した企業重役が庭いじりににわかに心の平安を見出すように、私たちは残された時間を次のような活動に費やすはずだと、ナイトは想像する。すなわち、徐々に自然を取り戻しつつある世界から、もはや役に立たない目障りながらくた――かつて私たちが、生き生きした美しい自然と引き換えに追い求めたもの――を取り除こうとする活動に。

「最後の人類は、穏やかな気持ちで最後の日没を楽しむでしょう。エデンの園にかぎりなく近い惑星を取り戻しつつあることを実感しながら」

◆ ◆ ◆

自然界の衰退がいわゆる仮想世界(ヴァーチャル・リアリティ)の台頭と同時進行するこの時代、ＶＨＥＭＴと正反対の意見を持つのは、人類の絶滅を通じてよりよい生き方が約束されるなどというのは狂気の沙汰だと考える人びとだけではない。絶滅はホモ・サピエンスに転機をもたらす可能性があると考える一流の思想家や高名な発明家のグループがあるのだ。トランスヒューマニストと自称する彼らは、みずからの精神を電子回路に転送するソフトウェアを開発することによって、仮想空間を植民地化したいと願っている。その電子回路は、私たちの頭脳と肉体の両方をさまざまなレベルでしのぐはずだからだ（ちなみに、不死になることも含まれる）。コンピュータの自己増殖の魔法、大量のシリコン、さらにはメモリー・モジュールと付属機器によって広がるさまざまな可能性を通じ、人類の絶滅は、あまり長持ちしない有限の器を投げ捨てることにしかならなくなるという。テクノロジー上の私たちの精神が、やがてその器よりも大きくなってしまうからだ。

　トランスヒューマニスト（ときにポストヒューマンと呼ばれる）運動の牽引役には、オックスフォード大学の哲学者ニック・ボストロム、先駆的な発明家のレイ・カーツワイル（光学式文字認識、フラットベッドスキャナー、盲人のための活字読上機などを考案した人物）、トリニティ・カレッジの生命倫理学者で『市民サイボーグ――なぜ民主主義社会は再設計された未来の人間に答えなければならないのか（*Citizen Cyborg: Why Democratic Societies Must Respond to the Redesigned Human of the Future*）』の著者でもあるジェームズ・ヒューズらがいる。彼らの議論はファウストを思い起こさせるが、不死や超自然的能力には抗いがたい魅力があるし、エントロピーを超越する完璧な機械をつくれるというユートピア的信念には、感動さえ覚えそうになる。

単なる物体と生命体のあいだの溝を越えようとするロボットやコンピュータにとって大きな壁は、よく言われるように、自己を認識する機械をつくった者はいまだにいないということだ。感覚を持たなくても、スーパーコンピュータの計算能力は私たちを圧倒するかもしれない。だが、世界のなかで自分がどこにいるのかについては、いっさい考えられないのだ。さらに根本的な欠陥は、人間のメンテナンスを受けずに永久に稼働する機械はないということである。可動部のない機械でさえ故障するし、自己修復プログラムもエラーを起こす。バックアップコピーという救済手段をとれば、最新のテクノロジーを備えたクローンでありつづけようと必死になるロボットの世界が到来するかもしれない。そうしたテクノロジーには競争力のある知識が注ぎ込まれることになる。この全力を尽くした追いかけっこは、下等霊長類の行動を思わせる。もっとも、彼らのほうが楽しんでいることは疑いない。

ポストヒューマニストが電子回路への自己転送に成功するとしても、近いうちの話ではない。彼ら以外の、炭素ベースの人間性に心情的にこだわる人びとにとって、自発的な絶滅を唱えるレス・ナイトのたそがれどきという預言は弱いところを突いてくる。多くの動植物や美しい自然が消えていくのを目の当たりにして、人間は心の底でうんざりしているからだ。人類という重荷から解放され、動植物があらゆる場所で元気いっぱいに繁栄を謳歌するという展望は、はじめは魅力的だ。だがほどなく、私たちが害悪と過剰のなかでつくりあげたすばらしいものをすべて失う死別の辛さが襲ってくる。人類のあらゆる創造物のなかでもなによりすばらしいあの存在、子供たちが、もはや緑の大地で転がったり遊んだりしないとすれば、私たちはいったいなにを残すことになるのだろうか？　私たちの魂は本当に不滅なのだろうか？

宗教によって大きくも小さくも扱われる来世の問題は、さしあたり棚に上げておこう。私たちがいなくなったあと、信じる者も信じない者も同じように分かち持つ情熱――魂の声を語ろうとする抑えきれない欲求は、どうなるのだろうか？　人間の最も創造的な表現形式のなかで、残るのはなんだろうか？

# 18　時を超える芸術

メタルフィジック・スカルプチャー・スタジオは、トゥーソンの改造された倉庫のなかにある。その倉庫の裏手で、二人の鋳物職人が、ざらついた革の上着とズボン、石綿とステンレスメッシュでできた手袋、保護メガネ付ヘルメットを身に着けた。耐火レンガの窯から、温めておいたコシジロハゲワシの翼と胴体のセラミックの鋳型を取り出す。いったん成形してから溶接されたもので、実物大のブロンズ像の原型である。ワイルドライフ・アーティストのマーク・ロッシが、フィラデルフィア動物園の依頼でつくったものだ。二人はこれらの鋳型を、湯口を上にして砂の詰まった回転台に据える。回転台は軌道の上を、鉄で覆われたドラム型の液体プロパンの炉へ向かって滑っていく。前もって詰めておいた一〇キロ弱の鋳塊は、すでに摂氏約一〇九〇度のブロンズ液に融解しており、スペースシャトルのタイルに使われているのと同じ耐熱セラミックの上でぐらぐらいっている。

炉は回転軸に斜めに取り付けられているので、待ちかまえている鋳型に融解した金属を流し込むのにほとんど労力はかからない。六〇〇〇年前のペルシアでは、燃料は薪だった。鋳型は粘土質の丘の斜面にあけた穴で、セラミックの殻ではなかった。だが、現在では銅－ケイ素の合金のほうが、古代人が使っていた銅 - ヒ素や銅 - スズの混合物より好まれる以外、ブロンズで永遠の芸術作品を製作するプロセスは基本的に同じである。

また、そうする理由も同じだ。銅は銀や金と同じく貴金属の一つであり、腐蝕に強い。私たちの先祖の誰かが、焚き火のそばのクジャク石のかけらから銅が蜂蜜のように滲み出しているのにはじめて気づいた。冷めると、打ち延ばしやすく、丈夫で、じつに美しいことがわかった。彼らはほかの石も試しに溶かし、溶けたものを混ぜ合わせた。こうした、かつてない強度を持つ人工合金が生まれた。

彼らが試した石のなかには、鉄を含んだものもあった。鉄は丈夫な卑金属だが、すぐに酸化してしまう。鉄に炭素灰を混ぜると耐久性が増した。何時間も骨を折ってふいごを動かし、過剰炭素を吹き飛ばすとさらに強くなることもわかった。そうやってできた鍛鋼は、珍重されるダマスカス剣を数振りつくるにはどうにか足りたものの、その程度の量でしかなかった。一八五五年にヘンリー・ベッセマーが高性能な送風機を発明すると、鉄はようやく贅沢品から日用品に変わった。

だが、コロラド鉱山大学で材料科学部長を務めるデイヴィッド・オルソンが言うには、巨大な鉄骨建築、蒸気ローラー、戦車、線路、ぴかぴかのステンレス食器などに惑わされてはいけないそうだ。そのどれよりも、ブロンズ像のほうが長持ちするからである。

「貴金属でできたものは、永遠に残るかもしれません。酸化鉄のような無機化合物からつくられた金属は、その化合物に戻るでしょう。何百万年ものあいだその状態だったのですから。

私たちは酸素の力を拝借して、それを高エネルギー状態に押し上げただけです。すべて、元の状態に落ち着きます」

ステンレスといえども「特定の用途のためにつくられたすばらしい合金の一つにすぎません。台所の引き出しに入っているステンレスは、いつまでもきれいなままです。ですが酸素と塩水にさらすと、腐蝕していきます」

ブロンズの芸術品は、二重に清められている。金、プラチナ、パラジウムといった希少で高価な貴金属は、本来ほかの物質とはほとんど化合しない。だが、希少性が低く豪華さも控えめな銅は、酸素や硫黄にさらされると化学結合する。すると、錆びると崩れてしまう鉄と違い、一インチ（約二・五センチ）の一〇〇〇分の二〜三ほどの厚さの皮膜ができて腐蝕の進行を防いでくれる。こうしてできる緑青はそれ自体で美しく、九〇パーセント以上の銅を含有するブロンズ像の魅力の一つである。ブロンズとなることで、銅は強度を増し溶接しやすくなるだけでなく、硬度も高くなる。オルソンが後世まで残ると考える西洋文化の象徴は、一九八二年以前に鋳造された一セント銅貨だ（それは実際、五パーセントの亜鉛を含有するブロンズでできている）だ。だがこんにち、アメリカの一セント銅貨はほとんどが亜鉛で、わずかに含まれる銅が、額面どおりの価値があった昔のコインの色を思い出させるだけである。

この新しい一セント銅貨は九七・六パーセントが亜鉛でできているため、海に投げ込まれれば成分が溶け出す。エイブラハム・リンカーンの顔は、一〇〇年足らずで貝に削り取られてしまうだろう。一方、彫刻家のフレデリック・オーギュスト・バルトルディが、硬貨より厚めの銅板から打ち出した自由の女神像はどうなるだろう。温暖化の進む世界にもいつか押し寄せる氷河によって台座から引きずり下ろされれば、ニューヨーク港の底で威厳を保ったまま酸化していくはずだ。最終的に、女神像を覆う海緑色（シーグリーン）の緑青は厚みを増し、像は石と化すだろう。もっとも、バルトルディの美意識に魚たちが思いを馳せる程度の輪郭は残るはずだ。その頃にはコシジロハゲワシも絶滅し、かつてのフィラデルフィアがどんな姿になっているにせよ、マーク・ロッシのブロンズ像に姿を留めるだけになっているだろう。

ビャウォヴィエジャ・プーシュチャの原生林が再びヨーロッパを覆い尽くしたとしても、その創設者であるヤギェウォ王を称えてニューヨークのセントラル・パークに設置されたブロンズの騎馬像は、その森が滅んだあとまで残るだろう。はるかな将来のある日、歳を重ねた太陽が加熱し、地球上の生き物はついに最後の時を迎えるからだ。その像の北西にあるセントラル・パーク・ウェストのアトリエでは、マンハッタンの美術館員バーバラ・アペルバウムとポール・ヒメルスタインが、古く上質の素材を根気よく修復し、芸術家がそれを使って生み出した高エネルギー状態を保とうとしている。基本的なものの持つ耐久力をいやというほど思い知らされる仕事だと二人は言う。

「古代中国の織物のことがわかるのは、ブロンズ製品を包むのに絹が用いられていたからです」と、ヒメルスタインは言う。ブロンズが朽ちたあとも、布地は緑青のなかに痕跡として長く残るのだ。「ギリシャの織物に関する私たちの知識はすべて、焼き物の花瓶に描かれた絵から得られたものです」

陶磁器は鉱物でできているため、最低のエネルギー状態にきわめて近いところにあると、アペルバウムは言う。黒い瞳はエネルギーに満ちあふれ、白髪は短く刈り込まれている。彼女は棚から小型の三葉虫を取り出す。ペルム紀の土によって細部まで忠実に鉱化されているので、二億六〇〇〇万年を経ても形態がじつによくわかる。「陶磁器は破壊されないかぎり、事実上不滅なのです」

ところが残念ながら、陶磁器は破壊されてきた。悲しいことに、歴史上の人物のブロンズ像も大半が姿を消し、武器につくり変えられた。「これまでに製作された美術品の九五パーセントは、もう存在しません」白髪交じりのヤギひげを拳でしごきながら、ヒメルスタインは言う。「私たちはギリシャやローマの絵画についてはほとんど知りません。主に、プリニウスをはじめとする著述家によって伝えられているだけです」

メゾナイトでできたテーブルの上に、二人が個人コレクターからの依頼で修復中の大きな油絵がある。一九二〇年代の肖像画で、見事な口ひげをたくわえたオーストリア＝ハンガリー帝国の貴族が描かれている。ズボンの時計隠しから宝石をあしらった鎖をたらしている。長年じめじめした廊下に飾られていたため、たわみ、腐りかけていた。「築四〇〇〇年の湿度ゼロのピラミッドにでも吊るしておかないかぎり、数百年も放っておくと、カンバス地に描かれた絵はダメになります」

水没してしまうなら別だが、命の源である水は美術品の命を奪うことが多い。

「人類がいなくなって美術館の屋根がことごとく雨漏りし、なかのものがすべて朽ち果てたあとにやってきた宇宙人は、砂漠を掘り返し、水に潜るべきです」と、ヒメルスタインは言う。pHが酸性に傾きすぎなければ、酸素がないおかげで水に浸かっていても繊維は保存される。だが、水から引き揚げるのは命取りだ。銅でさえ一〇〇〇年も海に浸かって海水と化学平衡がとれた状態にあると、海の外では「ブロンズ病」にかかる恐れがある。塩化物が化学反応によって塩酸に変化するせいだ。

「一方、タイムカプセルについて助言を求められたときには、無酸性の箱に上質のラグペーパーを入れておけば、濡れないかぎり永久に持つと答えています。ちょうどエジプトのパピルスのように」と、アペルバウムは言う。写真素材を提供するコービス社の世界最大の写真コレクションをはじめ、膨大な量の中性紙の記録文書が、ペンシルヴェニア西部にあるかつての石灰石鉱山の地下六〇メートルに、気候の影響を受けないよう密閉保存されている。その地下貯蔵室の除湿装置と氷点下に冷却された室温のおかげで、それらの文書は少なくとも五〇〇〇年のあいだ守られるのだ。

もちろん、電気が切れなければの話である。私たちが最善を尽くしても、物事はうまくいかないものだ。「乾燥したエジプトでさえ、これまでに収集された最も貴重な図書――アレクサンドリアに集められた、アリストテレスの著書をはじめとする五〇万点に及ぶパピルスの巻物――が完全な状態で保存されていたのは、一人の司教が異教信仰を排斥するため松明(たいまつ)

に火を灯すまででした」と、ヒメルスタインは指摘する。

彼はそう言いながら、青いピンストライプのエプロンで手をぬぐう。「ともかく、私たちはそうした書物のことを知っています。なにより残念なのは、古代の音楽がどんなものだったのかまったくわからないことです。楽器はいくつか残っています。しかし、それで奏でられた音は残っていません」

修復家として高く評価されている二人は、現在録音されているような音楽――また、デジタルメディアに保存されているその他の情報――が、長く残る可能性は低いと考えている。ましてや遠い将来、薄っぺらなプラスチック・ディスクの山を前に頭をひねる「感覚を持つ存在」に、理解してもらえそうにはない。一部の美術館は現在、顕微鏡でしか見えない情報をレーザーを使って安定した銅に刻んでいる。いいアイデアだが、安定銅とともに読み取り装置が残っていることが前提になる。

それにもかかわらず、人間のあらゆる創造的表現のなかで、響き渡りつづける可能性が最も高いのは音楽かもしれない。

◆◆◆

一九七七年、カール・セーガンは、トロントの画家でラジオプロデューサーのジョン・ロンバーグに、こうたずねた。芸術家ならどうやって、人間を一度も見たことのない宇宙人に人間性の本質を表現するだろうかと。セーガンは、コーネル大学の同僚で天体物理学者のフランク・ドレイクとともに、双子の惑星探査機ボイジャーに搭載するため人間にまつわるなにか有意義なものを考案してほしいと、NASAから要請されていたのだ。ボイジャーは外惑星（火星、木星、土星、天王星、海王星、冥王星）を訪れたあと、ことによれば永遠に星間空間を飛びつづけることになるからだ。

セーガンとドレイクは、太陽系を離脱するそれ以外の二機の宇宙探査機にも関わっていた。パイオニア一〇号とパイオニア一一号は、それぞれ一九七二年と七三年に打ち上げられた。小惑星帯を通り抜けられるかどうかを確認することと、木星と土星を探査することが目的だった。パイオニア一〇号は、一九七三年に木星の磁場で放射性イオンと衝突しながらも生き延び、木星の月の映像を送ってよこすと、さらに飛行をつづけた。聞き取れるメッセージが最後に送られてきた二〇〇三年には、地球から約一三〇億キロの場所に位置していた。二〇〇万年後には、牡牛座の目にあたる赤色星アルデバランを、危険のない距離を保って通過するはずである。パイオニア一一号は一〇号の一年後に木星に立ち寄ると、引力を投石器のように利用して、一九七九年に土星の脇を通り抜けた。脱出軌道に乗って射手座の方向に進んだので、向こう四〇〇万年はほかの星のそばを通ることはない。

パイオニアの両機のフレームには約一五×二三センチの金メッキされたアルミ板がボルトで留められ、セーガンの元妻リンダ・サルツマンが描いた人間の裸の男女の線描画が刻まれている。男女の隣には、太陽系のなかの地球と銀河系のなかの太陽の位置を示す絵が描かれている。さらに、宇宙の電話番号とも言えるもの、すなわち水素の遷移状態をベースにした数学的キーが彫られている。

　セーガンがジョン・ロンバーグに語ったところでは、ボイジャーが運ぶメッセージは、パイオニアのとき以上に私たち人類を詳細に語るものにするつもりだという。デジタルメディア以前の時代、ドレイクは直径約三〇センチの金メッキされた銅のアナログディスクに音と映像の両方を記録する方法を考案し、読み取ってもらえることを期待してレコード針や再生方法を示した図を添付することにした。セーガンは、一般向けの自著のイラストを手がけてくれたロンバーグをレコーディングの製作責任者に据えたかった。

　その構想は度肝を抜くものだった。それ自体で芸術作品になるほどの展示方法を考え、演出しようというのだ。これは、人間の芸術表現の断片を伝える最後の遺品になるかもしれない。いったん打ち上げられれば、金の酸化被膜を施したアルミ製の箱は、ロンバーグのデザインしたジャケットに入ったレコードを収めて宇宙線と星間塵にさらされることになる。その期間は控え目に見積もって一〇億年、あるいはそれよりはるかに長い可能性もある。その頃には、地殻変動や膨張した太陽のせいで、地球上に残っている人類の痕跡は分子レベルの要素に分解していてもおかしくない。こうした要素は、人工物がとりうる最も永遠に近い形かもしれない。

　ロンバーグが構想を練る時間は、打ち上げまでの六週間しかなかった。彼と仲間は世界的人物、記号学者、思想家、芸術家、科学者、ＳＦ作家に意見を聞き、つかみどころのない見

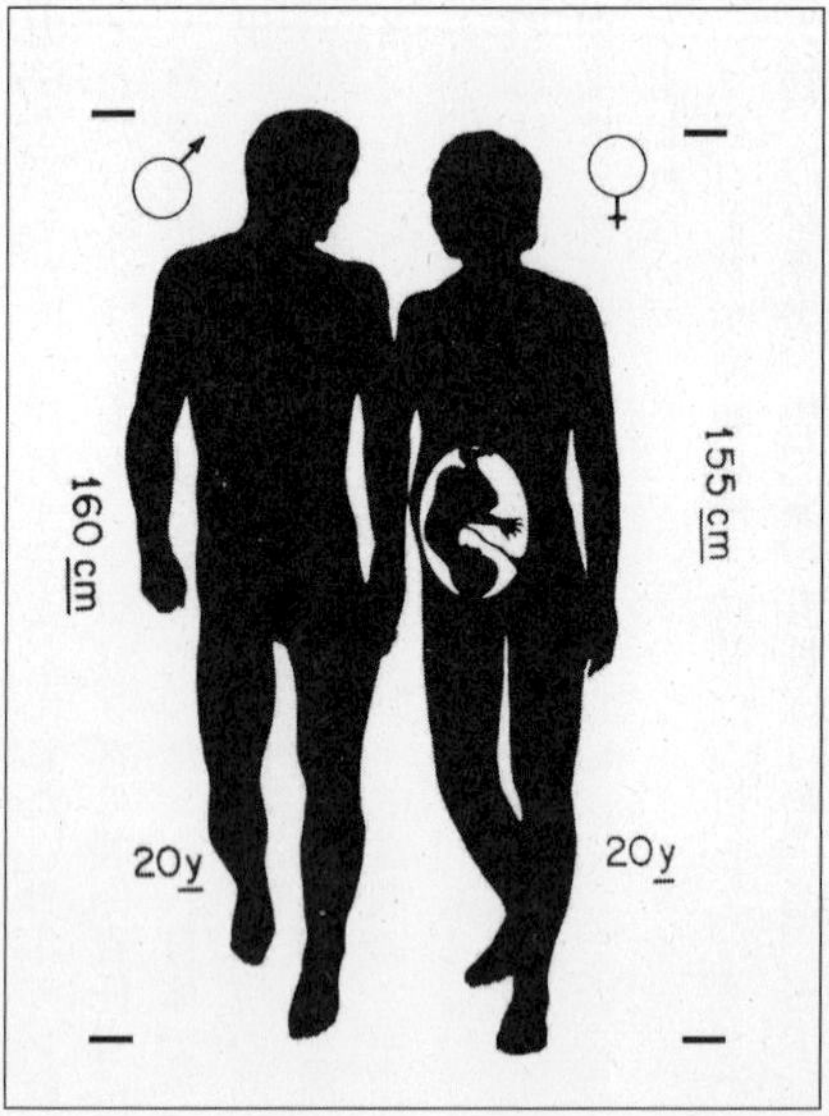


男女の図。ジョン・ロンバーグがボイジャーに搭載するゴールデンレコードのために描いたもの　ARTWORK BY JON LOMBERG/©2000

手や聞き手の意識に浸透しそうなものを研究した（後年、ロンバーグはニューメキシコ州の放射性廃棄物隔離試験施設で、侵入者に放射能汚染の危険を警告する表示のデザインにも手を貸している）。ディスクには、人間の五四の言語による挨拶、スズメからクジラまで数十種の生き物の鳴き声、さらには、心臓の鼓動、打ち寄せる波、削岩機、ぱちぱち燃える炎、雷、母親のキスなどの音も収録された。

ＤＮＡや太陽系を描いた線図のほか、自然、建築物、街や都市の眺望、赤ん坊に授乳する女性、狩りをする男性、地球儀を見つめる子供、競技をする運動選手、食事をする人びととの写真なども収められた。箱を見つけた相手は、写真を抽象的にくねった線としか認識しないかもしれないので、ロンバーグは被写体を背景と区別できるように、一部の写真に添付するシルエット画もスケッチした。家族五世代の集合写真には、一人一人のシルエットを描いたほか、相対的な身長、体重、年齢も表記した。人間のカップルの写真には、胎児が子宮で育つことがわかるよう女性のシルエットに透明の子宮も描き加え、膨大な時間と空間を超えて画家の発想と未知の発見者の想像力が交わることを願った。

「こうした画像を見つけるだけでなく、個々の写真の寄せ集めに留まらない情報を加えて画像につながりを持たせることも私の仕事でした」ロンバーグはいま、天文台が集まるハワイのマウナケア火山にほど近い自宅でそう振り返る。宇宙旅行者が理解してくれそうなもの、たとえば宇宙から見える惑星や星のスペクトルからはじめ、地質、生物圏、人間文化に至るまで、進化の流れに沿って画像を並べたのである。

同じように、ロンバーグは音も編集した。自分は画家だというのに、音楽は画像よりも理解される可能性が高い、ひょっとすると宇宙人の心を魅了するかもしれないと感じていた。というのも、リズムは物理的過程を通じて明瞭に伝わるだけでなく、ロンバーグにとって「自然以外で、私たちが魂と呼ぶものに接する最も信頼できる手段」でもあるからだ。ディスクには、ピグミー族、ナバホ族、アゼルバイジャン人のバグパイプ、メキシコのマリアッチ、チャック・ベリー、バッハ、ルイ・アームストロングなどによるものをはじめ、二六の選りすぐりの音楽を収録した。ロンバーグがこだわったのは、モーツァルトの『魔笛』の「夜の女王のアリア」だった。バイエルン国立歌劇場管弦楽団の演奏で、ソプラノ歌手のエッダ・モーザーが、人間が出せる限界の高さの音、つまりオペラの通常のレパートリーで最高音のFを披露している。セーガンとフランク・ドレイクにそれを収録すべきだと主張したのは、F・ロンバーグとティモシー・フェリスだった。フェリスは、ローリングストーン誌の元編集者で、そのレコードのプロデューサーを務めた人物だ。

二人は、キルケゴールの言葉を引き合いに出した。「モーツァルトは、あの小さな不滅の音楽隊に仲間入りする。その音楽隊の名前、その作品が、時間とともに忘れられることはない。それらは永遠に記憶に残るのだから」

ボイジャーによって、その言葉をかつてない真実にできることを、彼らは名誉に思っていた。

二機のボイジャーは、一九七七年に打ち上げられた。両機は一九七九年に木星を通過し、二年後に土星に到達した。ボイジャー一号は木星の月「イオ」に活火山があるという大発見をしたのち、土星の南極に沈むと、土星の月「タイタン」を私たちにはじめて垣間見せてくれた。タイタンを利用して太陽系の楕円軌道を離脱すると、星間空間を進み、ついにパイオニア一〇号を追い越した。現在は、人工物として地球から最も遠い位置にある。ボイジャー二号は滅多にない惑星配列を利用して天王星と海王星を訪れ、現在はやはり太陽を背にして飛行をつづけている。

ロンバーグは、金メッキを施したレコードジャケットを搭載したボイジャー一号の打ち上げを見守った。ジャケットには、その生まれ故郷とディスクの使い方を象形文字で記してある。象形文字なら宇宙を航行する知的生命体が解読してくれると、ロンバーグ、セーガン、ドレイクは期待したのだ。ただし、レコードが発見される可能性はごく低く、私たちが発見されたことを知る可能性はさらに低い。もっとも、太陽系の外に旅立った人工の存在は、ボイジャーやそこに収められたレコードがはじめてではない。無慈悲な宇宙塵による摩耗でボイジャーやレコード自体が宇宙塵になった数十億年後でも、私たち人類の存在を宇宙のかなたで知ってもらえるチャンスは、まだほかにもあるのだ。

◆◆◆

一八九〇年代、セルビアからアメリカに移住したニコラ・テスラと、イタリア人のグリエルモ・マルコーニはそれぞれ、無線で信号を送れる機器の特許を取った。一八九七年、テスラはニューヨークで、船と陸のあいだでパルスを送る実験に成功した。マルコーニはイギリスのさまざまな島のあいだで、さらに一九〇一年には大西洋を挟んで同様の実験を成功させた。最終的にテスラとマルコーニはたがいに相手を訴え、無線通信の発明者としての地位と特許使用料をめぐって争った。どちらに権利があるにせよ、その頃には海と陸のあいだの通信はありふれたものとなっていた。

それだけではない。電磁波――有害なガンマ線や紫外線よりはるかに長い波――が光速で飛び交う領域が拡大しているのだ。電磁波は外に向かうにつれ、強さが距離の二乗分の一に弱まっていく。つまり地球から一億マイル（約一億六〇九三万キロメートル）の地点で、信号の強さは五〇〇〇万マイル（約八〇四六万キロ）の地点の四分の一になる。それでも信号は存在する。放射状に銀河を進む際、銀河の塵が電波を吸収し、信号はさらに弱まる。だが、それでも信号は進みつづける。

一九七四年、フランク・ドレイクは、口径約三〇五メートル、出力五〇万ワットという地上最大のパラボラアンテナ――プエルトリコのアレシボ電波望遠鏡――から三分間の挨拶を発信した。メッセージは一連の二進法パルスで構成されていた。それは並べ替える必要のある図形的データを表わしており、宇宙人数学者が理解してくれることが期待されていた。メッセージが描くのは、一から一〇までの数字、水素原子、ＤＮＡ、太陽系、人間の形の線画などだった。

ドレイクがのちに語っているように、信号は典型的なテレビ電波の一〇〇万倍の強度で、到達するのに二万二八〇〇年はかかるヘラクレス座のある星団に向けて発信された。だが、人間より優れた、人間を捕食する地球外知的生命体に地球の位置を教えることになるという抗議が起こったため、電波天文学者の国際社会のメンバーは、地球をそうした危機に再び一方的にさらすことはしないと合意した。二〇〇二年、その協定を無視したカナダの科学者たちが、レーザー信号を天に向かって放った。だが、ドレイクの発信したメッセージに対し、攻撃はおろかいまだに返信もないのだから、一条の光の束となにかが交錯することもまずなさそうだ。

それに、人類の秘密などとうの昔に漏れているかもしれない。半世紀以上にわたり、私たちは信号を送ってきたのだ。いまでは、信号を集める受信機もきわめて大型化し、感度も良くなっている。私たちの思い描くような知的生命体が地球外にいるとするなら、受信は不可能ではない。

一九五五年、ハリウッドのテレビスタジオから発信されて四年と少しあとのこと、テレビ番組「アイ・ラブ・ルーシー」の冒頭の音と画像を乗せた信号が、太陽から最も近い位置にある恒星、プロキシマ・ケンタウリを通過した。その半世紀後の二〇〇五年、ピエロの扮装をしたルーシーがリッキーのトロピカーナ・ナイト・クラブに忍び込むシーンは、地球から五〇光年――約四八〇兆キロメートル――あまり離れた地点に達した。銀河系は一〇万光年の幅と一〇〇〇光年の厚さがあり、私たちの太陽系は銀河面のほぼ中心に位置する。したがって西暦二四五〇年前後に、ルーシー、リッキー、ご近所のマーツ家の面々を乗せた電波は、放射状に広がりながら私たちの銀河系を完全に抜け、銀河間空間へと進むことになる。

ルーシーたちの前には、数字で表わせてもとても実感できない広大な宇宙空間が広がり、そこに数十億というほかの銀河系が横たわっている。「アイ・ラブ・ルーシー」がそれらの銀河系に到達するまでに、地球外生命体がその意味をきちんと理解できるかどうかはわからない。私たちから見ると、はるか彼方の銀河系はたがいに遠ざかりつつある。しかも遠ざかるにつれ、速度を上げている。宇宙そのものの仕組みを説明するとおぼしき天文上の奇妙な癖だ。電波には、遠ざかるにつれ、弱まると同時に波長が伸びて見える性質がある。私たちの銀河からの光は、一〇〇億光年以上離れた宇宙の果てでどこかの超知的生命体の目に入る頃には、赤外スペクトル付近の最も長い波長になっているだろう。

行く手に待ち受ける膨大な銀河群のせいで、一九五三年にルーシー役のルシル・ボールとリッキー役のデジ・アーナズの夫婦に男の子が誕生したというニュースを乗せた電波は、さらにひずんでいく。それと同時に宇宙の産声、ビッグバンのノイズと次第に競い合うようになる。ビッグバンが少なくとも一三七億年前の出来事だという点では、科学者の意見が一致している。ルーシーのおふざけ映像と同じように、番組の音声も発信以来光の速さで広がりつづけるので、四方八方に行き渡る。ある点まで達すると、無線信号は宇宙ノイズよりも弱くなる。

どれほど断片化しようと、ルーシーは宇宙に居つづける。それどころか、再放送のはるかに強力な極超短波のおかげで確固とした存在になるはずだ。いまや薄っぺらな電子ゴーストになったマルコーニとテスラはルーシーの先を行き、フランク・ドレイクがそれにつづくだろう。光と同じく、電波は拡散しつづける。私たちの宇宙と知識の果てまで、電波は消えずに進んでいく。私たちの世界、時代、記憶の放送された映像は電波とともに存在しつづける。

ボイジャーとパイオニアが腐蝕して星屑になると、せいぜい一〇〇年程度の人間の有様を記録した音や映像を乗せた電波が、最終的に宇宙に残る私たちの情報のすべてとなる。その一〇〇年は人間にとってさえ一瞬とは言いがたいが、激動期でありながらもきわめて実り多い時代である。時間の果てで私たちのニュースを待っているのが何者であれ、耳を傾けてくれるはずだ。彼らはルーシーのことを理解できないかもしれないが、私たちの笑い声は聞こえることだろう。

# 19　海のゆりかご

そのサメたちは、人間を見るのがはじめてだった。またその場の人間たちもほとんどが、それほど多くのサメを見るのははじめてだった。

サメたちは、月の光を別にすれば、漆黒の闇に閉ざされていない赤道の夜を見るのもはじめてだった。それはウナギたちも同じだった。一・五メートルの銀色のリボンにヒレと尖った口をつけたような姿のウナギたちは、調査船ホワイトホリー号の鋼鉄の船体に泳ぎ寄り、キャプテンデッキから夜の海に射し込む照射灯の光の筋に見とれていた。だが気づいたときには遅かった。空腹の叫びを上げながら興奮して泳ぎ回る何十匹というネムリブカ、ツマグロ、オグロメジロザメで、あたりの海が激しくうねっていた。

にわかにスコールが降ったかと思うと止み、温かい雨の幕が船の停泊している礁湖(ラグーン)一帯を通り抜ける。潜水長のテーブルを覆うビニールシート上に並んだ、甲板でのチキンディナーの残りが、水浸しになる。それでもホワイトホリー号の手すりにもたれた科学者たちは、数トンにも及ぶサメたちに見とれていた。この海では、うねる波間を飛び跳ねているウナギをパクリとやるサメが、食物連鎖ピラミッドの頂点に立っているのがわかる。科学者たちはこ

キングマン・リーフのオグロメジロザメ（*Carcharhinus amblyrhynchos*）
提供：アメリカ魚類野生生物局J・E・マラゴス

れまで四日にわたり日に二度、この流線型の捕食者のあいだを泳ぎ、個体数を数えてきた。数量調査の対象はサメだけでなく、サンゴ礁で暮らす虹色の魚たちから玉虫色のサンゴの森、色とりどりの柔らかい藻に覆われたオオジャコガイから微生物やウイルスまで、すべての海洋生物に及んでいる。

ここキングマン・リーフは、地球上で最も到達しにくい場所の一つである。まず、肉眼ではその存在はほとんどわからない。存在を示す主な手がかりは、コバルトブルーからアクアマリンに変化する海の色だ。およそ一四キロにわたるこのブーメラン型のサンゴ礁が広がるのは、オアフ島の南西一六〇〇キロの太平洋の海面下一五メートルの場所である。干潮時には、嵐でサンゴ礁に吹き溜まったオ

パルミラ環礁のバラフエダイ（*Lutjanus bohar*）
提供：アメリカ魚類野生生物局Ｊ・Ｅ・マラゴス

オジャコガイのかけらでできた二つの小島が、海面から一メートルばかり顔を出す。アメリカ軍は第二次大戦中、このキングマン・リーフをハワイとサモアのあいだの中継係留地にしようとしたが、使われた例は一度もない。

ホワイトホリー号に乗って、二四人の科学者とスポンサーのスクリップス海洋学研究所の面々がこの人間のいない海の世界にやってきたのは、地球上に人類が現われる前のサンゴ礁の姿を垣間見るためだった。そうした基本方針のほかは、なにが健全なサンゴ礁を形づくるのかについて意見の一致はほとんどなかった。まして、多様性に満ちた熱帯雨林の海洋版であるこのサンゴ礁を、どうやって守り育てるかについてはなおさらだった。これから数カ月をかけてデータをふるい分けることになっていたが、すでに目にしたものでさえ、これまでの常識に反し、自分たちの経験則も超えた光景だった。だが、それは右舷の目と鼻の先で繰り広げられていた。

こうしたサメから、そこら中を泳ぎ回る一〇キロ級のバラフエダイ――その目立つ牙を使ってカメラマンの耳を味見したものもいた――まで、どうやらこの海では大型の肉食動物のほうがほかの生物より多いようだ。だとすれば、伝統的な概念である食物連鎖ピラミッドが、このキングマン・リーフでは逆立ちしていることになる。

生態学者のポール・コリンヴォーが一九七八年の独創的な著書『猛獣はなぜ数が少ないか（*Why Big Fierce Animals Are Rare*）』で述べているように、大半の動物は自分より小型の動物を自分たちの数の何倍も食べて生きている。消費するエネルギーのうち体重に加わるのは一〇パーセント程度にすぎないため、何百万匹という小型昆虫が体重の一〇倍分の小さなダニを食べなければならない。その昆虫が今度は、昆虫より数の少ない小鳥の餌になる。さらにその小鳥はもっとずっと少ないキツネ、ヤマネコ、大型猛禽類の胃袋に収まる。

コリンヴォーの著書によれば、個体数もさることながら、食物連鎖ピラミッドの形は総重量によって決まるという。「植林地の全昆虫類の総重量は、全鳥類の総重量の数倍になるし、鳴鳥やリスやネズミを合わせた重量は、キツネやタカやフクロウを合わせた重量よりはるかに重い」

二〇〇五年八月のこの海洋調査に参加したアメリカ、ヨーロッパ、アジア、アフリカ、オーストラリア出身の科学者のなかに、こうした――陸上での――結論に異議を唱える者は一人もいないだろう。だが、海は特別なのかもしれない。ひょっとしたら、陸上のほうが例外の可能性もある。人類がいようがいまいが、地表の三分の二を占める海は変化しやすい世界だ。そこに浮かぶホワイトホリー号は、地球を揺さぶる鼓動に合わせて静かに揺れている。キングマン・リーフという見通しのきく地点から眺めても、私たちの空間を仕切るためのわかりやすい区分線は存在しない。太平洋に境界線はないからだ。太平洋の広がりはやがてインド洋や南極海と混ざり合い、さらにベーリング海峡を抜けて北極海へ入ると、今度はそのすべてが大西洋に溶け込んでいく。地球の偉大なる海はかつて、呼吸をし、子をつくるあらゆる存在の源だった。海の行く末は、すべての生物の行く末なのだ。

「スライムだね」

ジェレミー・ジャクソンはそう言いながら、身を屈めて上甲板のテントの下の日陰に入らずにはいられなかった。元は海軍輸送船だったホワイトホリー号の船尾は、無脊椎動物の研究室に様変わりしていた。スクリップスの海洋古生態学者で、長い手足とポニーテールを持つジャクソンは、進化を省いて海の生き物から一足飛びに人間の形になってしまったタラバガニを思わせる。彼は今回の調査について独自の考えを温めていた。キャリアの多くをカリブ海で過ごしてきたジャクソンは、漁業と地球温暖化の負荷が、グリュイエール・チーズのような構造の生きたサンゴ礁を白化させ、海のゴミに変えるのを目の当たりにしてきた。サンゴが死滅し崩壊するにつれ、サンゴとその隙間に生息する無数の生物、またそれを食べるあらゆる生物が、ぬめぬめした藻類に住処を追われていった。ジャクソンは、海藻の専門家ジェニファー・スミスが、キングマン・リーフにやってくる途中に各地の海で集めた藻類の載ったトレーに身を屈めた。

「これは、スライムの脅威が迫っているということだね。それにクラゲとバクテリア、つまり海のネズミとゴキブリの脅威も」と、スミスに向かって改めて言う。

四年前、ジェレミー・ジャクソンは、ライン諸島北端部のパルミラ環礁に招かれたことがあった。ライン諸島は赤道によって分けられた、キリバスとアメリカの二つの国にまたがる太平洋上の小さな群島だ。パルミラは近年、アメリカの環境保護団体ネイチャー・コンサーバンシーに所有権が移り、サンゴ礁の研究が進められている。だが第二次世界大戦中には、アメリカ海軍の航空基地があった。海軍によりある礁湖までの航路が開かれ、別の礁湖には軍需品や五五ガロン入りのディーゼルオイルのドラム缶が投棄された。そのため生き物の暮らすプールはダイオキシンにまみれ、のちに黒い礁湖とあだ名を付けられた。現在のパルミラは、アメリカ魚類野生生物局の保護スタッフ数人を除くと無人島で、廃墟となった海軍の建物は半ば波に浸蝕されている。海中に半分が沈んだ軍艦は、いまやココヤシの木がひしめき伸びる植木鉢だ。外来種のココヤシはこの島固有のピソニアの森をほぼ全滅させ、ネズミは陸生のカニに代わって捕食者の最上位に君臨している。

ところが海に飛び込むと、ジャクソンの印象はがらりと変わった。「海底の一〇パーセントしか見えなかった」海から上がると、スクリップスの同僚エンリク・サーラにそう告げた。

「サメや大型の魚に視界をさえぎられてしまったんだ。君も潜ってごらんよ」

若手の海洋保全学者であるサーラはバルセロナ出身で、故郷の地中海では大型海洋生物を確認したことがなかった。見たことがあるのは、警備の厳重なキューバ沖の保護海域にどうにか残っていた一三〇キロ級のハタの群れくらいのものだったのだ。ジャクソンは、スペイン船の航海記録をコロンブスの時代までたどると、カリブ海のサンゴ礁周辺で三六〇キロ級の巨大ハタが大群をなして産卵し、四五〇キロ級のウミガメが泳いでいたことを証明していた。コロンブスは新世界への二度目の航海の途中、大西洋上の大アンティル諸島の周りがアオウミガメでごった返していたため、ガレオン船がカメに乗り上げてしまったと書いている。

ジャクソンとサーラは論文を共同執筆した。現代的な見方に惑わされ、私たちがいかに誤った考えに陥っているかを述べたものだった。つまり、カラフルだが取るに足らない水槽サイズの魚の暮らすサンゴ礁は、原始の姿を保っているのだと。わずか二〇〇年前、そこは船がクジラの群れと衝突し、あふれかえる大型のサメがウシを餌食にしようと大挙して川をさかのぼる世界だったのだ。二人は、北ライン諸島は今後人口が減少する可能性があると結論づけ、生物は大型化するのではないかと推測している。クリスマス島の名でも知られる赤道に一番近い島キリティマティは、世界最大のサンゴ礁で、およそ三八八平方キロの土地に五〇〇〇人が暮らしている。隣は人口一九〇〇人のタブアエラン（ファニング）島で、人口九〇〇人のテライナ（ワシントン）島という約七・八平方キロの小島がそれに並んでいる。つづいて、一〇人の研究者の暮らすパルミラ環礁がある。さらに五〇キロほど離れた場所に、かつてそこを取り囲んでいたサンゴ礁だけを残して水没した島、キングマン・リーフがある。

地元で消費するコプラ（乾燥ココナツ）と数頭のブタを除けば、キリティマティ――クリスマス島――で農業は営まれていない。そのため、サーラがようやく組織した二〇〇五年の遠征隊が調査をはじめた当初、ホワイトホリー号で島にやってきた研究者たちは驚いた。キリティマティの四つの村から大量の栄養分が流れ出し、かつてはブダイをはじめとする草食魚がたくさんとれたサンゴ礁をスライムが覆っていたからだ。タブアエラン島では、水没した貨物船の朽ちかけた鉄を栄養にしてさらに多くの藻類が繁殖していた。面積の割に人口の多すぎる小さなテライナ島の周辺には、サメもフエダイもまったくいなかった。そこで暮らす人びとはライフル銃を使って漁をし、ウミガメ、キハダマグロ、アカアシカツオドリ、カズハゴンドウなどをとっている。サンゴ礁はすでに一〇センチもの厚い緑色の海藻でびっしり覆われていた。

ライン諸島北端で水没しかけているキングマン・リーフは、かつてハワイのビッグアイランドほどの広さがあり、同じく火山島だった。カルデラはすでに礁湖の底に沈んでしまい、見えるのは円状のサンゴの縁くらいのものだ。サンゴと共生している単細胞の褐虫藻（かっちゅうそう）は太陽光を必要とするので、キングマンの円錐火山が沈みつづければ、サンゴ礁も水没するだろう。すでに西端は沈み、サンゴ礁はブーメラン型に残るばかりだ。おかげで、ホワイトホリー号はそのなかに進入して錨を降ろすことができた。

この場所にはじめて潜った調査チームを七〇匹ものサメが出迎えてくれたあとで、ジャクソンは驚いて言った。「なんとも皮肉だが、この一番古い島は余命三ヵ月の九三歳の老人のように波の下に沈みつつあるのに、人間の破壊行為を免れているおかげで一番健康なんだ」巻尺、耐水性のクリップボード、鋭い歯を持つ生き物を威嚇する約九〇センチのポリ塩化ビニル製のヤスを携え、ウェットスーツに身を包んだ科学者チームは、キングマン・リーフの崩れかけた環礁一帯のサンゴ、魚、無脊椎動物の個体数を調査した。透明な太平洋の下につくった二五メートルに及ぶ複数の帯状標本地（トランセクト）の両側四メートルからサンプルをとった。サンゴ礁群全体の微生物的基盤を調べるため、サンゴの粘液を吸い取り、海藻を引き抜き、一リットルフラスコ数百本に海水標本を詰めた。

研究者たちの周りを泳ぐのは、概して好奇心の強いサメ、愛想の悪いタイ、人目を避けるウツボ、時折現われる体長約一・五メートルのカマスの群れに加え、タカサゴ、闇に潜むアオノメハタ、ゴンベ、スズメダイ、ブダイ、ニザダイ、青と黄が基調でまごつくほどバリエーション豊富なエンゼルフィッシュ、黒と黄と銀の体に網目やヘリンボーンの模様を持つチョウチョウウオなどの大群だった。サンゴ礁のきわめて多様でおびただしい数の生態的地位のおかげで、それぞれの種は姿形や体制を似通らせながらも、それぞれに異なる生き方を見つけている。あるものはサンゴだけを食べ、あるものはサンゴ以外の餌しか食べない。サンゴと無脊椎動物とのあいだを行ったり来たりするものもいる。小型の軟体動物が隠れている隙間に突っ込むくちばしを持つものもいる。ほかの仲間が寝ている昼間にサンゴ礁で餌を探す群れと、夜になってから餌を探す群れを分けているものもいる。

魚類の専門家でハワイ海洋研究所に所属するアラン・フリードランダーは、次のように説明する。「潜水艦で寝台を共用するホット・バンキングのようなものです。隊員は四時間から六時間のシフト制で寝台を交代で使います。寝台はほとんど冷える暇がありません」

活気に満ちたキングマン・リーフではあるが、それでも、水中の「砂漠のオアシス」のようなものである。新たな種を補充してくれる広い土地から何千キロも離れているためだ。このあたりの海域に生息する魚の種類は三〇〇から四〇〇に上るが、インドネシア、ニューギニア、ソロモン諸島を結ぶ三角地帯に広がるサンゴ礁の半分にも満たない。とはいえその海にも、売買される観賞魚の捕獲とダイナマイトやシアン化物を使った魚の乱獲のせいで破壊的な負荷がかかり、大型捕食魚は姿を消してしまった。

「すべての調和がとれたセレンゲティのような場所は、海洋には残っていないのです」と、ジェレミー・ジャクソンは言う。

それでもキングマン・リーフは、ビャウヴォヴィエジャ・プーシュチャと同じくタイムマシンである。広大な紺碧の海に点在する緑の島の周りに、手つかずの自然がわずかに残っている。この海域で、サンゴ調査チームは未知の種を六種類発見した。無脊椎動物チームは、見慣れない軟体動物を持ち帰ってきた。微生物チームは、それまでサンゴ礁の微生物分布が調査されていなかったこともあり、新種のバクテリアとウイルスを数百種発見した。

微生物学者のフォレスト・ローワーは、船倉の蒸し暑い貨物室に、サンディエゴ州立大学の研究室をそのまま小型にしたような施設をつくった。マイクロセンサーとノートパソコンに接続した直径わずか一ミクロンの酸素プローブを使い、彼のチームは、パルミラ環礁で採取した藻が生きているサンゴに取って代わる様子を再現した。海水を詰めたガラスの小さな立方体をどんなウイルスも透過できないほど精細なガラス膜で仕切り、それぞれに少量のサンゴと藻を入れた。だが、藻がつくる糖は溶けるため、ガラス膜をすり抜ける。サンゴに棲みつくバクテリアはこの豊富な栄養素を食べると同時に、ありったけの酸素を消費するので、サンゴは死んでしまうのだ。

この研究成果を検証するため、微生物チームは、一部の立方体に酸素を吸いすぎるバクテリアを殺すためアンピシリンを入れてみた。すると、サンゴは健康な状態を保った。午後になってだいぶ気温が下がってくると、ローワーは船倉から甲板に上がってきてこう語った。「どんなケースでも、藻から溶け出したものがサンゴを殺してしまいます」

では、雑草のような藻はどこからやってくるのだろうか。ローワーは、腰のあたりまで伸びた黒髪を持ち上げ首の後ろに風を通しながら、こう説明した。「通常サンゴと藻は、藻を食べる魚のおかげで、うまくバランスが保たれています。しかし、サンゴ礁周辺の水質が悪化したり、この生態系から草食魚を獲りすぎたりすると、藻のほうが優勢になるのです」

キングマン・リーフのような健全な海では、海水一ミリリットル当たり一〇〇万個のバクテリアが存在し、世界に役立つ仕事をこなしている。地球の消化器系を通じて、栄養素と炭素の動きをコントロールしているのだ。だが、生き物が密集するライン諸島周辺では、一部の海水サンプルから通常の一五倍ものバクテリアが検出される。バクテリアは酸素を吸い、サンゴを窒息させ、さらに多くのバクテリアを養う藻を繁殖させる。ジェレミー・ジャクソンが恐れるのは、こうした厄介な悪循環だ。フォレスト・ローワーも、十分起こりうることだとして次のように語っている。

「微生物は、私たち――もしくはなにかほかの生き物――がいようがいまいが大して気にしません。微生物にしたら、私たちはちょっと興味を引かれる生態的地位にすぎないのです。実際、地球上に微生物以外の生き物が存在する期間はごく短いものにすぎません。何十億年ものあいだ、微生物しかいなかったのです。太陽が膨張しはじめたら、私たちは絶滅し、微生物だけがその後何百万年も何十億年も生き延びるでしょう」

だがそれも、太陽が地球上の水を一滴残らず干上がらせるまでの話だという。微生物といえども、繁殖して子孫を残すには水が必要だからである。「とはいえ、微生物はフリーズドライ状態でも問題なく保存できます。私たちが宇宙に打ち上げるものにはすべて、微生物が付着しています。いくらそうならないように気をつけても無駄です。いったん宇宙に出てしまえば、一部の微生物が数十億年にわたってフリーズドライ状態で保存されることもありえます」

微生物が成し遂げられなかったことの一つは、複雑な構造の多細胞生物のように陸上を支配することだった。多細胞生物は草木となり、そこを住まいとするさらに複雑な生命体を呼び寄せた。微生物が唯一つくりだしたのは地表を覆うスライムだが、これは地球で最初の生命体への退化である。調査隊の科学者にとってはっきりした安心材料は、ここキングマン・リーフではまだスライムの支配が生じていないことだ。ホワイトホリー号を発着するダイビング用ボートにバンドウイルカの群れが同伴し、そこら中にいるトビウオに飛び掛かる。水中につくった帯状標本地から、生物はさらに豊かであることがわかる。一センチにも満たないウバウオから、パイパーカブという模型飛行機ほどもあるオニイトマキエイ、何百匹ものサメ、フエダイ、大型のアジまでが暮らしているのだ。

サンゴ礁自体は幸いにも汚染されておらず、テーブルサンゴ、プレートサンゴ、ハマサンゴ、ノウサンゴ、ハナガタサンゴなどが繁殖している。そのサンゴの壁もときおり、色とりどりの小型の草食魚の群れに隠れてほとんど見えなくなる。この調査で確認できたパラドクスは、こうした草食魚が豊富なのは、それをむさぼり食う飢えた無数の肉食魚のおかげだということだ。そうした捕食圧にさらされているため、小型の草食魚の繁殖速度はさらに増すのである。

「人が芝を刈るようなものです。刈れば刈るほど、芝は早く伸びる。しばらく放っておけば、伸びる速度は横ばいになります」と、アラン・フリードランダーは説明する。

ただし、キングマン・リーフに生息するサメにかぎっては、それは当てはまりそうもない。ブダイは、粘性の強い藻類――これがサンゴを窒息させる――をかじり取れるよう進化したくちばし状の切歯を持ち、性転換までして旺盛な繁殖率を維持している。健全なサンゴ礁は、小型の魚がサメの餌になるまでしばらく身を潜めて繁殖できる窪みや隙間を提供し、生態系のバランスを保っている。海藻や藻を餌にする寿命の短い小型の魚は、食物連鎖ピラミッドの頂点に立つ寿命の長い捕食魚の餌になり、大型の捕食魚は結果的に個体数を増やすことになる。

その後、調査隊のデータから、キングマン・リーフに棲む生物の総重量の八五パーセントをサメやフエダイなどの肉食魚が占めることが明らかになった。今後の研究に委ねられているのは、どれくらいのPCB（ポリ塩化ビフェニル）が、これまで食物連鎖に取り込まれ、現時点で生物の細胞組織に蓄積しているかということだ。

キングマン・リーフを後にする二日前、調査隊はダイビング用ボートでブーメラン型リーフの北側の岬の先端にある一対の三日月形の小島に向かった。浅瀬には、元気づけられる光景が広がっていた。黒、赤、緑のトゲだらけのウニたちが、見事なまでに群棲していたのだ。ウニは藻類をむさぼる草食生物である。一九九八年に起きたエルニーニョは地球温暖化と相まって気温を上げ、そのせいでカリブ海のウニの九〇パーセントが死滅した。異常に温かい海水がサンゴのポリプにショックを与え、光合成をする有益な藻類を吐き出させてしまった。サンゴと親密な共生関係にある褐虫藻は、サンゴが排泄するアンモニアを栄養源とする代わりに、糖分のバランスを整えているほか、サンゴの色を守っている。それから一カ月も経たないうちに、カリブ海のサンゴ礁の半分以上が白化して骨格だけとなり、いまではスライムに覆われている。

世界各地のサンゴと同じく、キングマン・リーフの島々のへりにあるサンゴにも白化した岩礁が見られる。だが、ウニが盛んに食べるおかげで藻類は入り江から出られず、おかげでピンクのサンゴモが繁殖して、傷ついたサンゴ礁を元通りに接着しつつある。研究者たちはウニのトゲだらけの海を用心して歩きながら、浜に上がった。ほんの数メートル進んで二枚貝の貝殻の山の風上側に立ったとき、彼らはショックを受けた。

それぞれの島の端から端までが、つぶれたペットボトル、ポリスチレン製の浮きの一部、ナイロンの船荷用ひも、ビックの使い捨てライター、紫外線でさまざまな程度に劣化したビーチサンダル、各種サイズのペットボトルの蓋、日本のハンドクリームのチューブ、元の形がわからない色とりどりのプラスチック片などで覆われていたのだ。

有機堆積物は、アカアシカツオドリの骸骨、大量の木製の舷外張出材（アウトリガー）、六個のココヤシの実だけだった。翌日、科学者たちは最後の潜水調査のあとで戻ってくると、数十のゴミ袋を満杯にした。彼らは、キングマン・リーフを人間が発見する前の汚れのない状態に戻したなどという幻想は抱いていない。アジアからの海流がまたもやプラスチックゴミを運んでくるだろうし、気温上昇がサンゴの白化を進めるだろう。サンゴと褐虫藻が早急に新たな共生関係を築かないと、サンゴが全滅する恐れもある。

サメさえも人間が介入した証拠なのだと、科学者たちはようやく気づいた。彼らがキングマン・リーフで一週間絶えず目にした一匹は、体長一八〇センチを超える巨体だったが、そのほかは明らかに若い個体だった。過去二〇年のうちに、フカヒレハンターがこの海にやってきたに違いない。香港でフカヒレのスープは一杯一〇〇ドルもする。ハンターは胸ビレと背ビレを切り取ってから、まだ生きているサメを海に投げ捨てる。舵を失ったサメは海底に沈み窒息死する。この珍味を禁止する運動が起こっているにもかかわらず、このあたりの海で毎年およそ一億匹のサメがこうして命を落としている。数多くの若くて元気なサメの存在は、せめてもの慰めだ。ハンターの刃を逃れてこの海に暮らすサメの数は、個体数を回復させるのに十分だと思えるからだ。ＰＣＢに汚染されようとされまいと、サメたちは繁殖しつづけるだろう。

その晩、照射灯に照らされて乱痴気騒ぎを繰り広げるサメをホワイトホリー号の手すりから眺めながら、エンリク・サーラは言う。「一年間に、人間は一億匹のサメを獲りますが、サメが襲う人間はおそらく一五人ほどです。フェアな戦いではありません」

エンリク・サーラはパルミラ環礁の浜に立ち、先の世界大戦中に建設された滑走路に、ターボプロップエンジンのガルフストリームが着陸するのを待っていた。調査隊は三時間のフライトでホノルルに帰ろうとしていた。研究員はそれぞれ、データを携えホノルルから世界各地に散る予定だ。再会は電子メールでということになるだろう。あとは、共同執筆する査読論文のなかだ。

パルミラのやわらかい緑色の礁湖は、清らかで透き通っている。その熱帯の輝きが、崩れかけたコンクリート板を根気強く消し去ろうとしている。そこはいまや、何千羽というセグロアジサシのねぐらになっている。この地で一番高い建物であるかつてのレーダーアンテナは、半ば朽ちている。今後数年のうちに、ココヤシとアーモンドの木々のあいだで完全に消滅するだろう。それとともにすべての人間の活動が不意に止まれば、北ライン諸島のサンゴ礁は私たちの予想より早く、漁網や釣り針を携えた人間に発見される前の数千年間の姿を取り戻すのではないかと、サーラは思っている（人間はネズミも携えていた。おそらく、カヌーと勇気だけを頼りに果てしない大海原を渡ったポリネシアの船乗りにとって、船上で勝手に増える食糧だったのだろう）。

「地球が温暖化しても、サンゴ礁は二〇〇〇年以内に再生すると思います。もっとも、むらはあるでしょうが。大型の捕食者がたくさんいる場所もあれば、藻に覆われている場所もあるでしょう。でもそのうちにウニが戻ってくるはずです。それに魚も。その次はサンゴです」

サーラは黒々としたまゆ毛を吊り上げて水平線を眺めながら、こう言う。「五〇〇〇年後に人間が戻ってきたら、この海に飛び込むのをひどく恐がるでしょうね。たくさんの口が待ち構えているのですから」

六〇代のジェレミー・ジャクソンは、この調査隊では長老格の生態学者だった。一方、エンリク・サーラをはじめ調査隊のほとんどは三〇代で、さらに若い大学院生もいた。彼らは、肩書きに「保全」という文句を加えるようになった世代の生物学者や動物学者だ。当然、現在世界中で最優位の捕食動物である人間とかかわったり傷つけられたりする生き物も研究対象となる。このままの状態があと五〇年つづけば、サンゴ礁はすっかり様変わりするだろう。科学者も現実主義者も、キングマン・リーフに生息する生き物が、進化によって適応した自然のバランスのなかで繁栄を謳歌するさまを垣間見た。それでも、彼ら全員がこんな決意を固めていた。いまも生き、目を丸くしている人間と自然のバランスを取り戻さなければならないと。

世界最大の陸生無脊椎動物であるヤシガニが、よたよたした足取りで通りかかる。頭上のアーモンドの木の葉陰に見え隠れする真っ白いものは、シロアジサシのヒナの生えてきたばかりの羽毛だ。サングラスをはずしながら、サーラは首を振ってこう語った。

「なんにでもしがみつく生命の力にとても驚きました。チャンスがあれば、どこにでも行くのですから。私たちほどの創造力とおそらくは知性のある種なら、なんとかしてバランスをとる方法を見つけ出せるはずです。私たちに学ぶべきことがたくさんあるのは間違いありません。しかし私はまだ、人間の能力を信じています」

サーラの足下でもぞもぞしている何千もの小さな貝は、ヤドカリによって復活させられたものだ。「万一私たちにできなくても、地球はペルム紀の大絶滅から立ち直れたのですから、人間からも立ち直れるでしょう」

人類が生き残ろうと生き残るまいと、このところ地球で起きている絶滅はやがて終息するだろう。現在なだれを打ったように種が絶滅していることは深刻に受け止めるべきだが、ペルム紀が再来したわけではないし、ましてや軌道をはずれた小惑星が接近しているわけでもない。海は危機に直面してはいるものの、依然として無限の創造力を秘めている。私たちが地球から掘り出し大気中に放出したすべての炭素が海に吸収されるのに一〇万年かかるとしても、海中の炭素は貝殻やサンゴ、その他考えられるかぎりのありとあらゆるものに戻っていく。微生物学者のフォレスト・ローワーはこう指摘する。「ゲノムレベルで見れば、サンゴと私たちの違いはわずかなものです。私たちがみな同じ場所から発生したことを示す、分子による有力な証拠です」

有史以来最近まで、サンゴ礁には三六〇キロ級のハタがひしめき、海にかごを降ろせばタラが取れ、チェサピーク湾ではカキがすべての海水を三日で濾過していた。この惑星の海岸線には、マナティ、アザラシ、セイウチがごったがえしていた。その後この二〇〇年足らずで、サンゴ礁はぺしゃんこになり、藻場は削られ、ミシシッピ川河口にニュージャージー州と同じ広さの酸欠海域が出現し、タラは世界中で激減した。

機械を使った乱獲、衛星魚群探知機、硝酸の大量流出、海洋哺乳類の長期にわたる虐殺といった負荷をかけられてもなお、海は人間より大きい。有史以前の人間は、海洋哺乳類を追う術を持っていなかった。そのおかげで海は、大陸から大陸へと広がった巨大動物類の絶滅をアフリカ以外で免れた唯一の場所となった。「海洋種の大多数は激減していますが、まだ生きています。人間が本当にいなくなったら、大半が復活するかもしれません」と、ジェレミー・ジャクソンは、こうもつけ加える。地球温暖化や紫外線照射がキングマン・リーフやオーストラリアのグレートバリア・リーフのサンゴを白化させ死滅させたとしても、「それらのサンゴ礁もわずか七〇〇〇歳にすぎません。サンゴ礁はすべて氷河期のたびに何度も壊滅状態に陥り、そのたびに再生してきました。地球がこのまま温暖化をつづければ、北極や南極により近い海域に新しいサンゴ礁が出現するでしょう。世界は常に変化してきました。不変の地ではないのです」

パルミラ環礁の北西およそ一五〇〇キロ、真っ青な太平洋の深みから青緑色の輪が隆起している。それがジョンストン環礁だ。パルミラと同じように、かつては米軍の飛行艇基地だったが、一九五〇年代に核弾道ミサイル「ソー」の実験場となった場所である。核弾頭一二発がこの島で爆発させられ、うち一発は失敗したため島中にプルトニウムの残骸が散らばってしまった。その後、放射線を浴びた土壌、汚染されたサンゴ、プルトニウムが、埋立地に何トンも「廃棄」された末、冷戦後、ジョンストン環礁は化学兵器の焼却場になった。

二〇〇四年に閉鎖されるまで、ロシアと東ドイツから運ばれてきたサリン神経ガスのほか、アメリカの枯葉剤「エージェント・オレンジ」、有毒化学物質のPCB、PAH（多環式芳香族炭化水素）、ダイオキシンがこの島で焼却された。わずか二・六平方キロのジョンストン環礁は、チェルノブイリとロッキーマウンテン兵器工場を一まとめにしたような場所だ。

そして後者と同じく、最近のジョンストン環礁は野生生物保護区へと生まれ変わっている。
この海に潜ったダイバーは、体の片側がヘリンボーン模様でもう片側がキュビズム画家の悪夢のような模様のエンゼルフィッシュを見たと報告している。ところが遺伝子異常が起こっているにもかかわらず、ジョンストン環礁は不毛ではない。サンゴはそれなりに健康そうで、これまでのところは気候の変動を乗り切っている。ひょっとしたら、海水温の上昇に適応しているのかもしれない。ネッタイチョウやカツオドリに交じって、モンクアザラシまでがこの島をねぐらにしている。チェルノブイリと同じように、ジョンストン環礁では、私たちのこのうえない暴挙のせいで自然はふらふらかもしれない。だが、私たちの放埒(ほうらつ)ぶりがここまでひどい場所は、ほかにないのだ。

いずれ私たちは、食欲や出生率をコントロールする術を身につけるかもしれない。だがその前に、突如として信じられないことが起こり、人類のために食欲や出生率をコントロールしてくれるとしてみよう。塩素や臭素の大気への放出がぴたりと止まれば、ほんの数十年でオゾン層が再び厚みを増し、紫外線レベルが正常値に戻るだろう。産業が過剰に排出する二酸化炭素がなくなると、数百年以内に大気や浅瀬の温度は下がるはずだ。重金属や有毒物質は密度を下げ、徐々に生態系から排出されるかもしれない。PCBや合成樹脂繊維は数千回、数百万回と循環し、どうしても分解しないものは埋もれていき、いつの日か変質したり地球のマントルに吸収されたりするのを待つことだろう。

そのずっと前に、人類がタラやリョコウバトを取り尽くすよりもはるかに短い時間で、地球上のダムはことごとく浅くなりあふれ出すだろう。まだ大半の生物が暮らしている海に、川が再び栄養素を運ぶ。それから長い年月ののち、私たち脊椎動物は海から陸に上がる。

やがて、私たちはまた同じことを繰り返そうとするはずだ。世界は一からスタートを切るのである。

# 私たちの地球、私たちの魂

ことわざにあるように、私たちは「命あっての物種（ものだね）」であり、地球もまたしかりだ。いまからおよそ五〇億年後、太陽は膨張して赤色巨星となり、燃えたぎる体内へ内惑星（水星、金星、地球）を吸収するだろう。いまは気温摂氏マイナス一八〇度ほどの土星の月タイタンも、その頃には水氷が解け、メタンの湖から興味深い生命体が這い出してくるかもしれない。そのうちの一体が有機泥をかき分けながら、小型探査機ホイヘンスに近寄ってくる可能性もある。土星探査機カッシーニから切り離されたホイヘンスは、二〇〇五年一月、パラシュートを使ってタイタンに着陸した。降下中、バッテリー切れまでの九〇分間に、オレンジ色で小石だらけの高台から砂丘の海へと刻まれた、川底のような筋が映った画像を私たちに送ってきた。

ホイヘンスを見つけるのが何者であれ、悲しいかな、それがどこからやってきたのかを、あるいはかつて私たちが存在したことを示す手がかりはなにもない。ＮＡＳＡのプロジェクトチームは、論争の末、ジョン・ロンバーグの考案した図解を搭載する案を却下したのだ。このときの案は、進化を遂げて新たな観客が誕生するのに必要な期間として、少なくとも五〇億年は持つダイヤモンドのケースに私たちの断片情報を記した図版を入れるというものだった。

目下まだこの地球で暮らしている私たちにとってもっと重大なのは、科学者の言う最も間近の大絶滅を私たち人類が生き残れるか、いや生き残るだけでなくほかの生物も死滅させることなく共存させられるかどうかだ。化石と現存する生物の双方の記録から読み取れる自然の歴史が教えるように、私たちだけで長くは生きられないからである。

さまざまな宗教はまた別の、たいていほかの場所にある未来を説く。もっとも、イスラム教、ユダヤ教、キリスト教は、救世主が地上を治める時代がつづくと教えている。その期間については、七年から七〇〇〇年までいくつかの解釈がある。そうした時代が訪れるのは罪深き人間が激減したあとのことらしいので、ありえない話ではないかもしれない（ただし、これら三つの宗教が一様に説いているように、生前敬虔な信者であった死者を復活させるとなるとその限りではない。資源と住居の不足を招きかねないからだ）。

もっとも、これら三つの宗教では生き残るべき行ない正しき者の定義が異なるので、いずれの信者になるにも信仰の証となる行為を求められる。一方、科学的な見方によれば、生き残るための基準は環境にうまく適応できるよう進化すること以外にないため、強者と弱者はどの宗教を信じていても同じくらいの割合で生まれることになる。

さらに、私たちがついに地球と——あるいは、地球が私たちと——縁を切ったあと、地球とそこで暮らす動物がたどる運命について、宗教が示す態度は素っ気ないか、さもなければもっと悪い。人類絶滅後の地球を無視したり、破壊されると説いたりしているのだ。ただし仏教とヒンドゥー教は、繰り返し起こるビッグバンと同じように地球は無から再出発すると説く（そうなってみるまで、人類が消えたこの世界がつづくかどうかについては、ダライ・ラマが言うように、正しい答えは「誰にもわからない」）。

キリスト教では、地球は溶けるが新しい惑星が誕生するとされる。新しい惑星に太陽は不要とされる——神と子羊の永遠の光が夜の闇を取り除く——ため、それがいまの地球とはまったく違う惑星なのは明らかである。

「世界は人間に奉仕するためにあります。人間はあらゆる生物のなかで最も高貴だからです」と説くのは、イスラム神秘主義の一派であるスーフィー教のトルコ人導師、アブドゥルハミト・チャクムートだ。「生命にはサイクルがあります。種から木が育ち、木に果物がなり、果物を食べた私たちは人間としてお返しをします。すべては人間に奉仕するためにできているのです。人間がこのサイクルから抜ければ、自然そのものが終わってしまうでしょう」

チャクムートの教えるイスラム教の旋舞は、自然が——少なくともこれまでのところ——

再生を繰り返しているように、原子から銀河までのすべてが循環しているという考え方を表わしている。ホピ族、ヒンドゥー教徒、ユダヤ・キリスト教徒、ゾロアスター教徒といったほかの多くの宗教者と同じように、チャクムートも終末の時を警告する（なおユダヤ教は、時間そのものは終わるが、その意味を知るのは神のみであると教えている）。「私たちが目にしているのは、調和が崩れている兆候です。良い行ないをする者は数で圧倒されています。不正、搾取、腐敗、汚染に手を貸す者のほうが多いのです。その時が迫っているからです」

よく知られている最後の時の筋書きはこうだ――最終的に善と悪は回転しながら分離し、それぞれ天国と地獄に入り、そのほかはすべて消滅する。だがチャクムートは、そうなってしまうのを遅らせることはできるという。良い行ないをする者とは、調和を取り戻し、自然再生のスピードを回復させる努力をする者のことだから、というのだ。

「私たちは長生きしようと自分の体を大事にします。同じことをこの世界にもするべきです。世界を慈しみ、できるだけ長生きさせられれば、最後の審判の日を遅らせることができるのです」

私たちにできるだろうか？　ガイア理論の提唱者ジェームズ・ラヴロックは、すぐに状況が変わらないのであれば、電力不要の媒体に人類の基本情報を保存して極地に保管しておいたほうがいいと予言する。一方、デイヴ・フォアマンは、かつては環境保護ゲリラ団体〈アース・ファースト！〉の創設者として、人類と生態系との調和は絶望的だと主張していたが、現在はリワイルディング研究所というシンクタンクの所長として、保全生物学と揺るぎない希望を理念に掲げている。

フォアマンの言う希望の一つの要素であり、なおかつそれを支えているのが「メガリンケージ」という神聖な構想である。すべての大陸を回廊で結び、人類が野生生物との共存に努力するというのだ。フォアマンは、北米大陸だけで少なくとも、大陸の分水嶺、大西洋岸と太平洋岸、北極・北方地帯を結ぶ四つの回廊がつくれると見ている。いずれの地域でも、更新世以降いなかった最上位の捕食者や大型動物が戻ってくるか、それに近いことが起こるという。たとえばアメリカで絶滅したラクダ、ゾウ、チーター、ライオンに代わり、アフリカからそれらの種が渡ってくるというのだ。

危険な構想だろうか？　フォアマンたちによれば、バランスを取り戻した生態系のなかで私たちが生き残る可能性があることこそ、人類への報酬なのだという。さもなければ、私たちがほかの生き物を放り込んでいるブラックホールに自ら飲み込まれてしまうからだ。

電撃戦絶滅理論を説くポール・マーティンが、ケニアのデイヴィッド・ウェスタンと連絡を取りつづけているのは、ある計画のためだ。ウェスタンは、旱魃の被害を受けたフィーバーツリーをゾウが一本残らず倒してしまうのを食い止めようとしている。そこでマーティンは、そうしたゾウの一部をアメリカに送ってくれるよう訴えているのだ。オーセージ・オレンジやアボカドなど、かつて巨大動物類に食べられたため大型に進化した果実や種子を、再び大型動物のゾウに食べさせようというのである。

地上最大の動物であるゾウは、地球の収容力をめぐる象徴的存在である。私たちはこの問題を無視しようとしつづけているが、もはやそうはいかない。世界的に見ると、人口は四日に一〇〇万人ずつ増加している。だがこうした数字は実感しにくいので、人類は制御できないままに増えつづけ、やがて破滅するだろう。地球という入れ物に大きくなりすぎたほかのすべての種が、そうした運命をたどったのだ。そんなシナリオを変える唯一の手は、全人類が自分を犠牲にして自発的に絶滅するケースを除けば、私たちを特別な存在にしているのはやはり知性なのだと証明することである。

知性による解決には、私たちの知識の真価を試す勇気と知恵が不可欠だ。命に関わることはないが、さまざまな心痛や苦悩を伴うからだ。つまり今後は、地球上の出産可能な全女性に子供を一人と限定するのである。

そうした厳しい産児制限がきちんと守られた結果、人口がどう変動するかを正確に予測するのは難しい。たとえば、出生数が減れば、最新世代の大事な一員を守るべく人的・物的資源が投入されるので、乳児死亡率は下がると考えられる。セルゲイ・シェルボフ博士は、オーストリア科学アカデミー・ウィーン人口研究所の研究グループリーダーで、世界人口計画の分析官でもある。博士は、国連が発表した二〇五〇年までの平均余命の中間シナリオを使い、今後、出産可能な全女性が子供を一人しか産まなくなったら人口がどう変動するかを試算してみた（なお、二〇〇四年時点で女性一人当たりの平均出産数は二・六人。国連の中間

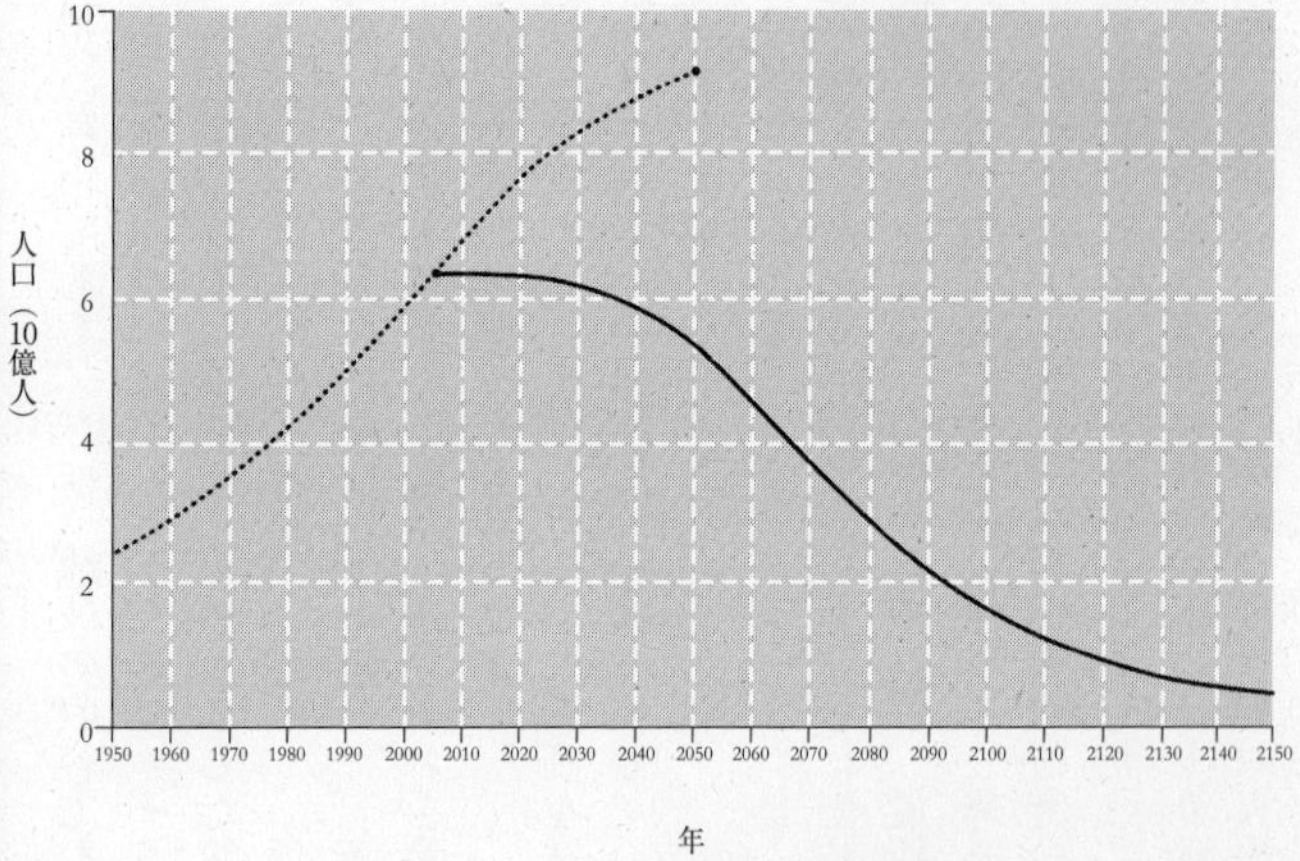


世界の人口推計　作成：ジョナサン・ベネット

………… 国連の中間シナリオ。2004年に2.6人だった女性1人が産む子供の数は、2050年には2人強に減少する。　出典：国連経済社会局人口部（2005年）

——— 出産可能な全女性の子供の数を1人に制限すると仮定したシナリオ。
出典：オーストリア科学アカデミー・ウィーン人口研究所研究グループリーダー、セルゲイ・シェルボフ

シナリオでは、二〇五〇年までに二人程度に減少するとされている）。なんとかして明日からはじめれば、現在六五億の人口は今世紀の半ばまでに一〇億人減る（一方、現状のままだと、総人口は九〇億人に達すると推定されている）。その時点で一女性一児が守られていれば、地球上の全生物の生活環境は劇的に変わっているはずだ。自然減であるため、こんにちの人口バブルが再び以前のようなペースで膨れあがることはない。二〇七五年までに、総人口は半分近くの三四億三〇〇〇万人程度にまで減少する。人類による負荷の低下はさらに著しい。私たちの活動の大半は、生態系全体を通じた連鎖反応によって増幅するからだ。

いまから一〇〇年足らずのちの二一〇〇年までに、人類は一六億人になる。これは、エネルギーや薬や食糧の生産量が増えたことにより人口が倍増し、次いで二度目の倍増をする前の一九世紀以来の数である。当時、そうした技術の発見は奇跡のように思われた。こんにちでは、過ぎたるは及ばざるがごとしということわざの通り、技術に溺（おぼ）れれば溺れるほど生存の危険は増す一方だ。

こうして人間が現在よりはるかに扱いやすい数に減ると、生活環境の向上だけでなく、私たちの存在をコントロールする知恵も手に入る。そうした知恵の源は、保護が遅れたせいで生物の絶滅を招いてしまった経験にもあるが、一方で、世界が日に日に改善していく様子を見守ることの高まる喜びにもある。統計データをいくら眺めても、そうした改善の証拠は見つからない。それは、すべての家の窓の外にあるのだ。それぞれの季節に、さわやかな空気のなかでより多くの鳥のさえずりが聞こえるはずである。

もし産児制限をせず、推計のように総人口が一・五倍に増えた場合、少し前の二〇世紀に起こったように、またもや資源を増やす技術が進歩するのだろうか？　すでに私たちは、ロボットの派遣隊から連絡を受けている。微生物学者のフォレスト・ローワーは、ホワイトホリー号の甲板でくつろぎ、サメが泳ぎ去るのを眺めながら、新たな理論的可能性を推測する。

「レーザーや粒子波動ビームのようなものを使って、ほかの惑星やほかの太陽系で遠隔地から実際にものをつくることが考えられます。そのほうが、実際にそこまでものを送るよりずっと早いのです。人間の遺伝暗号を指定して、宇宙で人間をつくることができるかもしれません。生命科学にはおそらくそれができます。物理学的に可能かどうかはわかりません。しかしあくまで生化学的に考えれば、できない理由はありません」

「ただし、生命の火と呼ばれるものが存在しなければの話です。とはいえ、これに類することはいずれ実現するでしょう。それなりの時間の枠内に私たちがここから移動できない証拠はないのですから」

それができれば――全人類が暮らすのに十分な大きさの豊かな惑星がどこかに見つかり、ホログラフィーによって私たちの肉体のクローンをつくり、私たちの頭脳を数光年の彼方に転送できれば――最終的に地球は私たちがいなくてもうまく回っていくだろう。除草剤を撒かれないので、工業化された農場やマツを単作する広大な植林地に雑草（別名、生物多様性）がはびこる。ただしアメリカではしばらくのあいだ、雑草のほとんどをクズが占めるかもしれない。クズが入ってきたのは一八七六年のことにすぎない。アメリカ建国一〇〇周年の記念として、日本からフィラデルフィアに持ち込まれたのだ。いずれ、何者かがクズを食べるようになるはずだ。それまでは、はびこるクズを絶え間なく引き抜く庭師がいないため、アメリカ南部の都市の空き家や高層ビルは倒壊するよりずっと前に、光合成をする鮮やかで艶やかな緑の毛布に覆われて見えなくなるかもしれない。

一九世紀末以降、電子を手はじめに、私たちはこの宇宙の最も基本的な素粒子を操るようになり、人間の生活は急速に変わった。どれほど急変したかはこう考えるとわかりやすい。わずか一〇〇年前に、マルコーニの無線とエジソンの蓄音機ができるまで、地球上で聞こえる音楽はすべて生演奏だった。こんにち、生演奏はわずか一パーセントにすぎない。残りの音楽は、毎日無数の言葉や映像とともに電子的に再生されたり放送で流されたりしている。

そうした電波は、進みつづける光と同じように消えることがない。人間の脳もまた、ごく低い周波数で電気的インパルスを発している。潜水艦との交信に使われる電波に似ているが、人間の電波はそれよりもずっと微弱だ。だが超能力者は、私たちの精神は送信機であり、特別な努力をすればレーザー信号と同じように焦点を合わせ、遠隔地とコミュニケーションをとったり、さらにはなにかを起こしたりできると主張する。

ありそうもないことに思えるかもしれないが、それは祈りの定義でもある。

電波と同じく、私たちの脳が発した信号は進みつづけるはずだ。だが、どこへ向かって？宇宙の構造は膨張する泡のようなものだといまは言われているが、それはまだ一つの理論にすぎない。ひどく謎めいた宇宙のひずみのことを思えば、私たちの思考の波がやがて元の場所に戻ってくる道を見つけると考えても、あながち不合理ではないかもしれない。

あるいはいつの日か――私たちがいなくなってずいぶん経ってから、愚かにもみずからをそこから消し去った美しい地球がどうしようもなく恋しくなったときに――私たち、いや私たちの記憶が宇宙の電磁波に乗って里帰りし、いとしい地球の上をさまようことがないとは言い切れない。

# 訳者あとがき

　このところ、地球環境の悪化について社会的な関心が高まっているようだ。たとえば、温室効果ガスによる地球温暖化問題は、マスコミでも頻繁に取り上げられている。身の周りのことを考えても、昔は冬になればつららが下がったものだが、最近はめっきり見かけなくなったから、やはり気温が上がっているのだろう。このまま放っておくと、海水面の上昇や異常気象により社会に大きな被害が及ぶため、早急に対策を取る必要があると言われている。ほかにも、希少生物の急激な絶滅、ＡＩＤＳやＳＡＲＳといった新型感染症の出現など、環境をめぐるさまざまな懸念が提起されている。

　問題なのは、こうした環境の悪化は自然に起こっているわけではなく、人間の活動の影響で引き起こされていると考えられることだ。地球温暖化の場合で言えば、主に産業活動を通じて排出される二酸化炭素が原因とされている。とはいえ、人間の影響がどの程度なのかを見積もることは容易ではないらしい。地球が今後どうなっていくのかも、はっきりとはわからない。私たちは、人間が地球に悪影響を及ぼしているのではないかと感じつつも、事態を正確に把握できずに漠然と不安に駆られているのだ。

そこで、こんなふうに仮定してみてはどうだろう。現時点で、人間が地上から忽然と姿を消したとしたら、世界はどう変わっていくだろうか、と。この問題を考えることによって、人間が地球に対してどれほど負荷をかけているのか、地球は今後どんな運命をたどるのかについて、多くのヒントを得られるのではないだろうか。本書の著者であるアラン・ワイズマンは、そう語りかける。

こうして彼は、世界各地を飛び回り、さまざまな分野の専門家に意見を聞きながら、人類が消えた世界の行く末を描いていく。

そのためには、まず過去を振り返ってみることが参考になる。

たとえば、かつてアメリカ大陸には、体長八メートル、体重六トンにも及ぶオオナマケモノをはじめ、グリプトドンやジャイアント・ショートフェイス・ベアといった、多種多様な巨大哺乳類が生息していたという。ところが、約一万三〇〇〇年前を境に次々に絶滅してしまった。その原因についてはいくつかの説があるのだが、ワイズマンが支持するのは、古生態学者のポール・マーティンによる「電撃戦理論」である。これは、アメリカ大陸に移住した人類がそれらの巨大哺乳類を皆殺しにしてしまったとするものだ。すでに尖頭石器や投槍器を手にしていた人類にとって、警戒心の薄い大型動物は格好の獲物だったのである。当時の人びとに野生動物の保護を求めるのは、言うまでもなくナンセンスだ。しかし、やり方が違うとはいえ、現在の私たちも多くの動物を絶滅に追い込んでいるのではないだろうか。人類がいなくなったあと、アメリカ大陸にどんな動物が現れるかはわからない。

また、私たちは自然には存在しないさまざまな物質を生み出してきたが、これらの物質は人類が消えたあと自然に還るのだろうか。

二〇世紀のはじめにベークライトが発明されて以来、さまざまなプラスチックが大量に生産されてきた。プラスチックはきわめて分解されにくいため、大部分がゴミとして地球上に蓄積し、飲み込んだ動物を死に至らしめるといった問題を引き起こしている。私たちが消えたあとプラスチックがいつまで残るのか、それが環境にどんな影響を及ぼすのかは、現時点では予想がつかない。だが、一〇万年後には、プラスチックを生分解する微生物が現れるだろう。数十万年後には、すべてのプラスチックが分解されているかもしれない。そうならなくても、地質学的な作用によって、いずれは何か別のものに変化することになる。

すると、人間の生み出したものは、自然によっていずれはすべて消し去られてしまうのだろうか。それとも、私たちがこの宇宙に存在した痕跡はなにかしら残るのだろうか。

一九七七年に打ち上げられた惑星探査機ボイジャーには、地球外の知的生命体に向けたメッセージを収めたレコードが積まれている。数十億年後には、ボイジャーもレコードも宇宙の塵と化す。だが、私たちが宇宙空間に送り出した人工物はほかにもある。電波だ。電波は宇宙空間を進むにつれて弱まるが、消えることはない。一九五五年にハリウッドのテレビスタジオから発信された、「アイ・ラブ・ルーシー」というテレビ番組の音声と画像を乗せた電波は、私たちが滅びたあとも宇宙の果てを飛びつづける。

こうしてワイズマンは、綿密な調査と科学的知見にもとづくさまざまなシナリオを展開していく。これらはそれぞれとても興味深いもので、好奇心に導かれて読み進むうちに多くの発見に出会うはずだ。やがて、人間と自然のかかわりといった大きな問題についても、思いをめぐらせることになる。読者が本書を大いに楽しみ、そうした経験を味わっていただければ幸いである。

本文庫版の制作に当たっては、早川書房編集部の小都一郎、富川直泰の両氏にお世話になった。この場を借りてお礼申し上げたい。

二〇〇九年五月

本書は、二〇〇八年五月に早川書房より単行本として
刊行された作品を文庫化したものです。

# 自然・科学

**シュレディンガーの猫は元気か**
——サイエンス・コラム175
橋元淳一郎

天文学から分子生物学まで、現代科学の驚くべき話題を面白く紹介し頭のコリをほぐす本

**カメレオンは大海を渡る**
——サイエンス・コラム110
橋元淳一郎

幽体離脱時に活性化する脳の部位とは？……小説より奇なる研究の数々をまたも大盤振舞

**変な学術研究1**
——光るウサギ、火星人のおなら、叫ぶ冷蔵庫
エドゥアール・ロネ／高野優監訳／柴田淑子訳

一流の科学者による無意義な研究の数々を皮肉りながら紹介するサイエンス・コラム集。

**変な学術研究2**
——活魚で窒息、ガムテープぐるぐる巻き死、肛門拳銃自殺
エドゥアール・ロネ／高野優監訳／柴田淑子訳

棺桶の中まで及ぶ科学者のありあまる好奇心にスポットを当てた、ひねくれコラム第二弾

**ノーベル賞受賞者の精子バンク**
——天才の遺伝子は天才を生んだか
ディヴィッド・プロッツ／酒井泰介訳

恐るべきプロジェクトから誕生した二百人の子供たち。取材で明かされた驚愕の事実とは

# 自然・科学

## 黒体と量子猫 1
——ワンダフルな物理史「古典篇」
ジェニファー・ウーレット／尾之上俊彦ほか訳

一癖も二癖もある科学者の驚天動地のエピソードを満載したコラムで語る、古典物理史。

## 黒体と量子猫 2
——ワンダフルな物理史「現代篇」
ジェニファー・ウーレット／金子浩ほか訳

相対論など難しそうな現代物理の概念を映画や小説、時事ニュースに読みかえて解説する

## 空想自然科学入門
アイザック・アシモフ／小尾信彌・山高昭訳

SF作家にして生化学者の著者が自然科学という豊穣な果樹園を案内する珠玉のエッセイ

## ソロモンの指環
——動物行動学入門
コンラート・ローレンツ／日高敏隆訳

動物たちの生態をノーベル賞受賞のローレンツ博士が心温まる筆致で綴る、永遠の名作。

## フィンチの嘴
——ガラパゴスで起きている種の変貌
ジョナサン・ワイナー／樋口広芳・黒沢令子訳

進化は目撃できる！　現在進行形の野生の実例から進化論に迫るピュリッツァー賞受賞作

## 人・体験

**蘭に魅せられた男**
——驚くべき蘭コレクターの世界
スーザン・オーリアン／羽田詩津子訳
気鋭の女性ライターが魅力的な蘭泥棒の飽くなき情熱に迫る。著者インタビューも新収録

**マリー・アントワネット** 上下
アントニア・フレイザー／野中邦子訳
女性としての王妃アントワネットに新たな光をあてる。ソフィア・コッポラ監督映画化。

**ねこ的人生のすすめ**
ジョー・クーデア／羽田詩津子訳
人とベタベタしない、瞑想する時間を持つなど。ねこに学んで健やかな人生を送ろう！

**アメリカン・ギャングスター**
マーク・ジェイコブスン／田口俊樹ほか訳
七〇年代初期のNY麻薬王ルーカスに密着する傑作ルポ。リドリー・スコット監督映画化

**オ　ル　カ**
——海の王シャチと風の物語
水口博也
シャチの群れを追ってアラスカ沿岸を旅し、その知られざる生態に迫る、著者の代表作。

# 人・体験

日本エッセイスト・クラブ賞受賞
**映画字幕（スーパー）五十年** 清水俊二
約二千本の映画字幕を手がけた第一人者が明晰な文体で淡々とふりかえる、波瀾の五十年

**五人のカルテ** マイクル・クライトン／林 克己訳
巨大病院の救急治療室で展開されるドラマを医学生だった著者が自らの体験をもとに描く

**ヘリオット先生奮戦記** 上下 ジェイムズ・ヘリオット／大橋吉之輔訳
新米獣医のヘリオットが繰り広げる、村人や動物たちとの、涙と笑いと悪戦苦闘の日々。

**古書店めぐりは夫婦で** L&N・ゴールドストーン／浅倉久志訳
ボストン、NY、シカゴ……古書収集に魅せられた夫婦が繰り広げる、心躍る宝探しの旅

**リビング・ヒストリー** 上下 ——ヒラリー・ロダム・クリントン自伝 ヒラリー・ロダム・クリントン／酒井洋子訳
ファーストレディーとして、母として、全力で取り組んだ家族と愛と政治の波瀾の記録。

# 〈数理を愉しむ〉シリーズ

**数学は科学の女王にして奴隷** I II
E・T・ベル／河野繁雄訳
数学上重要なアイデアの面白さとその科学への応用について綴った、もうひとつの数学史

**相対論がもたらした時空の奇妙な幾何学**
——アインシュタインと膨張する宇宙
アミール・D・アクゼル／林 一訳
重力を幾何学として捉え直した一般相対性理論の成立を、科学者らのドラマとともに追う

**はじめての現代数学**
瀬山士郎
無限集合論からゲーデルの不完全性定理まで現代数学をナビゲートする名著待望の復刊！

**素粒子物理学をつくった人びと**（上・下）
ロバート・P・クリース&チャールズ・C・マン／鎮目恭夫ほか訳
ファインマンから南部まで、錚々たるノーベル賞学者たちの肉声で綴る決定版物理学史。

**異端の数ゼロ**
——数学・物理学が恐れるもっとも危険な概念
チャールズ・サイフェ／林 大訳
人類史を揺さぶり続けた魔の数字「ゼロ」。その歴史と魅力を、スリリングに説き語る。

# 〈ライフ・イズ・ワンダフル〉シリーズ

## 奇怪動物百科
ジョン・アシュトン／高橋宣勝訳

人々が想像力を駆使して描いた、異境の突拍子もない生き物がいかに蠱惑的かをご覧あれ

## パリの獣医さん〔上〕〔下〕
ミシェル・クラン／中西真代訳

人間が真に人間的にあるには、動物との触れ合いが不可欠だ。感動と発見に満ちた動物記

## キリン伝来考
ベルトルト・ラウファー／福屋正修訳

人はこの風変わりな動物に初めて遭ったとき何を見たか。古今東西の絵画で綴る博物誌

## 雪豹
ピーター・マシーセン／芹沢高志訳

〈全米図書賞受賞〉幻の動物雪豹を追う壮絶な登山行。ネイチャーライティングの最高峰

## 動物に愛はあるかⅠⅡ
モーリス・バートン／垂水雄二訳

他の個体を「思いやる」、真の意味の動物の利他行動を多数の魅惑的なエピソードで解説

訳者略歴　1963年生まれ　成城大学経済学部経営学科卒，埼玉大学大学院文化科学研究科修士課程修了　翻訳家　訳書『トヨタがGMを超える日』メイナード，『ダイヤモンド』ハート，『訴えてやる！大賞』カッシンガム（以上早川書房刊）他多数

HM=Hayakawa Mystery
SF=Science Fiction
JA=Japanese Author
NV=Novel
NF=Nonfiction
FT=Fantasy

# 人類が消えた世界

〈NF352〉

二〇〇九年七月十日　印刷
二〇〇九年七月十五日　発行

（定価はカバーに表示してあります）

著者　アラン・ワイズマン
訳者　鬼澤忍
発行者　早川浩
発行所　株式会社早川書房

郵便番号　一〇一 - 〇〇四六
東京都千代田区神田多町二ノ二
電話　〇三 - 三二五二 - 三一一一（大代表）
振替　〇〇一六〇 - 三 - 四七七九九
http://www.hayakawa-online.co.jp



印刷・三松堂印刷株式会社　製本・株式会社川島製本所
Printed and bound in Japan
ISBN978-4-15-050352-9 C0140

＊本書は活字が大きく読みやすい〈トールサイズ〉です